GEOMORFOLOGIA

Blucher

ANTONIO CHRISTOFOLETTI

Professor Titular no Departamento de Geografia e Planejamento
Instituto de Geociências e Ciências Exatas
UNESP — Campus de Rio Claro

GEOMORFOLOGIA

2.ª edição — Revista e ampliada

Geomorfologia
© 1980 Antonio Christofoletti
2ª edição – 1980
15ª reimpressão – 2017
Editora Edgard Blücher Ltda.

Blucher

Rua Pedroso Alvarenga, 1245, 4º andar
04531-934 – São Paulo – SP – Brasil
Tel.: 55 11 3078-5366
contato@blucher.com.br
www.blucher.com.br

É proibida a reprodução total ou parcial
por quaisquer meios sem autorização
escrita da editora.

Todos os direitos reservados pela Editora
Edgard Blücher Ltda.

FICHA CATALOGRÁFICA

	Christofoletti, Antonio,	
C48g	Geomorfologia / Antonio Christofoletti – São Paulo: Blucher, 1980.	
	Bibliografia.	
	ISBN 978-85-212-0130-4	
	1. Geomorfologia	
74-0411		CDD-551.4

Índices para catálogo sistemático:
1. Geomorfologia   551.4

CONTEÚDO

Prefácio da primeira edição XI
Prefácio da segunda edição XIII

Capítulo 1. *Introdução à Geomorfologia* 1
    Sistemas em Geomorfologia 1
    1. Noções gerais sobre sistemas 1
    2. Classificação dos sistemas em Geomorfologia 3
    3. A noção de equilíbrio em Geomorfologia 7
    4. O sistema geomorfológico 10
    5. Classificação dos fatos geomorfológicos 11
    História da Geomorfologia 14
    1. O desenvolvimento histórico da Geomorfologia 14
    2. A expansão da teoria davisiana e a Geomorfologia estrutural 16
    3. A Geomorfologia climática 18
    4. A quantificação em Geomorfologia 19
    5. A Geomorfologia no Brasil 20

Capítulo 2. *Vertentes: processos e formas* 26
    A morfogênese das vertentes 27
    A. Os processos morfogenéticos 27
        1. Meteorização ou intemperismo 27
        2. Movimentos do regolito 28
        3. O processo morfogenético pluvial 29
        4. A ação biológica 31
    B. Os sistemas morfogenéticos 31
        1. As classificações indutivas 32
        2. As classificações sintéticas 34
        3. Classificações objetivas 37
    A forma das vertentes 39
    A. Terminologia e modelos análogos 39
    B. A análise das vertentes 44
    C. As vertentes, como sistema morfológico 51
    A dinâmica das vertentes 58
    As vertentes e a rede hidrográfica 59
    Importância geológica do estudo das vertentes 61

Capítulo 3. *Geomorfologia Fluvial* 65
    Hidrologia e geometria hidráulica 65
    O trabalho dos rios 72
    Os tipos de leitos fluviais 83
    Os terraços fluviais 84
    Os tipos de canais fluviais 87
    Perfil longitudinal de rios 96
    O equilíbrio fluvial 98

Capítulo 4. *A análise de bacias hidrográficas* 102

As bacias e os padrões de drenagem 102
A análise de bacias hidrográficas 106
A. Hierarquia fluvial 106
B. Análise linear da rede hidrográfica 109
   1. Relação de bifurcação 109
   2. Relação entre o comprimento médio dos canais de cada ordem... 110
   3. Relação entre o índice do comprimento médio dos canais e o índice de bifurcação 110
   4. Comprimento do rio principal 111
   5. Extensão do percurso superficial 111
   6. Relação do equivalente vectorial 111
   7. Gradiente dos canais 112
C. Análise areal das bacias hidrográficas 113
   1. Área da bacia 113
   2. Comprimento da bacia 113
   3. Relação entre o comprimento do rio principal e a área da bacia .. 114
   4. Forma da bacia 114
   5. Densidade de rios 115
   6. Densidade da drenagem 115
   7. Densidade de segmentos da bacia 116
   8. Relação entre as áreas das bacias 116
   9. Coeficiente de manutenção 117
D. A análise hipsométrica 117
   1. A curva hipsométrica 117
   2. O coeficiente de massividade e o coeficiente orográfico 119
   3. Amplitude altimétrica máxima da bacia 119
   4. Relação de relevo 120
   5. Índice de rugosidade 121
E. Análise topológica 121

Capítulo 5. *Geomorfologia Litorânea* 128

Nomenclatura descritiva do perfil litorâneo 128
Os fatores responsáveis pela morfogênese litorânea 129
As forças marinhas atuantes no litoral 130
As formas de relevo 133
Morfometria planimétrica de praias 136
Recifes 137
Eustasia 142
Classificação das paisagens litorâneas 146

Capítulo 6. *A morfologia cársica* 153

As formas características do modelado cársico 154
A Hidrologia cársica 157
Intensidade da erosão em calcários 157

Capítulo 7. *As teorias geomorfológicas* 159

A teoria do ciclo geográfico 160
O modelo da pedimentação e pediplanação 165
A teoria do equilíbrio dinâmico 168
A teoria probabilística da evolução do modelado 171
Considerações finais 175

Índice de autores 181
Índice 185

PREFÁCIO DA PRIMEIRA EDIÇÃO

O ensino da Geomorfologia no Brasil ressente-se da falta de livros-textos em vernáculo, que sirvam de base aos estudantes. Elaboramos o volume que ora vem a público, como tentativa para suprimir essa lacuna.

O nosso objetivo maior é fornecer as noções fundamentais sobre as várias classes de relacionamento entre processos e formas. Não nos preocupamos em descrever casos e exemplos típicos, mas procuramos apresentar as linhas conceituais. Embora seja tentativa de redigir dentro da perspectiva da análise sistêmica, não apresentamos exemplos de sistemas descritos em toda a sua estrutura. Os elementos necessários estão inseridos em capítulos diferentes, e o leitor poderá estruturá-los utilizando-se dos componentes e das relações assinalados em vários itens.

Este volume é obra introdutória e não minucioso e extensivo tratado geomorfológico. De acordo com nossa experiência, fornece material para ser abordado em um semestre letivo. Entretanto, como ponto fundamental, esperamos receber críticas, sugestões e colaboração para contínuo aprimoramento.

A elaboração desta obra tornou-se possível graças ao constante e efetivo estímulo recebido dos muitos colegas e amigos, tanto geógrafos como geólogos. Seria difícil enumerar o quanto devo a todos eles. Entretanto, desejamos consignar nossos agradecimentos a todos os que nos favoreceram com suas observações e conselhos, mencionando dois nomes representativos que, pessoalmente, nunca poderíamos omitir, por causa da contribuição e apoio em nossa carreira científica e profissional. Ao Prof. Dr. Aziz Nacib Ab'Saber e ao Prof. Dr. Josué Camargo Mendes, o nosso reconhecimento e mais profunda gratidão.

Por último, queremos externar os agradecimentos à Editora Edgard Blücher Ltda. e à Editora da Universidade de São Paulo, pela acolhida em editar essa singela contribuição à difusão do conhecimento geomorfológico.

Rio Claro, 19 de junho de 1974

ANTONIO CHRISTOFOLETTI

PREFÁCIO DA SEGUNDA EDIÇÃO

Decorrido um lustro, tornou-se imperioso aproveitar a oportunidade para rever a primeira edição da "Geomorfologia", procurando ampliar e atualizar o seu conteúdo. Ao realizar a revisão, praticamente aproveitamos a quase totalidade do texto anterior, mas inovações sensíveis foram introduzidas nos vários capítulos. Queremos assinalar, principalmente, os ítens sobre o equilibrio e alometria nos sistemas (cap. 1); a análise das vertentes como sistema morfológico (cap. 2); o estudo da geometria hidráulica, o das formas topográficas dos leitos fluviais e o do perfil longitudinal dos cursos de água (cap. 3); a caracterização das variáveis da análise morfométrica e a análise topológica das redes de bacias hidrográficas (cap. 4); a morfometria planimétrica de praias (cap. 5) e o ítem sobre a teoria probabilística da evolução do modelado (cap. 7). Manteve-se a mesma perspectiva, a de contribuir para a difusão do conhecimento geomorfológico.

Queremos, por fim, agradecer a Editora Edgard Blücher Ltda. pelo interesse demonstrado em publicar esta nova edição, e ao público brasileiro pela receptividade com que acolheu a primeira edição, estimulando-nos a realizar outras tarefas similares.

Rio Claro, agosto de 1979

ANTONIO CHRISTOFOLETTI

1

INTRODUÇÃO À GEOMORFOLOGIA

A Geomorfologia é a ciência que estuda as formas de relevo. As formas representam a expressão espacial de uma superfície, compondo as diferentes configurações da paisagem morfológica. É o seu aspecto visível, a sua configuração, que caracteriza o modelado topográfico de uma área.

As formas de relevo constituem o objeto da Geomorfologia. Mas se as formas existem, é porque elas foram esculpidas pela ação de determinado processo ou grupo de processos. Podemos definir processo como sendo uma seqüência de ações regulares e contínuas que se desenvolvem de maneira relativamente bem especificada e levando a um resultado determinado. Dessa maneira, há um relacionamento muito grande entre as formas e os processos; o estudo de ambos pode ser considerado como o *objetivo central* deste ramo do conhecimento, como as características fundamentais do sistema geomorfológico. As formas, os processos e as suas relações constituem o sistema geomorfológico, que é um sistema aberto pois recebe influências e também atua sobre outros sistemas componentes de seu universo.

A análise das formas e dos processos fornece conhecimento sobre os aspectos e a dinâmica da topografia atual, sob as diversas condições climáticas, possibilitando compreender as formas esculpidas pelas forças destrutivas e as originadas nos ambientes deposicionais. No transcorrer do tempo geológico, muitas topografias foram elaboradas e destruídas pela erosão ou pelo recobrimento sedimentar. As camadas sedimentares, com suas estruturas deposicionais, são importantes fontes de informação e registros valiosos para se interpretar os processos atuantes no passado e quais as condições ambientais reinantes naquelas épocas. O estudo dos processos atuais e das características dos ambientes de sedimentação propiciam quadros e padrões de referência que orientam a interpretação dos depósitos antigos. Ao estudar e interpretar essas seqüências deposicionais, o pesquisador procura retraçar as diversas mudanças nas condições ambientais, decifrando a evolução da história regional e melhor compreendendo as características da atual paisagem morfológica.

SISTEMAS EM GEOMORFOLOGIA

1. **Noções gerais sobre sistemas.** Um sistema pode ser definido como o conjunto dos elementos e das relações entre si e entre os seus atributos. A aplicação da teoria dos sistemas aos estudos geomorfológicos tem servido para melhor focalizar as pesquisas e para delinear com maior exatidão o setor de estudo dessa ciência. A teoria dos sistemas gerais (*General Systems Theory*) foi inicialmente introduzida na Geomorfologia pelos trabalhos de Arthur N. Strahler (1950; 1952), e posteriormente utilizada, ampliada e discutida em vasta bibliografia. Porém, as contribuições de John T. Hack (1960), Richard

2   Geomorfologia

J. Chorley (1962) e Alan D. Howard (1965) constituem os trabalhos básicos e essenciais para a colocação dessa problemática.

Quando se conceituam os fenômenos como sistemas, uma das principais atribuições e dificuldades está em identificar os elementos, seus atributos e suas relações, a fim de delinear com clareza a extensão abrangida pelo sistema em foco. Praticamente, a totalidade dos sistemas que interessam ao geomorfólogo não atua de modo isolado, mas funciona dentro de um ambiente e faz parte de um conjunto maior. Esse conjunto maior, no qual se encontra inserido o sistema particular que se está estudando, pode ser denominado de *universo*, o qual compreende o conjunto de todos os fenômenos e eventos que, através de suas mudanças e dinamismo, apresentam repercussões no sistema focalizado, e também de todos os fenômenos e eventos que sofrem alterações e mudanças por causa do comportamento do referido sistema particular. Dentro do universo, a fim de classificar, podemos considerar os primeiros como *sistemas antecedentes* e os segundos como *sistemas subseqüentes*. Entretanto, não se deve pensar que exista um encadeamento linear, seqüencial, entre os sistemas antecedentes, o sistema que se está estudando e os sistemas subseqüentes. Através do *mecanismo de retroalimentação* (*feedback*), os sistemas subseqüentes voltam a exercer influências sobre os antecedentes, numa perfeita interação entre todo o universo.

No estudo da composição dos sistemas, vários aspectos importantes devem ser abordados tais como a matéria, a energia e a estrutura.

A *matéria* corresponde ao material que vai ser mobilizado através do sistema. Por exemplo, no sistema hidrográfico a matéria é representada pela água e detritos; no sistema hidrológico, pela água em seus vários estados; no sistema vertente, as fontes primárias de matéria são a precipitação, a rocha subjacente e a vegetação. A *energia* corresponde às forças que fazem o sistema funcionar, gerando a capacidade de realizar trabalho. No tocante à energia, deve-se fazer distinção entre a energia potencial e a energia cinética. A *energia potencial* é representada pela força inicial que leva ao funcionamento do sistema: a gravidade funciona como energia potencial para o sistema hidrológico, hidrográfico e para os sistemas morfogenéticos. Ela, então, desencadeia a movimentação do material, e é tanto maior quanto mais acentuada for a amplitude altimétrica. Uma vez que o material se coloque em movimento, surge a *energia cinética* (ou energia do movimento), cuja própria força alia-se à potencial. Assim, o escoamento das águas ao longo dos rios, a movimentação dos fragmentos detríticos ao longo das vertentes, e o caminhar das águas marinhas ao longo das praias, geram a energia cinética. Ocorrência comum que pode ser verificada é a transferência de energia de um sistema para outro. Reconhece-se que o vento é o principal fator no mecanismo de formação das ondas. A geração de ondas representa a transferência direta da energia cinética da atmosfera para a superfície oceânica. Não se deve esquecer que a *energia total* é constituída pela soma entre a energia potencial e a energia cinética.

A *estrutura do sistema* é constituída pelos elementos e suas relações, expressando-se através do arranjo de seus componentes. O *elemento* é a unidade básica do sistema. O problema da escala é importante quando se quer caracterizar os elementos de determinado sistema. Um rio é elemento no sistema hidrográfico, mas pode ser concebido como sistema em si mesmo; a vertente é elemento no sistema da bacia de drenagem, mas pode ser sistema em si mesma; um carro é elemento no sistema trânsito, mas pode representar um sistema completo em sua unidade. Conforme a escala que se deseja analisar, deve-se ter em vista que cada sistema passa a ser um subsistema (ou elemento) quando se procura analisar o fenômeno em escala maior. Três características principais das estruturas devem ser observadas:

a) *tamanho* — o tamanho de um sistema é determinado pelo número de variáveis que o compõem. Quando o sistema é composto por variáveis que estão completamente

Introdução à geomorfologia

inter-relacionadas, isto é, cada uma se relaciona com todas as outras, a sua complexidade e tamanho são expressos através do *espaço-fase* ou número de variáveis. Se houver duas variáveis, o sistema será de espaço-fase bidimensional; se houver três, será de espaço--fase tridimensional; se houver *n* variáveis, o sistema será de *n* espaço-fase.

b) *correlação* – a correlação entre as variáveis em um sistema expressa o modo pelo qual elas se relacionam. A sua análise é feita por intermédio das linhas de regressão, da correlação simples (quando se relacionam variáveis) e da correlação canônica (quando se relacionam conjuntos de variáveis). Na correlação, a *força* é assinalada pelo valor da intensidade enquanto o sinal, positivo ou negativo, indica a *direção* na qual ocorre o relacionamento.

c) *causalidade* – a direção da causalidade mostra qual é a variável *independente*, a variável que controla, e a *dependente*, aquela que é controlada, de modo que a última só sofre modificações se a primeira se alterar. A distinção entre tais variáveis ainda está na dependência do bom senso, embora haja várias regras lógicas para se estudar o problema da causalidade.

2. Classificação dos sistemas em Geomorfologia. Os sistemas podem ser classificados de acordo com o critério funcional ou conforme a sua complexidade estrutural.

Levando em consideração o critério funcional, Forster, Rapoport e Trucco distinguem os seguintes tipos de sistemas:

a) *sistemas isolados* são aqueles que, dadas as condições iniciais, não sofrem mais nenhuma perda nem recebem energia ou matéria do ambiente que os circundam. Dessa maneira, conhecendo-se a quantidade inicial de energia livre e as características da matéria, pode-se calcular exatamente o evoluir do sistema e qual o tempo que decorrerá até o seu final. Richard Chorley (1962) já assinalou que a concepção davisiana do ciclo de erosão ilustra perfeitamente essa perspectiva, pois se inicia com soerguimento brusco antes que os processos tenham tempo de modificar a paisagem. O ciclo começa com o máximo de energia livre devido ao soerguimento e, com o decorrer do tempo, os processos vão atuando e rebaixando o conjunto até que alcance o estágio final, quando a energia livre é diminuta; isso devido à quase uniformidade da área que foi aplainada em função do nível de base. A perspectiva em sistemas isolados favorece a abordagem dos fenômenos através do tratamento evolutivo e histórico, pois pode-se predizer o começo e a sucessão das etapas até o seu final.

b) os *sistemas não-isolados* mantêm relações com os demais sistemas do universo no qual funcionam, podendo ser subdivididos em

– *fechados*, quando há permuta de energia (recebimento e perda), mas não de matéria. O planeta Terra pode ser considerado como sistema não-isolado fechado, pois recebe energia solar e também a perde por meio da radiação para as camadas extra--atmosféricas, mas não recebe nem perde matéria de outros planetas ou astros, a não ser em proporção insignificante, quase nula;

– *abertos*, são aqueles nos quais ocorrem constantes trocas de energia e matéria, tanto recebendo como perdendo. Os sistemas abertos são os mais comuns, podendo ser exemplificados por uma bacia hidrográfica, vertente, homem, cidade, indústria, animal, etc.

Levando-se em consideração a *complexidade estrutural*, Chorley e Kennedy (1971) distinguem dez tipos de sistemas. Dentre essas categorias, os que pertencem ao âmbito da Geomorfologia são os quatro primeiros, cujas características são as seguintes.

c) *sistemas morfológicos* – são compostos somente pela associação das propriedades físicas do fenômeno (geometria, composição, etc.), constituindo os sistemas menos complexos das estruturas naturais. Correspondem às *formas*, sobre as quais podem-se escolher diversas variáveis a serem medidas (comprimento, altura, largura, declividade, granulometria, densidade e outras). A coesão e a direção da conexidade entre tais variáveis são reveladas pela análise de correlação.

Funcionalmente, os sistemas morfológicos podem ser isolados, fechados ou abertos. Os que normalmente pertencem ao interesse do geomorfólogo são abertos ou fechados, e muitas de suas propriedades podem ser consideradas como *respostas* ou *ajustamento* ao fluxo de energia ou matéria através dos sistemas em seqüência aos quais estão ligados. Por exemplo, a densidade de drenagem é uma "resposta" à hidrologia da área. As redes de drenagem, as vertentes, as praias, os canais fluviais, as dunas e as restingas são exemplos de sistemas morfológicos, nos quais se podem distinguir, medir e correlacionar as variáveis geométricas e as de composição.

d) *sistemas em seqüência* – são compostos por uma cadeia de subsistemas, possuindo tanto magnitude espacial quanto localização geográfica, que são dinamicamente relacionados por uma cascata de matéria ou energia. Nessa seqüência, a saída (*output*) de matéria ou energia de um subsistema torna-se a entrada (*input*) para o subsistema de localização adjacente. Por exemplo, a Fig. 1.1 mostra a seqüência entre os subsistemas atmosfera, vertente, lençol subterrâneo, vegetação, rios e mar.

Importante é lembrar que dentro de cada subsistema deve haver um *regulador* que trabalhe a fim de repartir o *input* recebido de matéria ou energia em dois caminhos: armazenando-o (ou depositando) ou fazendo-o atravessar o subsistema e tornando-o um *output* do referido subsistema. Por exemplo, no subsistema vertente, a água recebida pode ser armazenada nos poros das rochas ou ser transferida para os rios (escoamento superficial) ou para o lençol subterrâneo; no subsistema lençol subterrâneo, a água pode ser armazenada ou ser transferida para as plantas e rios; no subsistema vegetação, a água pode ser armazenada nas plantas ou ser transferida para a atmosfera, através da transpiração; no subsistema rios, a carga recebida de água e de detritos pode ser armazenada ou depositada no leito ou nas margens, ou ser transferida para os mares.

e) *sistemas de processos-respostas* – são formados pela combinação de sistemas morfológicos e sistemas em seqüência. Os sistemas em seqüência indicam o *processo*, enquanto o morfológico representa a *forma*, a resposta a determinado estímulo. Ao definir os sistemas de processos-respostas, a ênfase maior está focalizada para identificar as

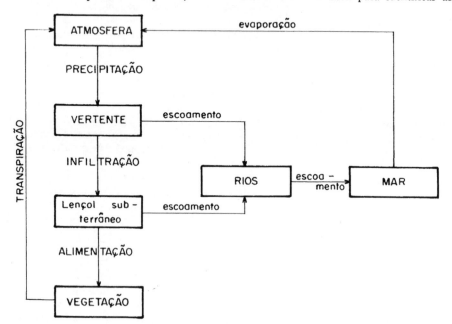

Figura 1.1 Exemplo de sistema em seqüência, mostrando o relacionamento entre vários subsistemas

relações entre o processo e as formas que dele resultam. Conseqüentemente, pode-se estabelecer um *equilíbrio* entre o processo e a forma, de modo que qualquer alteração no sistema em seqüência será refletida por alteração na estrutura do sistema morfológico (isto é, na forma), através de reajustamento das variáveis, em vista a alcançar um novo equilíbrio, estabelecendo uma nova forma. Por outro lado, as alterações ocorridas nas formas podem alterar a maneira pela qual o processo se realiza, produzindo modificações na qualidade dos *inputs* fornecidos ao sistema morfológico. Por exemplo, aumentando a capacidade de infiltração de determinada área, haverá diminuição no escoamento superficial e na densidade de drenagem, o que reflete na diminuição da declividade das vertentes. Essa diminuição, por sua vez, facilita a capacidade de infiltração e diminui o escoamento superficial. Ao contrário, diminuindo a capacidade de infiltração de uma área, haverá aumento do escoamento superficial e da densidade de drenagem, o que reflete em maior declividade das vertentes. Este aumento, por sua vez, irá dificultar a capacidade de infiltração e aumentar o escoamento superficial (Fig. 1.2).

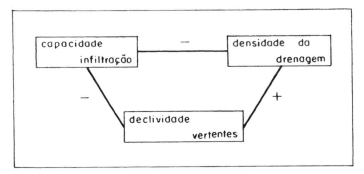

Figura 1.2 Relações estabelecidas pela retroalimentação em circuito em um sistema de processos-respostas

Essa propriedade apresentada pelos sistemas, a de que o efeito de uma alteração volte a atuar sobre a variável ou elemento inicial, produzindo uma circularidade de ação, é denominada de *mecanismo de retroalimentação (feedback)*. Quatro tipos de retroalimentação são os mais comuns (Fig. 1.3):

retroalimentação direta, quando há relacionamento direto de ida e volta da ação entre duas variáveis;

retroalimentação em circuito, quando envolve mais de duas variáveis e a retroalimentação volta ao ponto inicial, completando um circuito ou arco. No exemplo citado na Fig. 1.3, nota-se que o frio provoca a precipitação nevosa, a qual leva ao aparecimento das geleiras, e estas intensificam o frio;

retroalimentação negativa, é o tipo mais comum, ocorre quando uma variação externamente produzida leva ao estabelecimento de um circuito fechado de alteração, que tem a função de arrefecer ou estabilizar o efeito da mudança original. Essa situação é indicada por um circuito com um número *ímpar* de sinais negativos de correlação. Por exemplo, em um canal fluvial, se se aumentar o volume de água (variação externa), haverá aumento da velocidade. O aumento da velocidade ocasionará aumento da erosão (correlação positiva), e esse provocará aumento da largura do canal (correlação positiva). Todavia, o aumento da largura provocará a diminuição na velocidade da água (correlação negativa). Através desse mecanismo, o sistema procura reajustar-se, reequilibrar-se, em função das novas condições de fluxo;

retroalimentação positiva, ocorre quando os circuitos entre as variáveis reforçam o efeito da ação, externamente produzida, ocasionando uma ação de "bola de neve"

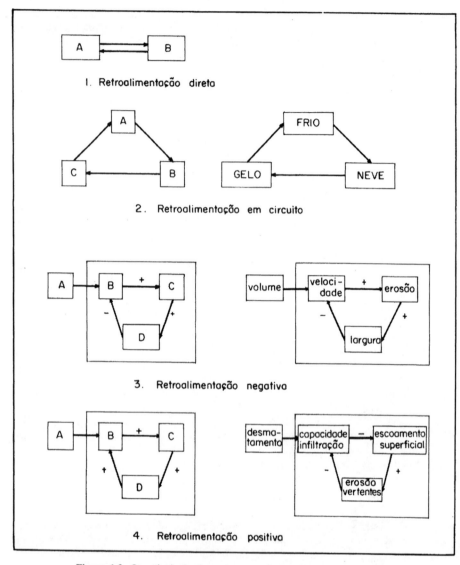

Figura 1.3 Os principais tipos de mecanismos de retroalimentação

das alterações sempre no mesmo sentido da influência original. Tais circuitos podem não ter sinais negativos de correlação, mas se acaso apresentá-los, eles devem ser em quantidade *par*. Esse tipo de retroalimentação não promove a estabilização do sistema, mas a sua destruição. Por exemplo, o desmatamento (ação externa) diminui a capacidade de infiltração e aumenta o escoamento superficial (correlação negativa). O aumento do escoamento superficial aumenta a erosão das vertentes (correlação positiva), e essa erosão diminui a capacidade de infiltração (correlação negativa). Com o decorrer do tempo, haverá o afloramento da rocha sã, não havendo praticamente mais infiltração nem erosão do regolito. O sistema foi destruído.

f) *sistemas controlados* — são aqueles que apresentam a atuação do homem sobre os sistemas de processos-respostas. A complexidade é aumentada pela intervenção humana.

Introdução à geomorfologia

Quando se examina a estrutura dos sistemas de processos-respostas, verifica-se que há certas variáveis-chaves, ou *válvulas*, sobre as quais o homem pode intervir para produzir modificações na distribuição de matéria e energia dentro dos sistemas em seqüência e, conseqüentemente, influenciar nas formas que com ele estão relacionadas. Por exemplo, modificando a capacidade de infiltração de determinada área ou a movimentação de areias em determinada praia, o homem pode produzir, consciente ou inadvertidamente, modificações consideráveis na densidade de drenagem ou na geometria da praia. É na orientação dessa intervenção humana que reside a finalidade aplicada da ciência geomorfológica.

3. **A noção de equilíbrio em Geomorfologia.** O conceito de equilíbrio em Geomorfologia significa que materiais, processos e a geometria do modelado, compõem um conjunto auto-regulador, sendo que toda forma é o produto do ajustamento entre materiais e processos. A importância do conceito de equilíbrio foi reconhecida por Grove Karl Gilbert, desde 1880. Todavia, ocluso pelo desenvolvimento da geomorfologia davisiana, que o utilizou somente no estudo do perfil longitudinal dos cursos de água, recentemente vem sendo aplicado com maior continuidade e amplitude.

Com a introdução na Geomorfologia dos princípios da teoria dos sistemas, houve retomada e revisão desse assunto. O equilíbrio de um sistema representa o ajustamento completo das suas variáveis internas às condições externas. Isso significa que as formas e os seus atributos apresentam valores dimensionais de acordo com as influências exercidas pelo *ambiente*, que controla a qualidade e a quantidade de matéria e energia a fluir pelo sistema. Quando as condições externas permanecerem imutáveis, o equilíbrio dinâmico pode chegar ao estado que melhor exprima a organização interna em função das referidas características exteriores. Esse estado constante ou de estabilidade ("*steady state*") é atingido quando a importação e a exportação de matéria e energia forem equacionadas por meio do ajustamento das formas do próprio sistema, permanecendo constantes enquanto não se alterarem as condições externas. Assim sendo, o estado de estabilidade é independente do tempo, e as suas formas e organização não se modificam pelo simples transcorrer da variável temporal. Em uma bacia hidrográfica, as condições climáticas, litológicas, biogeográficas e outras vão condicionar a estruturação de determinada rede de drenagem e de determinadas formas de relevo. Alcançado o estado de estabilidade, a geometria da rede fluvial e a da morfologia encontram-se em perfeito estado de equilíbrio e só sofrerão modificações se porventura houver alterações nas variáveis condicionantes.

Os geossistemas e os demais sistemas geográficos sempre estão funcionando perante flutuações no fornecimento de matéria e energia. Todavia, a ajustagem interna do sistema permite que haja absorção das flutuações dentro de determinada amplitude, sem que o estado seja modificado. O estado estacionário não é imutável, mas representa o comportamento em torno de amplitude de variação. A escala temporal representa o melhor critério para verificar a estabilidade ou instabilidade do sistema. Se o comportamento do sistema é observado durante determinada escala temporal, as flutuações que ocorrem no *output* durante o referido período de tempo podem ser irrelevantes, pois a média e a variância das variáveis que descrevem o *output* permanecem constante ou estatisticamente estável. A quantidade de material detrítico transportado por um rio, quando observado de mês para mês ou de estação sazonal para estação, pode permanecer estatisticamente estável por um período de dez ou vinte anos, por exemplo. Mas se formos analisar o transporte diário da carga detrítica, haverá mudanças muito rápidas de um dia para outro.

Considerando que os sistemas estudados pela geomorfologia são sistemas abertos, eles mantêm-se estabilizados na medida em que as forças atuantes e provindas do meio ambiente possam ser absorvidas pela flexibilidade existente na estrutura do sistema.

8

Geomorfologia

Quando a introdução de novas forças geram movimentos que ultrapassam o grau de absorção, há um reajuste em busca de novo estado de equilíbrio. A fase de transição entre o estado de equilíbrio existente e o do novo equilíbrio a ser alcançado corresponde ao *tempo de readaptação* do sistema. Os diversos estados transitórios seguidos pelo sistema na passagem entre os dois estados constitui a *trejatória de readaptação*.

O tempo de readaptação varia de um sistema para outro, e será mais longo se houver elementos de maior resistência à mudança no interior do sistema. Um geossistema, por exemplo, é composto por elementos orgânicos e inorgânicos, englobando subsistemas possuidores de propriedades diferentes. A habilidade em enfrentar as influências externas é maior e mais típica nas comunidades vegetais e animais e menos pronunciada nos componentes inorgânicos. Quando ocorre um distúrbio no equilíbrio de um dos compoentes do sistema, entra em ação um conjunto de relações retroalimentadoras, resultando que o sistema todo novamente atinja o equilíbrio após passar através de uma série de estados transitórios. Se a modificação inicial for reversível, o equilíbrio restaurado será semelhante ao estado precedente. Por exemplo, após exterminação artificial, a associação de plantas tende a se restaurar de forma semelhante à original. No caso de modificações não reversíveis, o novo equilíbrio será atingido em outro estado, diferente do procedente. A disposição dos solos, da vegetação e as características topográficas serão diferentes se houver modificação na composição dos afloramentos litológicos.

A ruptura do equilíbrio e o desencadeamento da trajetória de readaptação ocorrem quando o estímulo exterior apresentar magnitude suficiente, ultrapassando a capacidade de absorção. Ultrapassado o limite divisório crítico da faixa de absorção, o sistema espontaneamente se modifica a fim de atingir novo estado de equilíbrio. No geossistema, os diversos subsistemas possuem escalas diferentes para a reajustagem frente às modificações provocadas externamente, até que restaure o equilíbrio perdido, podendo oscilar da escala medidas em anos até a de milhões de anos. Numa seqüência qualitativa, dos elementos de reajustagem mais rápida aos mais lentos, temos os zoogeográficos, os da vegetação, os solos e as formas de relevo. Os elementos de restauração rápida serão os primeiros a se adaptarem às novas condições ambientais. Todavia, desde que os outros componentes de maior inércia continuam paulatinamente a se transformar, os pioneiros na adaptação devem continuar a se adaptar às características que vão sendo apresentadas pelos componentes de ajustagem mais lenta.

Toda vez que ocorre transformação do estado do sistema, passando de um equilíbrio para outro, em virtude de um estímulo exterior, verifica-se uma fase ou etapa na história do sistema. As transformações ao longo da escala temporal assinalam a evolução do sistema. O tratamento histórico aplica-se aos casos individuais, assinalando os acontecimentos verificados no sistema especificado. Ao se aplicar a descrição histórica, duas questões são relevantes: a) o retrospecto histórico pode ser desenvolvido desde que haja remanescentes no sistema, denunciando as fases evolutivas. Há que verificar a velocidade de transformação das formas, assinalando o período de inércia, isto é, o tempo que a forma leva para se transformar, passando de um estado de equilíbrio para outro, ou para desaparecer. Em determinado sistema, o grau de inércia é diferente para os diversos elementos componentes. A história pode retroagir até a fase denunciada pelas relíquias ou elementos de maior inércia; b) ao se transformarem, os sistemas passam por diversos estados. Qual a categoria dos estados representativos do equilíbrio, assinalando o "steady state"? Alcançar o estado estacionário é a finalidade básica do funcionamento do sistema geomorfológico? Qual o tempo de readaptação necessário para que o sistema se reestruture em novo estado de equilíbrio?

A noção de equilíbrio pode ser aplicada a qualquer sistema geomorfológico, tais como no estudo das vertentes, rios, bacias de drenagem, dunas, litorais e outros. No caso do estudo sobre litorais, pode-se observar que "o equilíbrio em uma praia apresenta curvaturas e tamanho de grãos, ajustados uns aos outros de modo tão delicado, que o movimento litorâneo potencial providencia a energia necessária para transportar os detritos fornecidos e os retirados" (Tanner, 1968). Nessa esquematização, a geometria (curvatura) é controlada por materiais (detritos) e processos (transporte).

Outro aspecto que deve ser lembrado refere-se à proporcionalidade de crescimento entre os elementos componentes do sistema. O tamanho apresentado por determinado elemento está em proporção ao tamanho do sistema como um todo, assim como o crescimento de cada parte do organismo está em relação ao tamanho do corpo humano. Na análise do crescimento equilibrado e proporcional, aplica-se a *lei do crescimento alométrico* (*law of allometric growth*), enunciando que "a taxa relativa de crescimento de um órgão é uma fração constante da taxa relativa de crescimento do organismo como um todo". Michael J. Woldenberg (1966) aplicou essa lei no estudo das alterações dos sistemas fluviais; um exemplo de sua utilização pode ser mostrado pelo relacionamento entre o débito fluvial e a área da bacia hidrográfica (Fig. 1.4).

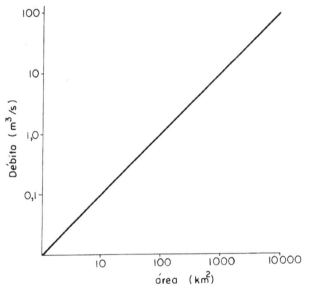

Figura 1.4 Há crescimento proporcional entre o débito e a área de determinada bacia hidrográfica, exemplificando a lei do crescimento alométrico

A fórmula alométrica é expressa como sendo igual a

$$y = ax^b$$

ou $\log_{10} y = \log_{10} a + b \log_{10} x$.

O significado da equação alométrica mostra que a taxa de crescimento específico (isto é, o aumento por unidade de tamanho por unidade de tempo) de um elemento y permanece em relação constante com a taxa de crescimento específico de outro elemento ou do sistema total x. Como exemplo, consideremos o caso de uma bacia hidrográfica, em que o débito aumenta com o tamanho da área. Neste caso, a taxa relativa de mudança no débito (y) é uma fração constante (b) da taxa relativa de modificação na área da bacia (x).

Quando figurada em papel log-log, a representação da variável y (dependente) e da variável x (independente) dará origem a uma linha reta. Essa representação simples assinala os casos em que a lei do crescimento alométrico pode ser aplicada e facilita calcular os valores das constantes a e b. O valor da constante a corresponde ao valor

10

Geomorfologia

da interceptação da linha reta com a da ordenada, para o valor extrapolado de $x = 1$; o valor de constante b corresponde ao valor da inclinação da linha alométrica.

As relações entre as variáveis podem ser funções alométricas, positivas ou negativas. Se $b > 1$, o crescimento relativo mostra alometria positiva, pois y está crescendo mais rapidamente que x; se $b = 1$, o crescimento é isométrico, pois y cresce em proporcionalidade igual a x, e se $b < 1$, o crescimento é alometricamente negativo, pois y cresce de modo mais lento que x. Por exemplo, a taxa de aumento da diferença altimétrica em relação com o comprimento da vertente, a partir do topo de um interflúvio convexo, seria uma função alométrica positiva na qual o expoente é sempre maior que a unidade. A taxa de diminuição da diferença altimétrica em relação com o comprimento da vertente, em um segmento basal côncavo, seria uma função alométrica negativa, na qual o expoente b conserva sempre valores inferiores à unidade (Bull, 1975).

A análise alométrica pode ser realizada nas perspectivas dinâmica e estática. A *alometria dinâmica* refere-se às interrelações de medidas feitas sobre a forma ou sobre os processos de um sistema em diferentes épocas durante a sua história. Neste caso, a variável tempo é muito importante. A *alometria estática* refere-se às interrelações de medidas feitas sobre determinado tipo de sistema, em determinado momento da sua história. O exemplo da geometria hidráulica constitui caso esclarecedor. A mensuração das suas variáveis, no mesmo local, em diversas fases temporais, assinala as mudanças que ocorrem na geometria hidráulica em relação com as oscilações do débito. A mensuração das variáveis da geometria hidráulica, em diversas seções transversais ao longo do rio, na mesma fase temporal, assinala as mudanças que ocorrem em relação a determinada freqüência de fluxos nas diferentes estações fluviométricas. A primeira é exemplo de alometria dinâmica, enquanto a segunda se refere à alometria estática.

Em todos os sistemas, os processos são os responsáveis pelo crescimento e a forma reflete a organização da estrutura. Se a intensidade de crescimento pode ser mais acentuada nas fases iniciais do sistema, o crescimento e a expansão não ocorrem indefinidamente. O sistema cresce até que atinja o seu *tamanho ótimo* que, quando for atingido, será mantido através de longo período de tempo e não estará sempre susceptível às mudanças sucessivas e sequenciais (Chorley, 1962). Uma planta ou um animal não crescem continuamente, mas até determinado ponto de funcionalidade. Se houvesse crescimento contínuo, expansão indefinida, estaríamos em presença de casos anômalos. As formas de relevo, por exemplo, evoluem até que atinjam o equilíbrio dinâmico denunciado pela proporcionalidade das variáveis geométricas em relação aos processos operantes; quando esse estado é atingido, permanecem estacionárias em sua forma, tornando-se independentes da escala temporal.

4. O sistema geomorfológico. Considerando que as formas e os processos representam o âmago da Geomorfologia, podemos distinguir dentro do universo geomorfológico os seguintes sistemas antecedentes, que são os mais importantes para a compreensão das formas de relevo (Fig. 1.5):

a) O *sistema climático* que, através do calor, da umidade e dos movimentos atmosféricos, sustenta e mantém o dinamismo dos processos.

b) O *sistema biogeográfico* que, representado pela cobertura vegetal e pela vida animal que lhe são inerentes, e de acordo com suas características, atua como fator de diferenciação na modalidade e intensidade dos processos, assim como fornecendo e retirando matéria.

c) O *sistema geológico* que, através da disposição e variação litológica, é o principal fornecedor do material, constituindo o fator passivo sobre o qual atuam os processos.

d) O *sistema antrópico*, representado pela ação humana, é o fator responsável por mudanças na distribuição da matéria e energia dentro dos sistemas, e *modifica* o equi-

Introdução à geomorfologia

líbrio dos mesmos. Consciente ou inadvertidamente, o homem produz modificações sensíveis nos processos e nas formas, através de influências destruidoras ou controladoras sobre os sistemas em seqüência.

Há fluxo de matéria e energia através do sistema geomorfológico, e as saídas (*outputs*) principais desse sistema são representadas pelas descargas de água e de detritos. Dessa maneira, o sistema hidrológico e o sistema sedimentação constituem os principais sistemas subseqüentes.

Os quatro sistemas acima mencionados são os *controladores* mais importantes do sistema geomorfológico, representando os seus fatores, o seu ambiente. Entretanto, por meio do mecanismo de retroalimentação, o sistema geomorfológico também atua sobre eles. A transferência de detritos das áreas mais elevadas para as mais baixas tem repercussão nas condições climáticas, pelo rebaixamento da topografia, nas condições biogeográficas e no sistema geológico, mormente em função da distribuição dos sedimentos. Novas bacias sedimentares vão sendo formadas e preenchidas, e o acúmulo de material poderá gerar alterações na *isostasia* da crosta terrestre, isto é, no equilíbrio distributivo das massas siálicas.

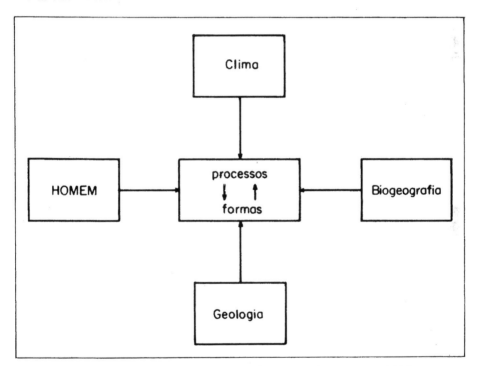

Figura 1.5 Os sistemas antecedentes controladores do sistema geomorfológico

5. Classificação dos fatos geomorfológicos. Deixamos perfeitamente esclarecido que as formas de relevo são *fatos* que devem ser estudados e classificados. Cada fato, isto é, cada forma, representa um exemplo que deve ser relacionado a determinada categoria ou classe. O problema que se levanta é: como classificar os fatos geomorfológicos?

Um critério amplamente utilizado foi o de classificar os fatos geomorfológicos em função da disposição das camadas rochosas, compondo a denominada "Geomorfologia estrutural". De acordo com esse critério, as formas de relevo pertenceriam às seguintes categorias:

12 Geomorfologia

a) *Morfologia das estruturas concordantes*:
 — o relevo tabular;
 — o relevo de cuestas;
 — o contacto entre maciços antigos e bacias sedimentares.

b) *Morfologia das estruturas dobradas*:
 — o relevo dômico;
 — o relevo dobrado;
 — o relevo apalacheano.

c) *Morfologia em estruturas falhadas.*

d) *Morfologia relacionada com o vulcanismo.*

e) *Morfologia relacionada com as litologias específicas*:
 — o relevo cársico;
 — o relevo granítico.

Na perspectiva da classificação acima, tornava-se difícil a colocação das categorias de formas relacionadas a processos morfogenéticos, tais como as formas litorâneas, as fluviais, as glaciárias e outras.

A fim de suplantar essa dificuldade, e também como reação à dominância estrutural nas pesquisas geomorfológicas, desenvolveram-se os estudos sob a perspectiva de que as formas de relevo estavam relacionadas com a zonalidade climática, diferenciando-se em função das zonas morfoclimáticas. Utilizando-se desse critério, Jean Tricart e André Cailleux (1965) e Julius Büdel (1963) estabeleceram classificações sintéticas (vide pp. 30-32). Na classificação climática, o estudo das formas fluviais e litorâneas, por exemplo, também não encontra posicionamento definido. A fim de contornar o problema, os autores reconheceram a existência de *fatos zonais*, que ocorrem de acordo com a zonalidade climática; *azonais*, que ocorrem independentemente da zonalidade climática, e *plurizonais*, que ocorrem em várias zonas, mas não em todas.

O surgimento da Geomorfologia Climática não procurava substituir a Geomorfologia Estrutural, mas completá-la. O reconhecimento da dicotomia entre estrutural e climática, como se fossem as duas faces de uma mesma moeda, trazia problemas sérios à classificação dos fatos geomorfológicos. Automaticamente, qualquer forma podia ser classificada tanto na estrutural como na climática, porque simultaneamente era o resultado da ação climática sobre determinado tipo de rocha. Isto infringia as regras de classificação, na qual a coerência de determinado critério implica na eliminação dos demais. No caso, a aplicação do critério estrutural elimina o climático, e vice-versa. Consequentemente, a divisão da Geomorfologia deveria ser realizada em têrmos da Estrutural ou em têrmos da Climática, mas nunca como Geomorfologia Estrutural e Climática.

Tentativas de classificação dos fatos geomorfológicos de acôrdo com o critério espacio-temporal, distinguindo as várias grandezas, como a proposta por Tricart e Cailleux (1956) e a de Chorley, Haggett e Stoddart (1965), também não superavam o problema lógico da classificação para a ciência geomorfológica. Os pesquisadores soviéticos também se preocuparam com o problema, embora procurando uma classificação para as unidades componentes da superfície terrestre. Em 1946, I. G. Gerasimov propôs subdividir todas as formas de relevo em três grandes categorias genéticas:

a) unidades *geotexturais*, compreendendo as maiores unidades da superfície terrestre (massas continentais, grandes zonas montanhosas, depressões oceânicas e escudos). Posteriormente, J. A. Mescerjakov propôs designar tais elementos como unidades *morfotecturais*;

b) as unidades *morfoestruturais*, designando os elementos do relevo de ordem média que parecem complicar as unidades morfotecturais, tais como as cadeias de montanha, maciços, planaltos e depressões internas dos continentes e oceanos;

Introdução à geomorfologia

13

c) as unidades *morfoesculturais*, relacionadas com a ação dos sistemas morfogenéticos. Em data recente, Mescerjakov (1968) aborda essa temática dentro das mesmas perspectivas. Em 1967, Bachenina e Zaroutskaya apresentaram minuciosa sistemática e classificação dos elementos do relevo com critérios baseados nas diferenças principais da tectogênese no transcurso da história geológica (elementos de primeira até quarta ordem), caracterizando os megarrelevos. Os elementos de ordem menores relacionam-se ao macro e mesorrelevo e classificam-se em função do controle e do regime tectônico atual. Em algumas das contribuições, verifica-se que há imbricamento de aspectos estruturais e climáticos.

Todas as classificações acima relacionadas procuram classificar os fatos e dividir a Geomorfologia utilizando de critérios baseados nos fatores controlantes do sistema geomorfológico. Não há nenhuma tentativa para classificá-la em função do seu objetivo central, embora a obra de Adrian Scheidegger (1970) possa ser considerada como contribuição sob esse aspecto.

Utilizando da definição de Geomorfologia ("estudo das formas de relevo"), podemos perfeitamente considerar as *formas como sendo respostas a processos*. As formas e os processos constituem o essencial da Geomorfologia, e é sob essa perspectiva que a classificação dos fatos e a divisão desta ciência devem ser orientadas. Se tomarmos como base o aspecto das *formas* (morfologia), iremos verificar que o seu estudo ainda não evoluiu o suficiente para permitir uma classificação aceitável em função desse critério, embora já se possa atinar com a categoria das vertentes, das redes (de drenagem, de cavernas, glaciárias e outras) e dos lineamentos (de canais, de dunas, de litorais, etc). O estudo dos *processos* está mais desenvolvido e, considerando a sua ação ativa e dinâmica podemos estabelecer uma classificação lógica e exequível dos fatos geomorfológicos. As categorias seriam as seguintes, lembrando as formas originadas por tais processos:

- morfologia fluvial;
- morfologia litorânea;
- morfologia eólica;
- morfologia glaciária;
- morfologia periglaciária;
- morfologia cársica;
- morfologia pluvial;
- morfologia submarina.

A classificação acima é provisória e, evidentemente, não está completa. Que denominação se deve utilizar para designar o conjunto de processos (e as formas correlatas) atuantes sobre as vertentes?

Verifica-se, portanto, que os critérios de classificação dos fatos apresentam implicações imediatas para o problema de divisão da Geomorfologia, e ambos estão intimamente relacionados. Conforme os critérios adotados observamos que:

i) os setores da Geomorfologia dividiriam-se conforme a tipologia estrutural;

ii) os setores da Geomorfologia dividiriam-se conforme as zonas morfoclimáticas;

iii) os setores da Geomorfologia dividiriam-se conforme as categorias de processos e formas.

Compete ao estudioso escolher qual o critério que deseja utilizar para classificar e dividir a Geomorfologia; mas o critério deve ter coesão durante o transcorrer de toda a obra. Por outro lado, deve-se ser cuidadoso ao explicar o que se entende pela definição de Geomorfologia. A interpretação que apresentamos permite abordar o sistema geomorfológico e fazer a divisão, considerando os processos e as formas. É essa perspectiva que transparece no presente volume.

HISTÓRIA DA GEOMORFOLOGIA

1. O desenvolvimento histórico da Geomorfologia. Explicar as formas da superfície terrestre sempre se constituiu em alvo da curiosidade humana. Desde os primórdios da civilização, encontramos alusões a propósito. As explicações emanadas durante a antiguidade eram apresentadas em forma de fábulas, construídas em torno dos conceitos religiosos então vigentes. No decorrer da Idade Média, quando a Igreja dirigia a cultura e o ensino, o dogma da criação do mundo e da vida por um único ato de Deus, passou a dominar o pensamento especulativo, e pouco a pouco estabeleceu-se uma cronologia bíblica ou mosaica. Durante o Renascimento, todavia, alguns pensadores chegaram a compreender a influência dos processos subaéreos, mormente o fluvial, na esculturação das paisagens, tais como Leonardo da Vinci (1452-1519) e Bernard Palissy (1510-1590). O primeiro reconheceu "que cada vale foi escavado pelo seu rio, e a relação entre os vales é a mesma que entre os rios", além de observar que os cursos fluviais carregavam materiais de uma parte da Terra e os depositavam em outra. O segundo chegou a compreender alguns conceitos básicos da Geomorfologia, tais como o antagonismo entre as ações internas, que criam o relevo, e as ações externas, que tentam destruí-lo; o antagonismo entre o escoamento e a vegetação, expressando claramente a idéia de plantar árvores a fim de amenizar a erosão; a importância dos fenômenos externos no fornecimento dos materiais constituintes das rochas, e a relação existente entre os fenômenos geomorfológicos e a pedologia. É óbvio que a linguagem usada era a do seu tempo, mas, infelizmente, as suas idéias não tiveram repercussão e permaneceram esquecidas.

No decorrer dos séculos XVI e XVII, apareceram observações isoladas, mas foi no século XVIII que se tornaram mais numerosas e mais importantes, tais como as do engenheiro hidráulico francês L. G. du Buat, autor do *Principes d'hydraulique* (1779), de Jean Baptiste de Lamarck (1744-1829), Targioni-Tozetti (1712-1784), Desmarest (1725--1815) e do suíço Bénédict de Sausurre (1740-1799), entre outros.

Porém, James Hutton (1726-1797) é reconhecido como o primeiro grande fluvialista e como um dos fundadores da moderna Geomorfologia. Baseando as suas concepções na observação dos fenômenos naturais, apresenta a primeira tentativa científica e coerente de uma história natural da Terra. Explica que seriam as ações observáveis na superfície do globo que reduziriam o relevo e permitiriam o arrasamento das montanhas. Deduzindo a partir das causas atuais, fundamentou a teoria do "actualismo" — "o presente é a chave do passado" — que conheceria com Charles Lyell grande divulgação. As suas idéias foram expostas através de texto confuso, e passariam completamente despercebidas, se os seus críticos e amigos não tivessem contribuído para a divulgação de suas teorias. Entre eles salienta a contribuição de John Playfair (1748-1819).

Playfair redigiu a obra *Illustrations of the Huttonian theory of the Earth* (1802) onde, através de texto mais lúcido, esclareceu muitas das idéias de seu amigo. Nessa obra encontra-se uma das observações pioneiras sobre o comportamento da rede de drenagem, assinalando que "cada rio consiste em um tronco principal, alimentado por um certo número de tributários, sendo que cada um deles corre em um vale proporcional ao seu tamanho, e o conjunto forma um sistema de vales comunicantes com declividades tão perfeitamente ajustadas que nenhum deles se une ao vale principal em um nível demasiado superior ou inferior; tal circunstância seria infinitamente improvável se cada vale não fosse obra do rio que o ocupa". Essa observação é considerada como lei de Playfair, ou lei das confluências concordantes, pois foi o primeiro e permaneceu por muito tempo como o único a tê-la formulado e compreendido.

As concepções huttonianas criaram controvérsias com as idéias expendidas pelos neptunistas, e ficaram esquecidas com o desenvolvimento dessa corrente. Abraham Gottlob Werner (1749-1817) postulava a existência de um oceano universal que teria contido em solução todos os princípios minerais de formação da crosta terrestre. A

Introdução à geomorfologia

precipitação desses minerais originaram, sucessivamente, as rochas primitivas, as transicionais (secundárias), as derivativas (terciárias) e, finalmente, as rochas vulcânicas. Inclusive as rochas graníticas eram originárias dessa sedimentação no ambiente do oceano universal. Os neptunistas wernerianos, embora acreditem que esse oceano desapareceu de modo súbito, não conseguem explicar a maneira pela qual se realizou tal desaparecimento.

Ao chegar-se ao início do século XIX, havia praticamente três correntes do pensamento a propósito da esculturação do relevo terrestre: a dos fluvialistas, a dos estruturalistas e a dos diluvianistas, sendo que as duas últimas defendiam princípios de caráter catastróficos. Em 1830, Charles Lyell (1797-1875) publicava os *Principles of Geology*, popularizando o princípio do atualismo, realizando ataque inclemente às correntes catastróficas e fornecendo detalhes dos processos erosivos e denudacionais. Um pouco mais tarde, Jean Louis Agassis (1807-1873) reconhecia a evidência de uma idade glacial durante a qual as geleiras cobriram grande parte da Europa Setentrional. A ação dos glaciares, inclusive as suas várias fases, passou a ter aceitação ampla, graças também ao trabalho de outros pesquisadores.

A importância da abrasão marinha foi evidenciada por Andrew C. Ramsay (1814-1891) e por Ferdinand Von Richthoffen (1833-1905). O primeiro descreveu o que acreditava ser uma superfície de abrasão marinha no oeste da Grã-Bretanha e introduziu um método de estudo da evolução do relevo através da reconstrução visual das estruturas truncadas. Richthoffen ofereceu argumentos comprobatórios às idéias de Ramsay em suas observações efetuadas na China.

Pouco a pouco a corrente fluvialista começou a impor-se de modo definitivo, devido às contribuições de Alexandre Surell, George Greenwood, James Dwight Dana e Jukes. Acumulavam-se informações e conceitos emitidos em trabalhos variados, aos quais podemos englobar alguns livros-textos de interesse geomorfológico. Em 1869, Peschel procurou reunir os princípios do desenvolvimento das formas de relevo de modo sistemático, mas Richthoffen foi mais feliz, em tentativa semelhante, ao elaborar o *Führer für Forchungsreisende* (1886). Na França, em 1888, surgia a obra de amplos méritos de G. de la Noe e E. de Margerie, intitulada *Les formes du terrain*. Entretanto, a tentativa mais significativa pertence a A. Penck que, em 1894, publicou a *Morphologie der Erdoberflache*, contendo tratamento genético das formas do relevo terrestre.

Enquanto esse desenvolvimento se verificava na Europa, surgia, no decorrer do último quarto do século XIX, nos Estados Unidos, um grupo de pesquisadores e pensadores que iam reformular o pensamento geomorfológico, expondo as principais noções teóricas que permitiriam isolar a Geomorfologia do âmbito geológico, no qual sempre estivera integrada. Essa fase está ligada ao trabalho de alguns geólogos que trabalharam no oeste dos Estados Unidos, sendo que três nomes ganharam destaque incontestável, John Wesley Powell (1834-1902), Grove Karl Gilbert (1843-1918) e Clarence E. Dutton (1841-1912).

James Powell explorou a região do Colorado e sua obra fundamental foi apresentada em 1875 sob a forma de relatório *Exploration of the Colorado River of the West and its tributaries*. Fundamentando-se em seus estudos, ficou impressionado pela importância assumida pela estrutura geológica como base para a classificação das formas de relevo, e propôs uma classificação genética dos vales fluviais em vales antecedentes, conseqüentes e superimpostos. Das suas generalizações, surge como fundamental o conceito de nível mínimo para a redução do relevo terrestre, denominado de nível de base da erosão. Para Powell, o nível de base era mais um conceito teórico que uma realidade física, pela dificuldade de captar o momento em que um rio tenha parado de escavar o seu leito; e os rios e outros processos de erosão, atuando lentamente sobre os continentes, eventualmente chegariam a reduzir o relevo a uma forma final que corresponderia a uma planura pouco acima do mar. Dessa maneira, ficava para W. M. Davis apenas a designação do nome dessa forma final – *peneplanície* –, mas o mérito da idéia pertence a Powell. Observou também que as grandes discordâncias nas rochas do Grande Canyon do Colorado registravam períodos geologicamente antigos da erosão terrestre.

Grove K. Gilbert efetuou minuciosa análise dos processos subaéreos e das numerosas modificações sofridas pelos vales à medida que os rios erodem, considerando os elementos fluviais e os das vertentes como integrados em um sistema inter-relacionado. Reconheceu a importância da aplanação lateral na evolução dos vales e efetuou uma das primeiras tentativas do estudo quantificativo das relações entre a carga, o volume, a velocidade e a declividade de um rio. Em seu *Report of the Henry Mountains* (1877) explica o relevo da área como resultante da erosão sobre corpos intrusivos, aos quais denominou lacolitos; foi o primeiro a citar provas geomórficas sobre a origem de um bloco de falha, na região da Grande Bacia. Na obra, *History of the Lake Bonneville* (1890), lago antecessor do Grande Salt Lake, mostra a interpretação evolutiva com base nas sucessivas linhas de margem e dos terraços fluviais, permanecendo como obra clássica da Geomorfologia. Dutton é lembrado pela contribuição às compensações isostásicas que se processam devido à remoção de vastas camadas de terrenos durante um longo período erosivo, e pela descrição das escarpas que foram consideradas como regredindo paralelamente a si mesmas, sob condições de clima árido, como no caso dos Canyons do Colorado.

Percebe-se que estavam consolidados os conceitos fundamentais da Geomorfologia, embora expressos de maneira dispersa. William Morris Davis (1850-1934) deu coesão e a vitalidade a esses conceitos, sua contribuição pessoal consistiu essencialmente em integrar, sistematizar e definir a seqüência normal dos acontecimentos num ciclo ideal, e procurou uma terminologia para uma classificação genética das formas de relevo terrestre, como apoio para sua descrição.

A influência de W. M. Davis sobre a Geomorfologia foi maior que a de qualquer outra pessoa e, como viajante infatigável, publicou numerosos trabalhos, resultantes de suas observações e ensinou em várias universidades americanas e européias. Ele pode ser considerado como o fundador da Geomorfologia como disciplina especializada, estruturando-a como disciplina independente e possuidora de um corpo de doutrina coerente e original. Embora deixasse obra vasta sobre os mais variados aspectos da Geomorfologia, não chegou a escrever um trabalho de fôlego sobre o seu "ciclo de erosão" e a "erosão normal". A idéia de ciclo de erosão resume-se em uma superfície plana deformada bruscamente por uma ação tectônica e, sobre o relevo então formado, age a erosão que o reduz, lenta e progressivamente, através das fases de juventude, maturidade e senilidade, até nova superfície plana, a peneplanície, ponto de partida para novo ciclo.

A concepção acima sempre sofreu objeções pela sua simplicidade, e o próprio Davis reconhecia e defendia a natureza teórica do modelo, explicando que o esquema correspondia à construção, passo a passo, de séries evolutivas de formas-tipos. Era um esquema da imaginação e não um assunto de observação que, deliberadamente simplificado, poderia, na realidade, sofrer interrupções ou complicações inseridas pela tectônica (movimentos da terra em relação ao nível de base), pelas modificações climáticas e pelas erupções vulcânicas.

O tempo necessário ao desenvolvimento desse ciclo é muito longo, calculado entre 20 a 200 milhões de anos. Nessa escala, as interrupções representariam meros acidentes, localizados em certas zonas terrestres ou confinadas a determinadas épocas. O essencial do trabalho erosivo é devido à ação das águas correntes que, agindo desde o início do ciclo até o fim, é a única a ter o direito de reivindicar o qualitativo de erosão normal, pois atua de modo decisivo na esculturação das formas até a fase final. A teoria da erosão normal vem completar a do ciclo de erosão.

2. A expansão da teoria davisiana e a Geomorfologia estrutural. A influência das concepções davisianas foi quase absoluta nos Estados Unidos e espalhou-se rapidamente

Introdução à geomorfologia

17

pela Europa. Dentre os países europeus, foi na França que recebeu maior aceitação, sendo que Emmanoel de Martonne (1873-1955) e Henri Baulig (1877-1962) foram os seus principais divulgadores. Ao primeiro, devemos o importante *Traité de Géographie Physique*, publicado inicialmente em 1909 e posteriormente completado e aperfeiçoado, mas sem que se modificasse a concepção inicial. Os problemas relacionados com as superfícies de aplainamento constituíram uma de suas preocupações constantes, expressos em numerosos artigos e estudos regionais. Baulig preocupou-se com o discernimento dos níveis de aplainamento, cuja obra básica é *Le Plateau Central de la France* (1928). Encontrando escalonamento de vários níveis, distribuídos em cotas altimétricas semelhantes nas diversas partes do maciço, ele julgou impossível que um maciço deslocado, como o Planalto Central francês, pudesse ser soerguido por etapas de modo uniforme por toda a sua superfície. A semelhança dos perfis fluviais e das superfícies planas sugeriu-lhe que o maciço tenha permanecido imóvel enquanto ocorriam variações sucessivas do nível marinho, responsáveis pelo escalonamento dos níveis aplainados, pois o mar era o único elemento susceptível de adquirir uma uniformidade de altitude a fim de comandar a elaboração dos perfis de equilíbrio de todo um maciço. As variações do nível marinho foram denominadas de movimentos eustáticos, cuja teoria não recebeu acolhida tão ampla quanto a do sistema davisiano.

Enquanto as concepções davisianas eram acolhidas na França, Inglaterra, Romênia e outros países, o contrário acontecia na Alemanha, Polônia, URSS, etc. Embora Davis houvesse ensinado na Alemanha, e em alemão haja publicado um dos seus principais trabalhos, *Die erklarende Beschreibung der Landformen* (1912), as suas concepções permaneceram ignoradas devido ao fato de se chocarem com a mentalidade intelectual germânica, provinda de uma escola de observação direta e detalhada das paisagens. Fato mais importante, todavia, é que Alfred Hettner, em uma série de artigos publicados entre 1910 e 1924, expôs várias das deficiências das pressuposições davisianas, a propósito da influência climática sobre as paisagens.

Ao expor a concepção do ciclo geográfico, Davis observara que ela estava em função da estrutura, dos processos e do tempo. Na primeira metade do século XX, foi a primeira perspectiva que recebeu maior atenção, enquanto o estudo dos processos e da intensidade da denudação foram quase totalmente ignorados. Muitos pesquisadores têm se utilizado dessa deficiência em suas críticas à teoria davisiana. A nosso ver, entretanto, a despreocupação em estudar os processos é conseqüência direta da coesão lógica da teoria proposta por W. M. Davis. É evidente que tais geomorfólogos pressupunham os efeitos dos processos, mas como a escala temporal de sua ocorrência é muito reduzida em relação da escala do tempo cíclico, eles deixavam de ter significância como objeto de estudos em si mesmos. Qualquer que fossem eles, o conjunto dos processos levava a paisagem a evoluir conforme as etapas previstas pela teoria. Em função dessa perspectiva, advém o fato de que os estudos procuravam relacionar as formas topográficas com a estrutura geológica e discernir a evolução do modelado, o que implicava na utilização de escala temporal significativa no contexto do desenvolvimento cíclico.

Considerando as formas como oriundas do controle estrutural, houve extraordinário desenvolvimento da denominada Geomorfologia estrutural. Toda uma tipologia foi criada, assinalando as características e os ciclos evolutivos das paisagens formadas em estruturas concordantes (planaltos tabulares, planícies costeiras e bacias sedimentares), em estruturas dobradas (domos e dobramentos), em estruturas falhadas e vulcânicas, e em grau mais complexo do modelado estrutural dos escudos e dos maciços antigos. O relevo cársico e o granítico, relacionados com as litologias determinadas, surgiam como modelados especiais.

A quantidade de trabalhos elaborados sob a perspectiva estrutural é enorme, e as recentes contribuições de Pierre Birot, *Morphologie Structurale* (1958), e de Jean Tricart, *Géomorphologie Structurale* (1968), fornecem panorama geral sobre esse vasto campo

18   Geomorfologia

dos estudos geomorfológicos. Entre as obras de caráter regional, avulta a de William Thornbury, *Regional Geomorphology of the United States* (1965), um estudo detalhado da morfoestrutura dos Estados Unidos.

3. A Geomorfologia climática. Em sua evolução, a Geomorfologia apresenta tendências que se sucedem, à medida que os renovadores lançam novas perspectivas e novos métodos. Normalmente, quando expostos pela primeira vez, não são levados em consideração, permanecendo como tentativas negligenciadas por estarem em desacordo com o conhecimento imperante na ocasião. Posteriormente, com o transcorrer do tempo, essas concepções são retomadas, ampliadas, constituindo novas correntes do pensamento, e os antigos pesquisadores ressurgem como pioneiros.

Enquanto 'dominava o pensamento davisiano, pesquisadores vários estudavam os processos e reconheciam a influência climática sobre o modelado. Somente para lembrar alguns trabalhos pioneiros, é justo salientar a exposição que G. K. Gilbert (1877) fez a propósito da correlação entre o escoamento concentrado e a concavidade das vertentes; a abordagem de W. McGee (1897) sobre a formação dos pedimentos no oeste dos Estados Unidos; a atenção despertada por W. Bornhardt (1899) para o estudo das vastas planuras com inselberge, nos climas de savana da África oriental, e Passarge (1904), ao trabalhar no Kalahari, Botswana, observou, nas margens dos grandes desertos, fenômenos de oscilações bioclimáticas que teriam facilitado o desenvolvimento das superfícies aplainadas. O próprio W. M. Davis reconhecia as modificações que os climas exerciam em seus esquemas, ao propor o ciclo normal ou fluvial temperado (1899), o ciclo árido (1905) e o ciclo glacial (1906), além de reconhecer que mudanças temporais, "acidentes climáticos", podiam ocorrer em qualquer área resultando na formação de formas de relevo poligênicas.

O termo de "Geomorfologia climática" provavelmente foi empregado pela primeira vez em 1913 por E. de Martonne. Esse autor, trabalhando no Brasil, publicou em 1940, (transcrito em 1943 para a língua portuguesa), uma contribuição clássica sobre as paisagens e os processos atuantes nos trópicos úmidos. Da mesma maneira, são importantes as contribuições de F. W. Freise a propósito da erosão sob cobertura florestal no Estado do Rio de Janeiro (1932) e sobre os pães de açúcar brasileiros (1933). Entre os pesquisadores germânicos, as contribuições iniciais são devidas a Jessen, Passarge, Sapper, Albretch Penck, e essa fase inicial culminou com o simpósio realizado em Düsseldorf sobre *Morphologie der Klimazonen*, cujo volume editado por Thorbecke em 1927 constitui um documento importante para a Geomorfologia climática.

As primeiras tentativas de sistematização de toda a documentação que se avolumava, assim como a estruturação e a colocação conceitual da nova perspectiva, são devidas a Jules Büdel, com *Das system der Klimatischen Geomorphologie* (1948), a André Cholley, *Morphologie structurale et morphologie climatique* (1950), e a L. C. Peltier com o artigo *The geographic cycle in periglacial regions as it is related to climatic Geomorphology* (1950). Pierre Birot que, em 1949, apresentava observações importantes em seu *Essai sur quelques problèmes de morphologie générale*, posteriormente surge com contribuições significativas no âmbito das obras gerais, tais como *Précis de Géographie physique générale* (1959) e *Le cycle d'érosion sous les differents climats* (1960).

Entretanto, a contribuição mais substancial para a sistematização da Geomorfologia climática é devida a Jean Tricart e André Cailleux que, no decorrer da década de cinqüenta, redigiram vários fascículos preliminares, os quais ampliados e atualizados vêm constituindo os volumes do *Traité de Géomorphologie* que, planejado para doze volumes, representa a maior e mais importante obra de caráter geomorfológico. Cerca de nove volumes versam sobre aspectos relacionados com a Geomorfologia climática, sendo que, a *Introduction à la Géomorphologie climatique* (1965) e os tomos relacionados com

Introdução à geomorfologia

19

o modelado periglaciário, glaciário, com regiões secas e com regiões quentes com florestas e savanas, já se encontram publicados.

Os pesquisadores reconheceram a existência de vários *sistemas morfoclimáticos*. Todavia, esses sistemas sofriam oscilações no decorrer do tempo geológico, e uma mesma área podia sofrer influências de vários deles. Verificando-se as oscilações climáticas das zonas frias e temperadas, com a ocorrência de várias fases glaciárias e interglaciárias, era lógico que modificações semelhantes também ocorressem na zona intertropical. Nas zonas frias, as variações se processaram em função das temperaturas, enquanto na zona intertropical se relacionaram com mudanças na pluviosidade. Aos períodos glaciais e interglaciais reconhecia-se a ocorrência de períodos interpluviais e pluviais, cuja correlação e cronologia são variáveis conforme as áreas. Grande parte da literatura geomorfológica é dedicada a perscrutar os vestígios paleoclimáticos, mostrando a evolução regional do modelado em função dos sucessivos sistemas morfoclimáticos atuantes.

Estudando as características e a dinâmica dos sistemas morfogenéticos, Büdel (1963) introduziu dois conceitos importantes designados pelos termos de Geomorfologia climática e Geomorfologia climato-genética. O primeiro assinala que os diferentes climas, condicionando os processos, propiciam o desenvolvimento de conjuntos individualizados de formas de relevo. Nessa perspectiva, a Geomorfologia climática seria a análise desses processos e formas, e de suas relações com o clima, tendo o objetivo de definir as regiões morfogenéticas em base mundial. O segundo conceito, o da Geomorfologia climato--genética, acentua que desde que o clima tem se alterado durante o Terciário e Pleistoceno, e continua a mudar, o conjunto das formas de relevo controladas climaticamente estão sendo sucessivamente superimpostas uma às outras; as formas de qualquer área mostram as influências de climas cuja ação não é muito longa. Nessa conceituação, a Geomorfologia climática é um estudo genérico, enquanto a Geomorfologia climato--genética torna-se a análise do desenvolvimento histórico de áreas particulares. Levando-se em consideração o tempo, essa última perspectiva torna-se uma síntese em quatro dimensões.

Essa perspectiva da Geomorfologia tem suscitado inúmeras discussões, sendo que contribuições recentes sobre problemas globais da Geomorfologia climática são encontradas sob a lavra de Schou (1965), Holzner e Weaver (1965), Büdel (1969) e Stoddart (1969).

4. A quantificação em Geomorfologia. O emprego de métodos quantificativos em Geomorfologia não constitui uma novidade. Análises morfométricas, com a preocupação de medir as formas de relevo através de processos sistemáticos e racionais, tiveram grande sucesso no final do século XIX, mormente entre os pesquisadores sediados nos países germânicos, principalmente na Áustria, Alemanha e Suíça. Uma das abordagens mais antigas, e que vem sendo sucessivamente ampliada e melhorada, tem a finalidade de construir curvas hipsográficas, indicando a proporção ocupada por determinada área da superfície terrestre em relação às variações altimétricas a partir de determinada isoipsa base. As técnicas morfométricas, empregadas na identificação de superfícies aplainadas ou na análise global do relevo, têm recebido novas contribuições, tais como a integral hipsométrica de A. N. Strahler (1952) e o coeficiente orográfico de F. Fournier (1960).

A ampliação dos mapeamentos em escala grande, a expansão das fotografias aéreas, e as facilidades técnicas oferecidas para a coleta dos dados, favorecem de maneira extraordinária a pesquisa quantificada. A partir da Segunda Guerra Mundial surgiram contribuições importantes, como a do engenheiro hidráulico Robert E. Horton, *Erosional development of streams and their drainage basins: hydrographical approach to quantitative morphology* (1945), que, usando técnicas baseadas na hidrologia, elaborou um trabalho que serviu de base para ampla bibliografia relacionada com os estudos de bacias hidrográficas. No decorrer da última década, uma das características mais interessantes da investigação geomorfológica foi justamente o desenvolvimento de numerosas técnicas

20

Geomorfologia

e teorias, simulando e predizendo algumas das propriedades estatísticas das redes de drenagem, incluindo as relações entre o número de rios, comprimento dos canais, área de drenagem dos segmentos fluviais e ordem da bacia hidrográfica.

Uma das tendências mais estimulantes é a precisão analítica que se procura para o estudo dos processos, avaliando a intensidade da meteorização e o comportamento dinâmico dos processos fluviais, eólicos, glaciais e litorâneos. Os processos morfogenéticos não são estudados somente em função das observações de campo, mas também pela reprodução dos mesmos em modelos escalares, criando condições para a experimentação. Outro campo promissor é o estudo da formação e desenvolvimento das vertentes, para as quais vários modelos matemáticos já foram propostos. Evolui de maneira extraordinária o conhecimento teórico dos fenômenos geomorfológicos, sendo que a obra mais significativa é a de Adrian Scheidegger, *Theoretical Geomorphology* (1970), apresentando modelos matemáticos para a análise das vertentes e dos processos. Por causa de sua perspectiva, omitindo mencionar qualquer fato localizado, essa obra não tem sido devidamente compreendida. Utilizando-se dos recursos oferecidos pelas matemáticas, podem-se construir os mais variados modelos para as vertentes e processos, pouco importando que tais modelos encontrem exemplificações na natureza. A obra de Scheidegger propicia possibilidades para o avanço teórico da Geomorfologia, através de abertura ampla, cuja perspectiva coloca-se na mesma posição em que a geometria se encontra, face ao estudo das formas, e da cibernética, frente ao estudo das máquinas.

É evidente que, devido à complexidade das variáveis implicadas nos estudos geomorfológicos, o conhecimento atual ainda não está em condições de propor modelos determinísticos para os fenômenos a serem analisados. Os modelos apresentados, em sua grande maioria, são conceituais ou matemáticos, mas o desenvolvimento da experimentação, da observação e do conhecimento teórico, propicia, paulatinamente, oportunidades e fundamentos para a análise global dos problemas geomorfológicos.

A quantificação em Geomorfologia, pelo impulso que tomou, constitui a fase mais atraente da última década. As técnicas estatísticas possuem importância em muitos estágios da pesquisa, fornecendo as bases para a amostragem, a fim de analisarem a significância dos dados e estabelecer as correlações. É sintomático, também, que a análise e a experimentação dos estudos geomorfológicos se façam aplicando princípios e conceitos admitidos em outras ciências, fazendo com que ela se integre definitivamente no movimento científico interdisciplinar da nossa época.

5. A Geomorfologia no Brasil. A evolução do conhecimento geomorfológico no Brasil é de data recente. Embora observações pioneiras importantes ocorressem no século XIX, as contribuições de caráter estruturado e direto sobre o território brasileiro pertencem todas ao século XX. A propósito do desenvolvimento histórico dessa ciência entre nós, só existem algumas notas de Aziz N. Ab'Saber (1958, 1964), que reconhece três períodos principais: a) período dos predecessores (1817-1910); b) período dos estudos pioneiros (1910-1940) e c) período de implantação das técnicas modernas (1940-1949). Como prolongamento, o período posterior pode ser designado como contemporâneo.

Ao primeiro período pertencem os escritos esparsos de viajantes e naturalistas que percorreram o território brasileiro na primeira metade do século XIX, assim como os trabalhadores deixados pelos geólogos estrangeiros que aqui operaram desde a segunda metade do século passado até a primeira década do século XX, muitas vezes trabalhando e dirigindo as diversas comissões geológicas que foram criadas. À fase dos geólogos estrangeiros e das comissões geológicas pertencem diversas contribuições objetivas e ampla documentação cartográfica, constituindo elementos extremamente úteis para a realização posterior de estudos geomorfológicos propriamente ditos. Os nomes que mais se destacaram foram Charles Frederik Hartt (1840-1878), Orville Adalbert Derby (1851-1915) e John Casper Branner (1850-1922). Hartt visitou pela primeira vez o Brasil como

Introdução à geomorfologia

membro da expedição Thayer, chefiada pelo cientista suíço J. L. R. Agassiz, a fim de estudar o vale do Amazonas, mas chegou posteriormente a estudar os arredores do Rio de Janeiro e várias bacias fluviais entre o Rio e a Bahia. Em 1867 empreendeu a segunda viagem ao Brasil, tendo em vista completar os seus estudos sobre a geologia litorânea, no Nordeste brasileiro. Com a soma dos conhecimentos adquiridos por suas próprias investigações e pela contribuição alheia bem coordenada, preparou a notável obra *"Geologia e Geografia Física do Brasil"*, publicada em 1870. O trabalho de O. Derby para a geologia brasileira foi extraordinário, tornando-se vulto dos mais proeminentes e consagrados dentre todos os que trabalharam em terras brasileiras. Para a geomorfologia, as suas contribuições inseridas na *"Geographia do Império do Brasil"*, na edição realizada em 1884, representa o documentário preciso dos conhecimentos existentes nessa época sobre o relevo brasileiro (Ab'Saber, 1958). John C. Branner realizou inúmeras viagens pelo Brasil, e entre a sua numerosa contribuição destaca-se como o autor do primeiro compêndio de Geologia, "preparado com referência especial aos estudantes brasileiros e à geologia do Brasil", livro publicado em 1906.

O segundo período caracteriza-se pelo predomínio de pesquisadores estrangeiros, especialistas em Geologia e Geomorfologia, que contribuiram com observações importantes em seus trabalhos, e a participação efetiva de pesquisadores brasileiros. Esse período tem o seu início com a publicação dos estudos de Miguel Arrojado Lisboa sobre o oeste paulista e sul de Mato Grosso (em 1909), com as pesquisas de Roderic Crandall sobre o Nordeste Oriental (em 1910), e culminando com os trabalhos de Preston James sobre o Brasil de Sudeste (1933) e de Luiz Flores de Morais Rego sobre a gênese do relevo do Estado de São Paulo (1930; 1932 e 1938). Nessa época salientam-se também as contribuições de Otto Maull, Pierre Denis, Reinhard Maack, Alex L. du Toit e Friedrich W. Freise. É oportuno lembrar que Freise, em 1932 e 1933, realizou estudos importantes sobre o mecanismo dos processos morfogenéticos atuantes sob cobertura florestal, no Estado do Rio de Janeiro, e para a compreensão da genese dos pães de açúcar. Dentre os brasileiros, cumpre destacar as contribuições realizadas por Delgado de Carvalho, Teodoro Sampaio, Everardo Backeuser, Alberto Betim Paes Leme, Pedro de Moura e Alberto Ribeiro Lamego, outros.

O terceiro período ocorreu após a criação das primeiras Faculdades de Filosofia no país e após a Fundação do Conselho Nacional de Geografia, em 1937. A publicação do artigo de Emmanoel de Martonne sobre "os problemas morfológicos do Brasil Tropical Atlântico", em 1940, serve de marco cronológico a esse período. O grande incentivador das pesquisas geomorfológicas durante essa década foi Francis Ruellan, trabalhando principalmente no Rio de Janeiro, onde introduziu e divulgou numerosas técnicas de trabalho. No referido período há que destacar, também, o trabalho de Fábio Macedo Soares Guimarães sobre o relevo do Brasil, em 1943, e o de Aroldo de Azevedo sobre "o Planalto Brasileiro e o problema da classificação de suas formas de relevo", em 1949, que procuraram sistematizar os conhecimentos que se acumulavam.

A partir de 1950, o conhecimento geomorfológico do território brasileiro evoluiu de maneira rápida, embora não se posse deixar de reconhecer a significativa importância das contribuições elaboradas por pesquisadores alienígenas. A realização do XVIII Congresso Internacional de Geografia no Rio de Janeiro, em 1956, a expansão dos cursos de Geografia e de Geologia e o surgimento de várias publicações geográficas e geológicas, constituindo veículos que difundem os conhecimentos geomorfológicos, foram fatores importantes no decorrer desta etapa. Com a ampliação do número de pesquisadores interessados na ciência geomorfológica, as pesquisas passaram a abordar áreas detalhadas e problemas específicos (oscilações paleoclimáticas, formações quaternárias, mapeamentos geomorfológicos, processos morfogenéticos, evolução de vertentes, características sedimentológicas, ambientes de sedimentação, redes de drenagem e morfologia litorânea), estabelecendo a fase *contemporânea* da geomorfologia brasileira.

Esta não é ocasião para se fazer estudo analítico das contribuições geomorfológicas surgidas nos últimos vinte e cinco anos. Entretanto, podemos assinalar algumas que serviram como guias para as posteriores. Em 1949, dois artigos importantes são publicados: Aziz A'Saber esboça as características das "regiões de circundesnudação póscretáceas no Planalto Brasileiro", enquanto Fernando F. M. de Almeida descreve o "relevo de cuestas na bacia sedimentar do rio Paraná", quadro que viria a ser completado pelo mesmo autor ao tratar do "Planalto Basáltico da bacia do Paraná", em 1956. Em 1950, João Dias da Silveira realizava estudos sobre as baixadas litorâneas quentes e úmidas, assunto que retomaria em 1964 ao realizar um quadro geral sobre as peculiaridades do litoral brasileiro. Francis Ruellan, em 1952, após mais de dez anos de pesquisas sobre o território brasileiro, reuniu todas as informações pertinentes aos dobramentos de fundo no Escudo Brasileiro. Em 1954 surge o excelente trabalho sobre a "Geomorfologia do Estado de São Paulo", elaborado por Aziz N. Ab'Saber, que, juntamente com a contribuição posterior de Fernando F. M. de Almeida, em 1964, sobre "os fundamentos geológicos do relevo paulista", representa a melhor bagagem bibliográfica existente sobre qualquer das unidades políticas do Brasil. O ano de 1956 vê-se assinalado pelo longo artigo de Lester C. King sobre a "geomorfologia do Brasil Oriental", estabelecendo amplo quadro descritivo das superfícies aplainadas brasileiras. Nesse mesmo ano, em virtude do XVIII Congresso Internacional de Geografia, a elaboração de nove livros guias de excursão propiciou a oportunidade para se enfeixar os conhecimentos geomorfológicos adquiridos sobre as várias regiões percorridas. Na mesma ocasião, os diversos geomorfólogos que tiveram a oportunidade de percorrer a terra brasileira consignaram as suas observações em artigos esparsos ou na realização de simpósios, como o da Comissão de Estudos Periglaciários a propósito do Itatiaia (Cailleux, 1957). O estudo geomorfológico detalhado de pequenas áreas recebeu contribuição exemplar durante o ano de 1958, com a obra de Aziz N. Ab'Saber sobre a "geomorfologia do sítio urbano de São Paulo". Dois trabalhos de significativa expressão marcam o ano de 1959, elaborados por Jean Tricart, abordando a divisão morfoclimática do Brasil Atlântico Central e os problemas geomorfológicos do litoral oriental do Brasil. A partir de então há a realização de inúmeras pesquisas visando elucidar as influências das oscilações paleoclimáticas quaternárias nas diversas regiões brasileiras, e as oscilações eustáticas, destacando-se nesses setores contribuições variadas de Aziz N. Ab'Saber, João José Bigarella, Margarida M. Penteado, Jean Tricart e André Cailleux, entre muitos outros. Em 1965, João José Bigarella e colaboradores apresentaram, em número especial do "Boletim Paranaense de Geografia", seis contribuições que focalizam diversos aspectos relacionados com a Geomorfologia do Quaternário. A preocupação interdisciplinar ligada aos estudos sobre o Quaternário propiciou a criação da Comissão Brasileira para o Estudo do Quaternário, no âmbito da Sociedade Brasileira de Geologia, em 1973. No ano de 1964, em capítulo inserido na obra "Brasil: a terra e o homem", organizada por Aroldo de Azevedo, Aziz N. Ab'Saber apresentou a mais completa abordagem global sobre o relevo brasileiro e seus problemas, constituindo levantamento das informações disponíveis, apresentação dos problemas pendentes e reunindo praticamente toda a bibliografia geomorfológica existente até 1960. A importância das depressões periféricas e superfícies aplainadas na compartimentação do Planalto Brasileiro foi assunto de amplo trabalho crítico, em 1965, redigido por Aziz N. Ab'Saber. Em 1968, dois campos de trabalho receberam tratamento avolumado, representados pelas contribuições de Margarida M. Penteado sobre a "geomorfologia do setor centro-oriental da Depressão Periférica paulista", caracterizado pelo minucioso mapeamento geomorfológico sobre esse amplo setor, e de Antonio Christofoletti sobre os processos morfogenéticos no município de Campinas.

No transcorrer dos últimos anos foram realizadas inúmeras pesquisas, mas no conjunto deve-se destacar a preocupação em utilizar novas técnicas de pesquisa, em enveredar por novos tipos de problemas e em aplicar interpretações com base em novas teorias

Introdução à geomorfologia

geomorfológicas. A difusão de novos conceitos e teorias foi desenvolvida de modo mais intenso, e o cuidado com o tratamento didático das questões geomorfológicas culminou no ano de 1974, com a publicação de dois livros textos, de nível universitário, elaborados por Margarida M. Penteado (*"Fundamentos de Geomorfologia"*) e Antonio Christofoletti (*"Geomorfologia"*). Sobre a literatura geomorfológica brasileira, relacionada com esse período contemporâneo, uma abordagem panorâmica é apresentada por Christofoletti (1977).

BIBLIOGRAFIA

Ab'Saber, Aziz Nacib, "A Geomorfologia no Brasil", *Notícia Geomorfológica* (1958), 1 (2), pp. 1-8, Campinas.

Ab'Saber, Aziz Nacib, "O relevo brasileiro e seus problemas", in *Brasil: a terra e o homem* (1964), vol. I, pp. 135-250. Cia. Editora Nacional, São Paulo.

Amaral, Ilídio do, "Aspectos da evolução da Geomorfologia", *Notícia Geomorfológica* (1969), 9 (18), pp. 3-18, Campinas.

Baulig, Henri, *Essais de Géomorphologie* (1950). Publicação de l'Université de Strasbourg.

Birot, Pierre, *Essai sur quelques problèmes de morphologie générale* (1949). Centro de Estudos Geográficos, Lisboa, Portugal.

Birot, Pierre, *Les méthodes de la morphologie* (1955). Presses Universitaires de France, Paris, França.

Birot, Pierre, *Morphologie structurale* (2 vols.) (1958). Presses Universitaires de France, Paris, França.

Birot, Pierre, *Précis de Géographie physique générale* (1959). Librairie Armand Colin, Paris, França.

Birot, Pierre, *Le cycle d'érosion sous les différents climats* (1960). Faculdade de Filosofia da Universidade do Brasil, Rio de Janeiro.

Bloom, Arthur L., *Superfície da Terra* (1970). Editora Edgard Blücher Ltda., São Paulo.

Büdel, Julius, "Das System der klimatischen Geomorphologie", *Verhandlungen Deutscher Geographentag* (1948), München, Alemanha Ocidental, 27, pp. 65-100.

Büdel, Julius, "Klima-genetische Geomorphologie", *Geographische Rundschau* (1963), 15, pp. 269-285.

Büdel, Julius, "Das System der Klima-genetischen Geomorphologie", *Erdkunde* (1969), 23 (3), pp. 165-183, Bonn, Alemanha Ocidental.

Bull, William B. "Transformação alométrica em formas de relevo". *Notícia Geomorfológica* (1978), 18 (35): 3-44.

Cailleux, André (e outros), "Études géomorphologiques sur l'Itatiaia", *Zeitschrift für Geomorphologie* (1957), 1 (3), pp. 278-312, Berlin, Alemanha Oriental, [transcrito em *Notícia Geomorfológica*, 5 (9/10), pp. 41-66, 1962].

Cholley, André, "Morphologie structurale et morphologie climatique", *Annales de Géographie* (1950), 49, pp. 321-335, Paris, França, [transcrito no *Boletim Geográfico*, (155), pp. 191-200, Rio de Janeiro, 1960].

Chorley, Richard J., "Geomorphology and general systems theory", *U.S. Geol. Survey Prof. Paper* (1962), 500-B, 10 pp., [transcrito em *Notícia Geomorfológica*, 11 (21), pp. 3-22, 1971].

Chorley, R. J., Dunn, A. J. e Beckinsale, R. P., *The history of the study of landforms*, Vol. I, The Geomorphology before Davis (1964). Methuen & Co., Londres Inglaterra.

Chorley, R. J., Dunn, A. J. e Beckinsale, R. P., *The history of the study of landforms*, Vol. II, The life and work of William Morris Davis (1972). Methuen & Co., Londres, Inglaterra.

24 Geomorfologia

Chorley, Richard J. e Kennedy, Barbara A., *Physical Geography: a systems approach* (1971). Prentice-Hall, Londres, Inglaterra.

Christofoletti, Antonio, "O desenvolvimento da Geomorfologia", *Noticia Geomorfológica* (1972), 12 (23), pp. 13-30.

Christofoletti, Antonio, *Geomorfologia*. (1974). Editora Edgard Blücher e EDUSP, São Paulo.

Christofoletti, Antonio, "As tendências atuais da Geomorfologia no Brasil". *Noticia Geomorfológica*, (1977), 17 (33): 35-91.

Christofoletti, Antonio, "Aspectos da análise sistêmica em Geografia". *Geografia*, (1978), 3(6): 1-31.

Davis, William Morris, *Geographical essays* (1954). Dover publications, New York, EUA.

Dury, G. H., "Some current trends in Geomorphology", *Earth Science Reviews* (1972), 8 (1), pp. 45-72.

Doornkamp, John C. e King, C. A. M., *Numerical Analysis in Geomorphology: an introduction* (1971). Edward Arnold, Londres, Inglaterra.

Fairbridge, Rhodes W. (organizador), *The Encyclopedia of Geomorphology* (1968). Reinhold Book Corporation, New York, EUA.

Garner, H. F., *The origin of landscapes: a synthesis of geomorphology*. (1974), Oxford University Press, Londres.

Hack, John T., "Interpretation of erosional topography in humid temperate regions", *American Journal of Science* (1960), (258-A), pp. 80-97, [transcrito em *Noticia Geomorfológica*, 12 (24), 1972].

Holzner, L. e Weaver, G. D., "Geographical evaluation of climatic and climato-genetic geomorphology", *Annals of the Assoc. American Geographers* (1965), 55 (4), pp. 592-602.

Horton, Robert E., Erosional development of streams and their drainage basins: hydrographical approach to quantitative morphology", *Geol. Soc. America Bulletin* (1945), 56 (3), pp. 275-370.

Howard, Alan D., "Geomorphological systems: equilibrium and dynamics". *American Journal of Sciences* (1965), 263 (4), pp. 302-312.

Krumbein, W. C. e Graybill, F. A., *An introduction to statistical models in Geology* (1965). McGraw-Hill Book Co., New York, EUA.

Martonne, Emmanoel de, *Traité de Géographie physique* (3 vols.) (1909). Lib. Armand Colin, Paris, França (a edição de 1948 foi transcrita para a língua portuguesa em *Panorama da Geografia*, Edições Cosmos, Lisboa, Portugal; 1953).

Martonne, Emmanoel de, "Problèmes morphologiques du Brésil tropical atlantique", *Annales de Géographie* (1940), [transcrito na *Revista Brasileira de Geografia*, 5 (4) e 6 (2), 1943-44].

Mescerjakov, J. P., "Les concepts de morphostructure et de morphosculture: un nouvel instrument de l'analyse géomorphologique", *Annales de Géographie*, (1968), 77 (423): 539-552.

Peltier, L. C., "The geographic cycle in periglacial regions as it is related to climatic geomorphology", *Annals Assoc. American Geographers* (1950), 40 (3), pp. 214-236.

Penteado, Margarida M., *Fundamentos de geomorfologia*, (1974). Instituto Brasileiro de Geografia e Estatística, Rio de Janeiro.

Ruhe, Robert V., *Geomorphology*. (1975) Houghton Mifflin Company, Boston.

Scheidegger, Adrian E., *Theoretical Geomorphology* (2.ª edição) (1970). Springer Verlag, Berlin, Alemanha Oriental.

Schou, A., "Klimatisk geomorfologi", *Geografisk Tidsskrift* (1965), 64 (2), pp. 129-161.

Stoddart, D. R., "Climatic Geomorphology: review and re-assesment", *Progress in Geography* (1969), 1, 159-222.

Strahler, Arthur N., "Equilibrium theory of erosional slopes approached by frequency distribution analysis", *American J. Science* (1950), 248 (10), pp. 673-696 e 248 (11), pp. 800-814.

Introdução à geomorfologia

Strahler, Arthur N., "Dynamic basis of Geomorphology", *Geol. Soc. America Bulletin* (1952), 63, pp. 923-938.

Thorbecke, Fr. (editor), *Morphologie der Klimazonen* (1927), Düsseldorfer Geographische Vortrage und Erörterungen, Breslau.

Thornbury, William D., *Regional geomorphology of the United States* (1965). John Wiley & Sons, New York, EUA.

Thornbury, William D., *Principles of Geomorphology* (2.ª edição) (1969). John Wiley & Sons, New York, EUA.

Tricart, Jean, *Principes et méthodes de la Géomorphologie* (1965). Masson & Cie, Paris, França.

Tricart, Jean, *Précis de Géomorphologie*, (1977), S.E.D.E.S., Paris.

Tricart, J. e Cailleux, A., "Le problème de la classification des faits géomorphologiques", *Annales de Géographie* (1956), 45 (349), pp. 162-186, [transcrito em *Boletim Geográfico* (188), pp. 693-709, 1965].

Tricart, J. e Cailleux, A., *Introduction à la Géomorphologie climatique* (1965). Société d'Edition d'Enseignement Supérieur, Paris, França.

Woldenberg, Michael J., "Horton's laws justified in terms of allometric growth and steady state in open systems", *Geol. Soc. America Bulletin* (1966), 77 (3), pp. 431-434.

2

VERTENTES: PROCESSOS E FORMAS

O estudo concernente às vertentes representa um dos mais importantes setores da pesquisa geomorfológica, englobando a análise de processos e formas. Esse setor é complexo pois envolve a ação de vários processos responsáveis tanto pela formação como pela remoção de material detrítico. Embora o escoamento pluvial possua importância dominante, estender sua denominação ao conjunto seria simples força de expressão. Considerando a dificuldade de se encontrar uma denominação geral satisfatória, preferimos conservar a de *vertentes*, denotando sob essa rubrica os processos morfogenéticos e as formas, sendo que essas são representativas dos sistemas morfogenéticos e não de processos particulares.

Em seu sentido amplo, vertente significa superfície inclinada, não horizontal, sem apresentar qualquer conotação genética ou locacional. As vertentes podem ser subaéreas ou submarinas, podendo resultar da influência de qualquer processo, e, nesse sentido amplo, abrangem todos os elementos componentes da superfície terrestre, sendo formadas pela ampla variedade de condições internas e externas. As *vertentes endogenéticas* são aquelas que devem a sua existência aos processos que se originaram no interior da Terra (orogenia, epirogênese, vulcanismo), porque cada um desses processos modifica a posição altimétrica e a orientação das vertentes preexistentes, podendo também produzir vertentes inteiramente novas. As *vertentes exogenéticas* são aquelas que resultam da ação dos processos que têm sua origem na superfície terrestre, ou próximo dela, sendo controlados pelos fatores externos. Os processos exógenos (meteorização, movimentos de massa, ablação, transporte, deposição) tendem a reduzir a paisagem terrestre a determinado nível de base (o principal é o nível do mar). Os processos acumulativos do nivelamento das paisagens são denominados de *gradação*, que envolve o rebaixamento de áreas pela *degradação* e o entulhamento de outras por *agradação*.

Os processos endogenéticos e exogenéticos interagem para produzir as formas da superfície terrestre, continentais e oceânicas. Considerando que os processos endógenos pertencem ao âmbito da geodinâmica, e que qualquer que seja a origem endogênica primitiva toda vertente está esculpida pelos processos exógenos, em maior ou menor grau, podemos afirmar que as vertentes representam a categoria de formas que se constitui no objeto primordial da geomorfologia, pois são os componentes básicos de qualquer paisagem.

Surge, portanto, a necessidade de se encontrar uma definição mais precisa para as vertentes. Conforme Jan Dylik (1968), a vertente é uma *forma tridimensional que foi modelada pelos processos de denudação, atuantes no presente ou no passado, e representando a conexão dinâmica entre o interflúvio e o fundo do vale*. Os elementos que o levaram a propor a definição acima são:

a) o limite inferior da vertente somente possui um valor de orientação, pois o leito de um rio não pode defini-lo senão em casos excepcionais. Como são os processos morfogenéticos que determinam a natureza da vertente, esta termina justamente onde os processos que lhe são próprios deixam de atuar, sendo substituídos por outros. Pela mesma razão, a presença de descontinuidades naturais, como terraços, pedimentos, falésias e outras, condicionam alterações bruscas nos processos atuantes e devem ser levadas em consideração no ato de delimitar a parte inferior da vertente;

b) o limite superior da vertente é muito difícil de precisar. Nem sempre pode-se identificá-lo com a linha de partilha das águas, mas o limite superior deve indicar a extensão mais distante e mais alta da superfície de onde provém um transporte contínuo de materiais sólidos para a base da vertente;

c) o limite interno, que lhe dá a terceira dimensão, é constituído pelo embasamento rochoso ou pela superfície de ataque da meteorização. Por outro lado, a cobertura de depósitos correlativos apresenta certa espessura, testemunhando os processos morfogenéticos que modelaram a vertente em um passado mais ou menos remoto. Nessa perspectiva, surge a quarta dimensão, a tempo-espacial, que enriquece a noção de vertente;

d) o processo atuante é representado pelo escoamento que ocupa posição excepcional em relação aos demais processos. O escoamento é um grupo de processos que abarca toda uma série de mecanismos, desde os que estão próximos aos movimentos de massa até os que se assemelham aos processos fluviais. Tais processos morfogenéticos são os responsáveis pela dinâmica e pelo relacionamento funcional de todas as partes da vertente.

A MORFOGÊNESE DAS VERTENTES

A. OS PROCESSOS MORFOGENÉTICOS

Os processos morfogenéticos são os responsáveis pela esculturação das formas de relevo, representando a ação da dinâmica externa sobre as vertentes. Esses processos não agem separadamente, mas em conjunto, no qual a composição qualitativa e a intensidade dos fatores respectivos são diferentes. Esses conjuntos de fatores responsáveis pela elaboração têm desenvolvimento diferente e a sua eficácia é igualmente variada, conforme o meio no qual agem. Eis a razão pela qual é possível distinguir os vários *sistemas morfogenéticos* e as *regiões morfogenéticas*.

Os processos morfogenéticos constituem fenômenos de escala métrica ou decamétrica, e o seu estudo traz informações de ordem teórica e prática. No âmbito teórico, explica a evolução das vertentes e a esculturação do relevo, e no campo prático fornece informações a propósito da melhor aplicabilidade das técnicas de conservação dos solos.

Considerando os processos isoladamente, podemos distinguir as seguintes categorias mais importantes na morfogênese do modelado terrestre.

1. **Meteorização ou intemperismo.** É a responsável pela produção de detritos a serem erodidos, constituindo etapa na formação do *regolito*; representa pré-requisito necessário para a movimentação de fragmentos rochosos ao longo das vertentes; pode-se distinguir entre a meteorização química e bioquímica, responsável pela decomposição das rochas, e a meteorização física, responsável pela fragmentação das rochas.

No que tange à fragmentação rochosa, três processos assumem importância básica: a *termoclastia* resulta das oscilações do calor entre o dia e a noite, ocasionando amplitudes altas de temperaturas. Essas elevadas amplitudes ocorrem de modo mais comum nas áreas desérticas, e a alternância sucessiva de dilatação e contração provoca a fragmentação rochosa. Ela é fenômeno lento e variável conforme as rochas e suas características (cor, polimento, textura e estrutura); a *crioclastia* resulta da alternância de gelo--degelo, sendo fenômeno comum nas zonas periglaciárias. Nas superfícies horizontais, o solo alternadamente gelado e degelado sofre uma mistura, intricamento dos materiais, cujo processo recebe o nome de *crioturbação* ou *geliturbação*; a *haloclastia* resulta da cristalização e estufamento dos sais, podendo ocorrer nas zonas litorâneas e nos desertos. Também é responsável pela fragmentação de rochas, e os resultados são semelhantes aos da crioclastia. Da mesma forma, os fragmentos intricam-se gerando o processo de *haloturbação*.

2. Movimentos do regolito. Corresponde a todos os movimentos gravitacionais que promovem a movimentação de partículas ou partes do regolito pela encosta abaixo. Implicitamente considera-se que a gravidade é a única força importante e que nenhum meio de transporte está envolvido, como o vento, água em movimento, gelo e lava em fusão. Embora a água em movimento esteja excluída do processo, a presença dela exerce função importante no movimento do regolito por reduzir o coeficiente de fricção e por aumentar o peso da massa intemperizada, preenchendo os espaços entre os poros. O gelo também pode lubrificar e aumentar o peso dos fragmentos rochosos, acelerando o movimento do regolito. Os processos mais importantes são:

a) *rastejamento* (*creep* ou reptação) — corresponde ao deslocamento das partículas, promovendo movimentação lenta e imperceptível dos vários horizontes do solo. A velocidade do rastejamento é maior na superfície e gradualmente diminui com a profundidade, chegando a ser nula, tornando-se incapaz de desgastar ou causar abrasão nas rochas soterradas. Várias são as causas do rastejamento, podendo-se citar o pisoteio do gado, o crescimento de raízes e o escavamento de buracos pelos animais que podem gerar uma série de movimentos minúsculos às partículas terrosas. O rastejamento também é auxiliado pela presença da água, em sua forma sólida ou líquida. A expansão provocada pelo congelamento ou pela umidificação faz com que a partícula se eleve em direção perpendicular à superfície, enquanto a contração relacionada com o degelo e dessecamento faz com que a mesma se abaixe no sentido vertical, e isso normalmente ocasiona uma movimentação das partículas para jusante. A velocidade do rastejamento é de poucos centímetros por ano, ou menos, e pode ser perceptível em postes, muros e árvores (Fig. 2.1).

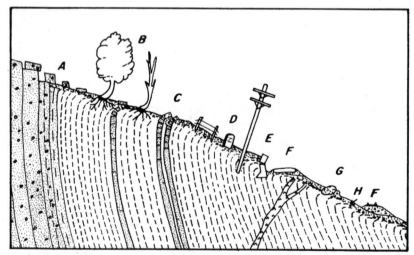

Figura 2.1 A reptação pode ser vista através de vários indícios, tais como o deslocamento de blocos (A); a presença de árvores com troncos recurvados (B); acamação para jusante de blocos intemperizados e fraturados (C); o deslocamento de postes, cercas e marcos (D); o deslocamento ou rupturas de muros e muretas de proteção (E); a existência de rodovias ou ferrovias fora do alinhamento (F); a presença de matações rolados, (G), e a ocorrência de cascalheiras ou linhas de fragmentos rochosos (*stone lines*) na base do regolito em reptação (H).

Vertentes: processos e formas

b) *soliflluxão e fluxos de lama* — a *solifluxão* corresponde aos movimentos coletivos do regolito quando este se encontra saturado de água, podendo-se deslocar alguns centímetros ou poucos decímetros por hora ou por dia. Ocorre quando a presença de uma camada impermeável do regolito impede a penetração da água, provocando a concentração e saturando a camada sobrejacente. Rompido o *limite de fluidez* (quantidade de água acima da qual o terreno se comporta como um líquido), há um fluir de uma parte do regolito pela vertente. Uma camada de argila ou a camada rochosa do embasamento impermeável pode provocar a solifluxão, mas a melhor condição é exercida pela camada permanentemente gelada dos solos das regiões frias. É nas áreas periglaciárias que o processo é muito comum, pois durante o rápido degelo estival da superfície do solo há excesso de água saturando-o. A fim de distinguir esse processo daquele que se verifica em todas as zonas, o mesmo foi designado como *gelifluxão*.

Os *fluxos de terra* ou *fluxos de lama* são movimentos do regolito muito similares à solifluxão. A diferença é que são mais rápidos e atingem áreas maiores. Os fluxos de terra são comuns onde uma camada de argila está soterrada por areia. A argila, apesar de saturada de água, é estável, a não ser que seja perturbada por choque explosivo, terremoto ou carga artificial excessiva. Desde que as tênues ligações entre as partículas argilosas e a água sejam rompidas, a massa liquefaz-se expontaneamente. Ocorrência desse fenômeno é comum nas regiões periglaciárias e nas áreas afetadas por abalos sísmicos, como o acontecido no Alasca em 1964.

c) *avalancha* — é o fluxo coletivo do regolito mais rápido que se conhece, movimentando enormes volumes de materiais. Quanto à composição, a avalancha pode compreender tanto as inteiramente constituídas de gelo e neve até as formadas predominantemente de fragmentos rochosos. A avalancha, de modo geral, começa com uma queda livre de uma massa rochosa ou de gelo, que é pulverizada no impacto e corre a grande velocidade, em vista da fluidez adquirida pela pressão do ar aquecido e água retida dentro da massa. Arthur Bloom (1970) fornece descrição da avalancha que destruiu a região ao redor de Ranrahirca, Peru, no dia 10 de janeiro de 1962, e que por estimativas oficiais matou 3 500 pessoas.

d) *deslizamentos* — são deslocamentos de uma massa do regolito sobre um embasamento ordinariamente saturado de água. A função de nível de deslizamento pode ser dada por uma rocha sã ou por um horizonte do regolito possuidor de maior quantidade de elementos finos, de siltes ou argilas, favorecendo atingir de modo mais rápido o limite de plasticidade e o de fluidez. No sudeste do Brasil dois fatores contribuem para a ocorrência de deslizamentos: a prolongada estação chuvosa e a declividade relativamente acentuada das vertentes. Dessa maneira, na Serra do Mar, na da Mantiqueira, e nos inúmeros morros isolados das baixadas litorâneas, os deslizamentos ocorrem anualmente com maior ou menor intensidade. Por vezes, como em 1956, em Santos, em 1967, na área de Caraguatatuba, e em 1971, na Serra das Araras, assumem aspectos de catástrofes.

e) *desmoronamentos* — é o deslocamento rápido de um bloco de terra, quando o solapamento criou um vazio na parte inferior da vertente. Geralmente ocorrem em vertentes íngremes, sendo comuns nas falésias litorâneas, nas margens fluviais e em muitos cortes de rodovias e ferrovias.

3. O processo morfogenético pluvial. Esse processo é dos mais generalizados e importantes na esculturação das vertentes, podendo-se distinguir entre a ação mecânica das gotas de chuva e o escoamento pluvial.

O primeiro impacto erosivo dos solos é propiciado pela *ação mecânica das gotas de chuva*, que promove o arrancamento e deslocamento das partículas terrosas. Essa ação mecânica é exercida por causa da energia cinética das gotas, variável de acordo com o tamanho e a velocidade das mesmas. Em geral, as gotas atingem a velocidade terminal, qualquer que seja o diâmetro delas, quando a distância percorrida ultrapassa oito metros

30　　　　　　　　　　　　　　　　　　　　　　　　　　　　　Geomorfologia

Tabela 2.1 Velocidade terminal e altura de queda necessária para atingi-la (Dados de J. O. Laws; R. Gunn e G. Kinzer).

Diâmetro da gota (mm)	Velocidade terminal (m/s)	Altura da queda necessária para atingir 95% da velocidade terminal (em metros)
0,25	1,0	–
0,50	2,0	–
1,00	4,0	2,2
2,00	6,5	5,0
3,00	8,1	7,2
4,00	8,8	7,8
5,00	9,1	7,6
6,00	9,3	7,2

(Tab. 2.1). Os dados contidos no referido quadro referem-se a gotas de chuva particulares. Para se calcular a energia cinética de uma chuva é preciso conhecer o formato das gotas, a sua quantidade respectiva e a quantidade de água precipitada.

O impacto das gotas de chuva provoca movimentação das partículas de forma inconstante; a mesma partícula ora pode ser atirada a jusante, ora a montante, conforme a posição frente ao impacto da gota que a atinge. Não há adição imediata dos efeitos de montante para jusante, embora o saldo, em conjunto, seja positivo nessa direção. Esse movimento de partículas, em direção inconstante, é denominado de *saltitação* ou *splash erosion*. As areias finas são as partículas mais susceptíveis de serem transportadas pela saltitação, podendo ser lançadas a 1,50 m de distância, enquanto as partículas de 2 mm podem ser lançadas a 40 cm, e as de 4 mm a 20 cm de distância. Se individualmente a ação mecânica promove o transporte das partículas a pequenas distâncias, em conjunto esse processo torna-se o responsável por um remanuseamento de grande quantidade da superfície do solo. O impacto da gota faz as partículas saltarem com uma força igual e em todas as direções. Nas vertentes inclinadas, as partículas dirigidas a jusante atingem uma distância maior do que as dirigidas a montante e, sendo constantemente retomadas, sofrem deslocamento do topo para o sopé das vertentes. Embora seja difícil precisar a quantidade de material carreado das vertentes pela saltitação, há dados relativos ao volume do material movimentado pelas gotas. W. D. Ellison calcula que uma precipitação de 100 mm pode movimentar mais de 300 t de solo por hectare, e G. R. Free observa que uma chuva de 25 mm provoca o deslocamento de 15 t/ha.

O impacto da chuva engendra a primeira fase da morfogênese pluvial, mas essa influência direta é relativamente efêmera. O processo de transporte mais importante é o *escoamento pluvial*, que começa a aparecer quando a quantidade de água precipitada é maior que a velocidade de infiltração. Os minúsculos filetes de água que então se formam, devido às asperezas da superfície e a existência da cobertura vegetal, são incessantemente freados e desviados de seu curso, mas vão se engrossando à medida que descem a encosta, e quando se concentram formam as *enxurradas*. Há, pois, necessidade de se distinguir entre o *escoamento pluvial difuso*, quando as águas escorrem sem hierarquia e fixação dos leitos, anastomosando-se constantemente, e o *escoamento concentrado* ou *enxurradas*, quando as águas se concentram, possuindo maior competência erosiva e fixando o leito, deixando marcas sensíveis na superfície topográfica. Tais sulcos são conhecidos como ravinas. Nas áreas argilosas de regiões secas, como no Oeste dos Estados Unidos, as ravinas assumem densidades muito elevadas, caracterizando as *badlands*.

O transporte efetuado pelo escoamento pluvial afeta as partículas deslocadas pelo impacto direto das gotas de chuva e as erodidas diretamente pelo escoamento, através do solapamento de suas margens. A velocidade das águas e a rugosidade da superfície

Vertentes: processos e formas

ocasionam o turbilhonamento, colocando em suspensão as partículas mais finas. Essa categoria de sedimentos é transportada até os riachos, ou até cessar o escoamento do filete de água. As partículas mais grosseiras são arrastadas pela corrente, quando o movimento ascencional do turbilhonamento atingir valor elevado. Esse movimento é intermitente e o deslocamento dos grãos é feito por *saltação*, pois através de saltos constantes são carregados sempre em direção de jusante.

Torna-se óbvio que o escoamento concentrado é característico das vertentes desnudas. Sob cobertura vegetal, sobretudo sob a cobertura florestal, o escoamento difuso é o dominante, e as possibilidades de ravinamento são diminutas.

4. A ação biológica. A ação morfogenética dos seres vivos também se faz presente no modelado das vertentes.

As plantas possuem dupla ação. Através das raízes provocam o deslocamento de partículas, aumentam a permeabilidade do solo, intensificam as ações bioquímicas e retiram nutrientes; é a função de desagregação e empobrecimento. Por outro lado, funcionam como camada interceptadora frente à ação mecânica da chuva, como obstáculo ao escoamento pluvial e aos ventos, e, através do fornecimento de humus, como fator de agregação dos solos. Quando se verifica o desabamento de árvores, de modo natural, ocorre movimentação de terra na superfície da encosta.

A ação dos animais efetua-se através dos vermes, fuçadores, formigas e termitas. Os vermes (minhocas) existentes nas camadas superficiais do solo, digerindo a terra, promovem a diminuição granulométrica das partículas. Os fuçadores, ao escavarem suas tocas, deslocam as partículas para jusante. As formigas, com presença generalizada, escavam galerias no solo, facilitando a permeabilidade e infiltração, e removem partículas das profundidades para a superfície. Esse material é desagregado e facilmente carregado pela água. As termitas constroem seus ninhos sobre o solo, carreando materiais da profundidade. Em suma, a influência morfogenética dos animais é mais ativa, e a da vegetação mais passiva.

B. OS SISTEMAS MORFOGENÉTICOS

O estudo dos processos morfogenéticos demonstra a importância que o fator climático assume no condicionamento para a esculturação das formas de relevo. Salienta, também, que dois conceitos básicos estão implicitamente envolvidos: que processos morfogenéticos diferentes produzem formas de relevo diferentes; e que as características do modelado devem refletir até certo ponto as condições climáticas sob as quais se desenvolveu a topografia. Baseado nesses princípios, decorre o corolário de que as conseqüências das oscilações climáticas podem ser reconhecidas através de elementos específicos da topografia, constituindo as formas relíquias que ainda não se adaptaram às novas condições de fluxo de matéria e energia.

Individualmente, os processos morfogenéticos possuem uma dinâmica própria e são elementos componentes de um conjunto maior, refletindo a influência do clima regional. Esse conjunto é denominado de *sistema morfogenético*, formando uma estrutura perfeitamente caracterizada, pois:

i — a estrutura não é reduzível à soma de suas partes. Cada processo pode se integrar e ser encontrado em diversos sistemas morfogenéticos, mas o seu papel se modificará em função das condições gerais e dos demais processos aos quais está associado;

ii — a estrutura é um sistema de relações, os processos inter-relacionam-se em um verdadeiro conjunto;

iii — a estrutura é ordenada e possui uma dominante. Em cada sistema podem ser encontrados inúmeros processos comuns aos demais; todavia, todos os processos não possuem a mesma importância em cada sistema, compondo uma certa hierarquia, mas um deles será o predominante e fornecerá a característica básica de determinado sistema morfogenético, implicando a existência de relações variáveis entre os processos. Por exemplo, a alternância gelo-degelo constitui a dominante no sistema morfogenético periglaciário, mas é elemento subsidiário no sistema desértico ou no temperado; da mesma forma, a meteorização bioquímica é intensa nos sistemas tropicais úmidos, mas é reduzida nos sistemas desérticos e frios.

A verificação de semelhanças no modelado regional, aliada aos tipos de vegetação e aos solos, permite distinguir as *regiões morfogenéticas*. Essa noção foi introduzida primeiramente por Julius Büdel (1944), utilizando o termo *Formkreisen*, mas ganhou realce a partir de 1950. O seu conceito é o seguinte: "sob um conjunto determinado de condições climáticas, predominarão processos geomórficos particulares que, por sua vez, imprimirão à paisagem da região características que a tornarão distinta de outras áreas desenvolvidas sob condições climáticas diferentes" (Thornbury). Nota-se, portanto, que a região morfogenética nada mais é que a expressão areal do sistema morfogenético. Como tais sistemas são dependentes dos tipos de clima, facilmente se depreende o conceito de região ou *zona morfoclimática*.

Várias foram as tentativas realizadas a fim de reconhecer as regiões morfoclimáticas do globo terrestre, e podemos classificá-las em três categorias, classificações indutivas, sintéticas e objetivas.

1. **As classificações indutivas.** A primeira tentativa para definir as regiões morfoclimáticas foi a de L. C. Peltier (1950), posteriormente adaptada por L. B. Leopold, M. G. Wolman e J. P. Miller (1964). Os fatores climáticos foram reduzidos por Peltier a dois parâmetros, a temperatura média anual e a precipitação média anual, e o autor então examinou os efeitos hipotéticos de tais valores sobre a meteorização e processos morfogenéticos. Observou que a meteorização química se acentuava de acordo com o aumento da pluviosidade e temperatura, e que a influência da gelivação era maior de acordo com as temperaturas baixas e precipitações moderadas. Combinando ambas, Peltier estava apto a definir as regiões quanto à meteorização, em termos de temperatura e precipitação. Tratamentos similares foram realizados a propósito dos movimentos coletivos do regolito,

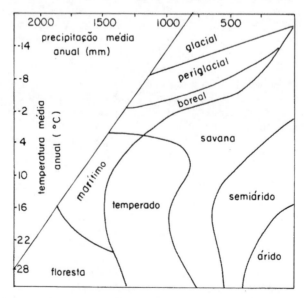

Figura 2.2 As características climáticas das regiões morfogenéticas estabelecidas por Peltier (1950)

Vertentes: processos e formas

ação eólica e erosão pluvial, sendo que todos são influenciados pelo clima através de relações complexas entre a precipitação, evaporação, escoamento e cobertura vegetal. A combinação de tais resultados serviu para definir uma série de regiões morfogenéticas, (Fig. 2.2), cujas características climáticas e os processos morfogenéticos das nove regiões propostas por Peltier estão inseridas na Tab. 2.2.

Várias são as críticas que se pode fazer sobre a classificação de Peltier. Os fatores climáticos que foram selecionados somente fornecem uma pálida imagem das relações entre precipitação/umidade do solo e escoamento; não se leva em consideração a intensidade e a freqüência dos aguaceiros e cheias, que possuem importante significação geomorfológica. Nota-se também que os efeitos oriundos dos processos são esboçados em linhas amplas, fornecendo impressões gerais e não dados quantitativos mais precisos. Por outro lado, as características morfológicas referem-se aos processos morfogenéticos e não aos tipos de formas de relevo.

Tabela 2.2 As características climáticas e os processos atuantes nas regiões estabelecidas por Peltier (1950)

| Região morfogenética | Limites calculados das médias anuais | | Características morfológicas |
	Temp. (°C)	Precip. (em mm)	
Glacial	−18 a 7	0 – 1 150	— erosão glaciária — nivação — ação do vento
Periglacial	−15 a −1	125 – 1 400	— movimentos coletivos acentuados — ação do vento de moderada a forte — efeito débil da água corrente
Boreal	−9 a 3	250 – 1 500	— ação moderada da gelivação — ação do vento moderada a leve
Maritima	2 a 21	1 300 – 1 900	— efeito moderado da água corrente — acentuada ação dos movimentos coletivos
Selva	16 a 29	1 400 – 2 300	— ação da água corrente moderada a forte — ação acentuada dos movimentos coletivos — leve efeito da lavagem nas vertentes — ação nula do vento
Moderada	3 a 29	900 – 1 500	— efeito máximo da água corrente — moderada ação dos movimentos coletivos — leve ação da gelivação nas áreas mais frias — ação insignificante do vento, exceto nos litorais
Savana	12 a 29	650 – 1 300	— ação da água corrente de forte a débil — ação moderada do vento
Semiárida	2 a 29	250 – 650	— ação forte do vento — ação da água corrente moderada a forte
Árida	13 a 29	0 – 400	— ação forte do vento — ação leve da água corrente e dos movimentos coletivos

Tanner (1961) propôs uma outra classificação, e procurando utilizar parâmetros climáticos mais significativos, substituiu a temperatura média anual pelo valor da evaporação potencial, pois as relações entre a precipitação e a evaporação fornecem um índice mais real das disponibilidades em água. O outro parâmetro empregado foi a da precipitação média anual. O referido autor considera que para o geomorfólogo existem quatro tipos climáticos principais, sendo que os subtipos poderiam ser examinados após firmemente estabelecidos os primeiros, os quais são úmido (selva), quente e seco (árido), frio e seco (glacial, tundra) e temperado (umidade moderada) (vide Fig. 2.3).

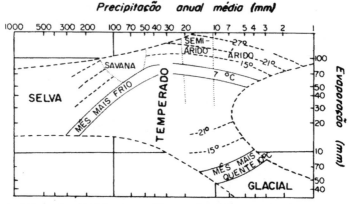

Figura 2.3 A delimitação climática das regiões morfogenéticas estabelecidas por Tanner (1961)

Em data mais recente, Lee Wilson (1968) apresentou uma nova classificação morfogenética, baseando-se no estudo das relações idealizadas entre o clima e os vários processos morfogenéticos. O resultado foi o reconhecimento de seis sistemas morfogenéticos: glacial, periglacial, árido, semiárido, temperado úmido e selva. Para cada região estabeleceu o tipo de clima equivalente de acordo com a classificação de Koeppen, os processos dominantes e as características da paisagem. A Tab. 2.3 esquematiza a sua divisão.

As classificações acima, pressupondo o controle climático das formas de relevo, apresentam problemas semelhantes aos da distinção das regiões climáticas. Enquanto os climatólogos, seguindo a concepção de Koeppen, selecionam limites climáticos de significação biológica como critérios para a regionalização, em nossa ciência o problema maior reside na escolha dos limites de significação geomorfológica. Algumas ocorrências, tais como a freqüência da alternância gelo-degelo no decorrer do ano, são facilmente reconhecidas, e não é de se estranhar que os trabalhos mais precisos sobre os processos controlados pelo clima estejam relacionados com os fenômenos periglaciários. Embora haja tentativas para encontrar os limites de precipitação e de temperatura que sejam significantes, o problema permanece ainda inteiramente aberto. Não há nenhuma razão para que os parâmetros utilizados pelos climatólogos tenham significação geomorfológica, e, devido à complexidade dos fenômenos morfogenéticos, a delimitação das regiões morfogenéticas talvez ganhe impulso e maior precisão com o emprego das técnicas de análise multivariada (análise fatorial, análise de grupamento e análise dos componentes), no estudo dos sistemas de processos-respostas que lhe são inerentes.

2. **As classificações sintéticas.** As classificações inseridas nesse item também acatam o postulado da influência climática sobre o modelado, pois pressupõem áreas de topografia homogênea perfeitamente definidas e que os seus limites e extensão podem ser interpretados de acordo com as características climáticas gerais. É uma perspectiva

Vertentes: processos e formas

Tabela 2.3 Os sistemas morfogenéticos distinguidos por Lee Wilson (1968)

Nome do sistema e tipo climático		Processo dominante	Característica da paisagem
Glacial	(EF)	– glaciação	– polimento glaciário
		– nivação	– topografia alpina
		– ação eólica	– morainas, kames, eskers
Periglacial	(ET)	– gelivação	– solos poligonais
(ET)	(EM)	– solifluxão	– vertentes de solifluxão, lóbulos, terraços
	(Dc)	– água corrente	– planícies de lavagem
Árido	(BW)	– dessecação	– dunas, playas
		– ação eólica	– bacias de deflação
		– água corrente	– vertentes angulares, riachos
Semiárido	(BS)	– água corrente	– pedimentos, fans
(subúmido)	(Cwa)	– meteorização (esp. mecânica)	– vertentes angulares com detritos grosseiros
		– rápidos movimentos coletivos	– badlands
Temperado úmido (Cf)		– água corrente	– vertentes suaves, solos cobertos
		– meteorização (esp. química)	– cristas e vales
		– rastejamento e outros movimentos coletivos	– extensos depósitos aluviais
Selva	(Af)	– meteorização química	– vertentes acentuadas, cristas truncadas
	(Am)	– movimentos coletivos	– solos profundos (inclusive lateritas)
		– água corrente	– recifes

sintética e cronológica, pois inicialmente procuram definir as regiões morfoclimáticas e a investigação dos mecanismos inerentes pode ser efetuada após o reconhecimento de tais áreas.

Duas classificações podem ser aqui mencionadas, a de Jean Tricart e André Cailleux e a de Julius Büdel. Tricart e Cailleux (1965) distinguem as zonas morfoclimáticas através dos seguintes critérios, a) a existência das grandes zonas climáticas e biogeográficas, que fornecem as divisões maiores; b) as diferenças climáticas ou biogeográficas, combinadas com as paleoclimáticas, servem para estabelecer subdivisões em cada uma das grandes zonas precedentes. A classificação proposta é a seguinte:

i – Zona fria, caracterizada pela importância predominante do gelo e subdiv:-dindo-se em:

a) domínio glaciário, onde o escoamento da água se faz na maior parte sob a forma sólida;

b) domínio periglaciário com escoamento líquido sazonário, mas onde a formação do gelo no solo atua de modo importante na morfogênese dos interflúvios.

ii – Zona florestal das latitudes médias, com modificações inseridas pelo homem e sobrevivências de formas glaciárias e periglaciárias do Quaternário. Subdivide-se em:

a) domínio marítimo com inverno ameno, apresentando reduzida ação do gelo e forte sobrevivência de formas glaciárias e periglaciárias;

b) domínio continental com invernos rudes, apresentando intensa ação do gelo atual e quaternário, podendo até permitir sobrevivência de permafrost do Quaternário;

c) domínio mediterrâneo com verões secos, onde é pequena a influência das sobrevivências periglaciárias quaternárias.

iii — Zonas áridas e subáridas das baixas e médias latitudes, caracterizadas por uma cobertura vegetal pouco densa e escoamento intermitente das águas locais. Duas subdivisões importantes surgem em função do:

a) grau de secura, levando à distinção entre desertos e áreas semiáridas;
b) da temperatura invernal, distinguindo regiões com frio invernal (desertos frios) e regiões quentes (desertos quentes).

iv — Zona intertropical, onde as temperaturas permanecem sempre elevadas e a umidade é abundante para permitir o escoamento fluvial. Distingue-se em:

a) domínio das savanas, apresentando cobertura vegetal menos densa e pluviosidade menor, sendo caracterizadas por um escoamento difuso considerável e uma alteração química descontínua no tempo;
b) domínio das florestas, com densa cobertura vegetal e elevada umidade, onde as ações químicas e bioquímicas apresentam sua máxima intensidade.

Julius Büdel (1963, 1969), considerando a necessidade de reconhecer tanto as influências fósseis como as contemporâneas e combinando fatores climáticos e aclimáticos (petrografia, epirogênese, nível de base, influência do relevo global e influências humanas), apresenta a seguinte classificação das zonas morfoclimáticas (Fig. 2.4):

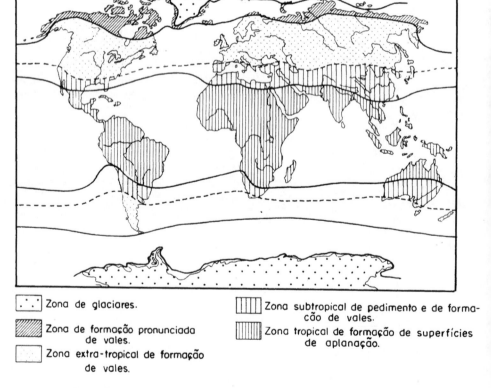

Figura 2.4 As zonas morfoclimáticas da Terra, conforme Büdel (1963)

Vertentes: processos e formas

i — Zona dos glaciares (regiões polares e montanhas elevadas);

ii — Zona de formação pronunciada de vales (partes das regiões subpolares atualmente livres do gelo, mas apresentando solos gelados);

iii — Zona extratropical de formação de vales, englobando a maioria das regiões das latitudes médias. Na atualidade ela é caracterizada por processos moderadamente ativos e, regra geral, subordinados aos testemunhos fósseis dos períodos glaciários;

iv — Zona subtropical de pedimentos e formação de vales, constituindo uma transição entre as zonas C e E e internamente muito diferenciada;

v — Zona tropical de formação de superfícies de aplainamento, englobando as regiões florestais úmidas, sendo que o processo é particularmente ativo nas regiões sazonariamente úmidas.

As classificações acima são gerais e empíricas, tornando-se difícil a delimitação precisa, embora os traços globais possam ser reconhecidos.

3. Classificações objetivas. As tentativas relacionadas com critérios objetivos de definição das regiões morfogenéticas são muito reduzidas, mostrando caminhos diferentes dos trilhados pelas demais classificações.

L. C. Peltier (1962) realizou um estudo morfométrico através de amostragem, selecionando aleatoriamente mapas topográficos de acordo com as coordenadas geográficas. Por causa da grande variabilidade nas escalas dos mapas disponíveis, ele mediu a diferença máxima de altitude dentro de áreas com 100 milhas quadradas, e usou tais dados para calcular o relevo médio e a declividade média; classificou as localidades amostradas em grandes grupos climáticos (tundra, microtermal, mesotermal e tropical) e calculou o número médio de canais fluviais, por milha, como sendo representativo da medida da textura topográfica.

Considerando a declividade média e o número médio de canais fluviais como os parâmetros principais, construiu um gráfico (Fig. 2.5), no qual se observa que as curvas

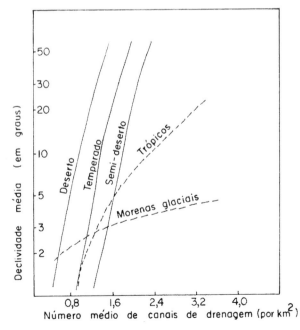

Figura 2.5 Características morfométricas das grandes regiões climáticas, conforme Peltier (1962)

representativas dos desertos e dos climas mesotermal e microtermal são sensivelmente paralelas, embora com deslocamentos laterais devido a mudanças quanto ao escoamento superficial, e que as curvas para as áreas tropicais e glaciárias são anômalas. Tais comportamentos denunciam a existência de bases objetivas para diferençar as paisagens glaciais, tropicais e fluviais, mas que as distinções dentro do conjunto desértico, semidesértico e fluvial temperado não são da mesma ordem.

Uma segunda tentativa foi realizada por Nel Caine (1967), com base no *índice de denudação*, isto é, a velocidade média com que a superfície de determinada bacia de drenagem está sendo rebaixada. Levando em consideração os dados disponíveis observou que há um contraste acentuado entre as áreas montanhosas e as planas, mormente nas de climas frios ou áridos e nas de clima subtropical. Sob tais condições, a intensidade de denudação é de pelo menos dez vezes maior nas áreas montanhosas que nas de planícies. Esse contraste reflete a importância do relevo disponível e da declividade média sobre os processos morfogenéticos que são dependentes da gravidade.

Após mostrar a eficácia dos sistemas morfogenéticos, foi possível sugerir um esquema hierárquico simples das regiões morfogenéticas, em função da intensidade da denudação. Em primeiro nível, há que se distinguir as áreas montanhosas das de baixadas, pois refletem o relevo e a energia livre disponível e não possuem nenhuma conotação climática. O primeiro grupo pode ser, em segundo nível, subdividido em dois outros, acentuadamente controlados pelo clima, que são as regiões áridas e as que podem ser designadas como fluviais. Comparável a essas duas divisões secundárias, quanto à natureza, mas surgindo diretamente da distinção entre áreas montanhosas e de baixadas, é a região morfogenética glaciária. Esse sistema pode ser sumariado da maneira seguinte

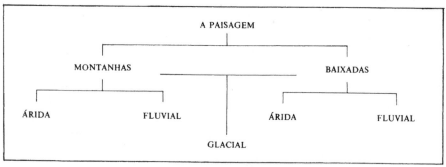

Na classificação acima, as distinções realizadas têm significância para a dinâmica dos processos morfogenéticos envolvidos. A principal distinção deriva das diferenças topográficas e da disponibilidade geral da energia, enquanto as demais são provenientes das modificações da água, líquida ou sólida, ou em sua virtual ausência. O esquema permite continuar a subdivisão, conforme o critério das características morfoclimáticas oriundas da análise da intensidade de denudação verificada nas bacias de drenagem, que vêm sendo consideradas como unidades geomorfológicas funcionais.

Em conclusão, verifica-se que a perspectiva morfoclimática propiciou avanço da ciência geomorfológica nas duas últimas décadas, mas ela não abrange todos os processos e formas. Há processos que são relativamente independentes do clima, como as ondas e o escoamento das águas, que produzem formas específicas, como as litorâneas e os meandros. Por outro lado, ainda são pouco conhecidas e compreendidas as relações entre climas, processos e formas de relevo. Devido à carência de pesquisas analíticas quantificativas, as classificações morfogenéticas ou morfoclimáticas foram elaboradas em bases subjetivas e empíricas, dando-se ênfase ao aspecto qualitativo e representam simples modelos conceituais que podem ser usados com pleno conhecimento de suas deficiências.

A FORMA DAS VERTENTES

A. TERMINOLOGIA E MODELOS ANÁLOGOS

A descrição das vertentes fornece informações básicas necessárias à caracterização de determinada área, e ela pode ser realizada em perfil ou em plano.

A terminologia empregada para descrever as parcelas componentes da vertente é assunto abordado por numerosos autores, e entre os mais recentes devemos salientar as contribuições de R. A. G. Savigear (1956, 1967) e Anthony Young (1964, 1971). Os principais termos utilizados possuem a seguinte conceituação:

– *unidade de vertente*, consiste em um segmento ou em um elemento;
– *segmento*, é uma porção do perfil da vertente no qual os ângulos permanecem aproximadamente constantes, o que lhe dá o caráter retilíneo;
– *elemento*, é a porção da vertente na qual a curvatura permanece aproximadamente constante. Pode ser dividido em *elemento convexo*, com curvatura positiva, quando os ângulos aumentam continuadamente para baixo, e em *elemento côncavo*, com curvatura negativa, quando os ângulos decrescem continuamente para baixo;
– *convexidade*, consiste no conjunto de todas as partes de um perfil de vertente no qual não há diminuição dos ângulos em direção a jusante;
– *concavidade*, consiste no conjunto de todas as partes de um perfil de vertente no qual não há aumento dos ângulos em direção a jusante;
– *seqüência de vertente*, é uma porção do perfil consistindo sucessivamente de uma convexidade, de um segmento com declividade maior que as unidades superior e inferior, e de uma concavidade;
– *ruptura de declive*, consiste no ponto de passagem de uma unidade à outra.

Max Derruau (1965) considera que o perfil típico de uma vertente apresenta uma convexidade no topo e uma concavidade na parte inferior, sendo que ambas estão separadas por um simples ponto de inflexão ou por um segmento. Quando tais vertentes se encontram recobertas por um manto de detritos, com superfície lisa e sem ravinamentos, ele a denomina de *regular* ou *normal*. A declividade varia muito de uma vertente à outra, mas nas vertentes normais ela é sempre inferior a dos taludes de gravidade dos materiais. Um tipo especial de vertente, consagrado na literatura geomorfológica, é representado pela *vertente de Richter*, correspondendo a uma vertente lisa, sem ravinamento, mas com segmento muito longo e de declividade muito elevada (da ordem de 25°). Nem toda vertente retilínea pode receber tal designação, pois ela não se aplica às vertentes com declividade suave ou desigual.

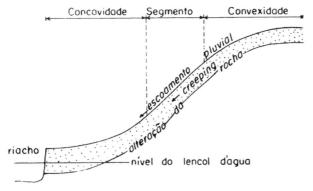

Figura 2.6 A composição da vertente normal ou regular, conforme apresentada por Derruau (1965). A área pontilhada indica o regolito

Figura 2.7 As quatro partes componentes da vertente, conforme o modelo apresentado por Lester King, em 1953

Lester C. King, em 1953, baseando-se em trabalho anterior de A. Wood (1942), propôs um modelo descritivo de perfil totalmente diferente do acima apresentado. Para ele, a vertente típica apresenta quatro partes: convexidade no topo, face livre ou escarpa retilínea, parte reta com detritos da porção superior da vertente e pedimento suavemente côncavo (Fig. 2.7). Enquanto King considera esse perfil virtualmente universal, outros pesquisadores estão em desacordo. Todavia, o perfil assinalado corresponde ao comumente encontrado em regiões de rochas estratificadas, em escarpamentos relacionados à atividade erosiva. Por outro lado, as vertentes elaboradas em bacias de drenagem desenvolvidas em rochas não-estratificadas ou em rochas cristalinas, como no Brasil Oriental, estão longe de se assemelharem ao modelo descrito.

Baseando-se em seus estudos nas áreas temperadas úmidas, Dalrymple, Blong e Conacher (1968) propuseram outra classificação, distinguindo nove unidades hipotéticas no modelo de perfil das vertentes (Fig. 2.8). Tais autores consideram a vertente como sistema complexo tridimensional que se estende do interflúvio ao meio do leito fluvial e da superfície do solo ao limite superior da rocha não-intemperizada. A vertente é dividida em nove unidades, cada uma sendo definida em função da forma e dos processos morfogenéticos dominantes e normalmente atuantes sobre ela. Na verdade, é muito improvável encontrar as nove unidades ocorrendo em um único perfil de vertente e nem sequer elas devem se distribuir, necessariamente, na mesma ordem mostrada no modelo. O que se torna comum é verificar a existência de algumas unidades em cada vertente, e a mesma unidade pode ser recorrente ao longo do perfil. Portanto, o modelo apresentado pelos autores representa um padrão ideal para ser aplicado na descrição e não tem nenhuma implicação para qual tipo de forma as vertentes podem se desenvolver.

No tocante à descrição das vertentes, Arthur N. Strahler, em 1950, apresentou abordagem e terminologia diferentes, dividindo as vertentes erosivas em três tipos básicos conforme o ângulo de repouso dos materiais terrestres não coesivos. Aquelas que se encontram em seus ângulos de repouso são denominadas de *vertentes em repouso*; as *vertentes de alta coesão* apresentam as maiores declividades e comumente são elaboradas em material rochoso resistente ou em argila compacta e seca. As vertentes com declividades mais suaves são designadas como *reduzidas pelo escoamento e rastejamento*.

Os estudos atinentes a descrever as vertentes na perspectiva plana, ou areal, são muito reduzidos. Frederick R. Troeh, em 1965, publicou importante contribuição a partir do emprego de equações matemáticas. Considerando que o cone aluvial é um bom exemplo de forma de relevo que apresenta configuração superficial regular, na qual o perfil longitudinal tende a ser côncavo a montante e a curvatura das linhas de contorno ou isoipsas tendem a ser convexas a jusante, e levando em conta que cada elemento da

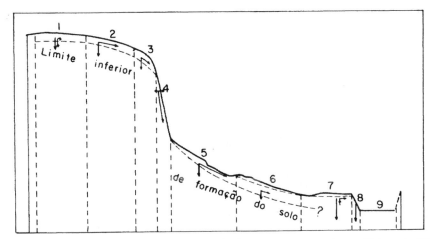

Figura 2.8 As nove unidades hipotéticas no modelo de vertente apresentado por Dalrymple, Blong e Conacher (1968). (As setas indicam a direção e intensidade relativa do movimento da rocha intemperizada e dos materiais do solo pelos processos geomórficos dominantes). As características de cada unidade são sumariadas no quadro abaixo

Unidade da vertente	Processo geomórfico dominante
1 Interflúvio (0°-1°)	processos pedogenéticos associados com movimento vertical da água superficial.
2 Declive com infiltração (2°-4°)	eluviação mecânica e química pelo movimento lateral da água subsuperficial.
3 Declive convexo com reptação	reptação e formação de terracetes.
4 Escarpa (ângulo mínimo de 45°)	desmoronamentos, deslizamentos, intemperismo químico e mecânico.
5 Declive intermediário de transporte	transporte de material pelos movimentos coletivos do solo; formação de terracetes; ação da água superficial e subsuperficial.
6 Sopé coluvial (ângulos entre 26° e 35°)	reposição de material pelos movimentos coletivos e escoamento superficial; formação de cones de dejeção; transporte de material; reptação; ação subsuperficial da água.
7 Declive aluvial (0°-4°)	deposição aluvial; processos oriundos do movimento subsuperficial da água.
8 Margem de curso de água	corrasão, deslizamento, desmoronamento.
9 Leito do curso de água	transporte de material para jusante pela ação da água superficial; gradação periódica e corrasão.

encosta pode ser matematicamente representado por uma equação quadrática, porque cada superfície é gerada pela rotação de um segmento de parábola em torno de um eixo vertical, o referido autor apresentou a seguinte equação do segundo grau, com a finalidade de descrever cada parcela componente da vertente,

$$Z = P + SR + LR^2.$$

Na qual Z = altitude de qualquer ponto da superfície;
R = distância radial horizontal do ponto Z ao ápice da superfície;
P = altitude do ápice da superfície;
S = gradiente da declividade ao longo do raio inicial;
L = taxa de variação de declividade

A fim de obter a declividade da vertente G em qualquer ponto, o autor apresenta a equação

$$G = S + 2LR,$$

da qual se pode depreender que as modificações da declividade, radialmente a jusante e a partir do ponto de origem ou ápice, é 2L.

Nos mapas topográficos, várias são as curvas de nível que podem ser utilizadas. Inicialmente, deve-se considerar os segmentos das isoipsas que mais se aproximem de uma sucessão de arcos concêntricos. Quando elas apresentarem muitas variações, deve-se subdividi-las antes de se aplicar o método de Troeh.

Se o segmento aproximar-se da forma de arco de círculo, ele pode servir como ponto inicial para a construção gráfica. Escolhendo-se segmentos de isoipsas diferentes (em número de três, por exemplo, os pontos A, B e C da Fig. 2.9), para cada um traça-se uma tangente. A partir dos pontos de tangência traçam-se perpendiculares que deverão se cruzar em intersecção (ponto P), que é considerado como o ponto de origem ou ápice. Dessa maneira, são conhecidos os valores dos pontos A, B e C e dos comprimentos dos raios (linhas perpendiculares) que ligam o ápice P aos pontos tangenciais (Ra, Rb e Rc).

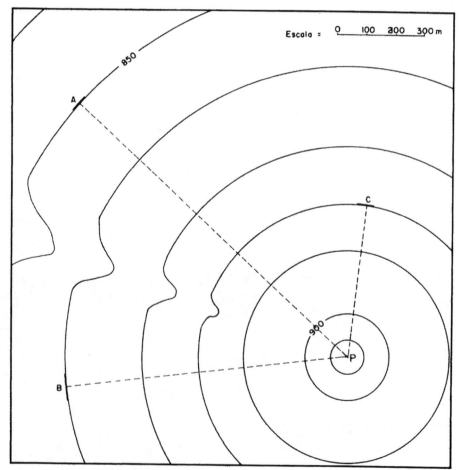

Figura 2.9 Tipo de vertente com radiais côncavas e contornos convexos, exemplificando os cálculos para a descrição proposta por Troeh

De posse desses dados e com o auxílio das fórmulas para o cálculo dos valores de S, L, P e G, podemos obter os resultados desejados. As fórmulas mencionadas são

$$S = \frac{(A-C)(Rb^2 - Rc^2) - (B-C)(Ra^2 - Rc^2)}{(Ra-Rc)(Rb^2 - Rc^2) - (Rb-Rc)(Ra^2 - Rc^2)};$$

$$L = \frac{A - C - S(Ra - Rc)}{(Ra^2 - Rc^2)};$$

$$P = A - SRa - LRa^2;$$

$$G = S + 2LR.$$

No exemplo da Fig. 2.9 temos

$A = 850$ $Ra = 1\,250$
$B = 860$ $Rb = 900$
$C = 880$ $Rc = 500$

Substituindo tais valores nas equações acima, encontramos os seguintes resultados,

$S = 0,089$;
$L = 0,00003$;
$P = 914$;
$G = 0,014$ (para o eixo de A).

Considerando os parâmetros do gradiente da declividade (G) e a declividade lateral das curvas de nível (L), Troeh pôde descrever tanto as linhas de contorno quanto as de perfil. Quando o gradiente de declividade é positivo, ele indica que a altitude aumenta com a distância radial, isto é, que as linhas de contorno são côncavas para fora. A declividade negativa assinala que a altitude diminui enquanto a distância radial aumenta, mostrando que as curvas de nível de tais superfícies são convexas. O perfil das curvas de nível é indicado pelo sinal da taxa de variação da declividade, que é igual a $2L$. Se L tem sinal positivo, a declividade torna-se menos negativa ou mais positiva à proporção que aumenta a distância radial. A declividade indicada pelo valor negativo de L torna-se menos positiva ou mais negativa à proporção que aumenta a distância radial.

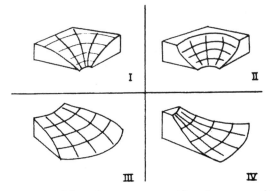

Figura 2.10 Os quatro tipos básicos de vertentes, combinando a concavidade e convexidade (Troeh, 1965)

I — vertentes com radiais convexas e contornos côncavos
II — vertentes com radiais côncavas e contornos côncavos
III — vertentes com radiais convexas e contornos convexos
IV — vertentes com radiais côncavas e contornos convexos

44 Geomorfologia

As combinações possíveis de concavidade e convexidade permitiram a Troeh distinguir quatro tipos básicos de vertentes, ilustrados na Fig. 2.10:

a) vertentes com radiais convexas e contornos côncavos;
b) vertentes com radiais côncavas e contornos convexos;
c) vertentes com radiais convexas e contornos convexos; e
d) vertentes com radiais côncavas e contornos côncavos.

B. A ANÁLISE DAS VERTENTES

Os métodos de analisar e determinar as formas de vertente são numerosos. Além dos pesquisadores que procuram efetuar seus estudos em função de levantamentos dos perfis reais, há autores que procuram estudá-las através de perfis matematicamente desenvolvidos. Nessa perspectiva, levando em consideração as variáveis implicadas, idealizam os perfis característicos de determinadas estruturas e predizem qual o mais apto ao equilíbrio e a maneira pela qual evoluem.

O emprego de perfis tornou-se técnica descritiva de ampla aceitação na análise das vertentes. Ela foi inicialmente proposta por Savigear (1952, 1956), e posteriormente ampliada pelo mesmo autor (1967) e por Young (1964 e 1971). O método usado com maior freqüência na análise dos perfis de vertentes é dividir as unidades em retilíneas, convexas e côncavas. Esse processo tem o mérito da simplicidade e forneceu bons resultados em muitas pesquisas geomorfológicas, mas há algo de subjetividade no modo pelo qual o método é aplicado. Se colocarmos dois pesquisadores, analisando independentemente os mesmos dados, eles chegarão a resultados diferentes. A fim de suplantar esse problema, Anthony Young (1971) propõe coeficientes de variação para os segmentos e elementos, estabelecendo limites para a classificação e variabilidade interna das unidades, chegando a definir a análise das melhores unidades (*best units analysis*). A análise das melhores unidades é entendida como "a repartição de um perfil de vertente em segmentos e elementos de tal maneira que os coeficientes de variação, dos ângulos ou curvaturas, respectivamente, não excedam aos valores máximos especificados, e que cada trecho mensurado seja localizado dentro da unidade mais longa da qual faz parte".

Consideremos, por exemplo, que dois perfis apresentem as seguintes medições para trechos de 10 m de distância: $36°$, $34°$, $32°$, $34°$ e $6°$, $4°$, $2°$, $4°$. As amplitudes entre os dois conjuntos são da mesma ordem, mas elas não possuem a mesma significação. A fim de melhor analisá-las Young (1971) propõe o *coeficiente de variação* como parâmetro para especificar a variabilidade, baseando-se no comprimento (l_i) e nos ângulos (Θ_i) medidos em cada trecho. Dessa maneira, o ângulo médio ($\overline{\Theta}$) e o coeficiente de variação (V_a) são fornecidos pelas seguintes fórmulas,

$$\overline{\Theta} = \frac{\Sigma l_i \Theta_i}{\Sigma l_i}, \text{ em graus.}$$

$$V_a = 100 \frac{\sqrt{\dfrac{\Sigma l_i \Theta_i^2}{\Sigma l_i} - \overline{\Theta}^2}}{\overline{\Theta}}, \text{ em porcentagem.}$$

Aplicando-nas aos valores do primeiro conjunto acima mencionado, teremos

$$\overline{\Theta} = \frac{(10 \times 36) + (10 \times 34) + (10 \times 32) + (10 \times 34)}{10 + 10 + 10 + 10} = 34°.$$

$$V_a = 100 \frac{\sqrt{\dfrac{46\,320}{40} - (34)^2}}{34} = 100 \frac{\sqrt{2}}{34} = 4{,}1\,\%.$$

Vertentes: processos e formas

O segundo conjunto apresenta $\overline{\Theta} = 4°$ e o $V_a = 35\%$. Adotando o critério de que o máximo permissível para o coeficiente de variação seja 10%, pode-se aceitar o primeiro caso como segmento, enquanto o segundo não pode ser aceito como aquela unidade de vertente.

O referido autor introduz uma modificação para os casos de declives muito suaves. Como o ângulo médio aproxima-se de zero, o coeficiente de variação tende para o infinito. A sucessão de $1°$, $1°$, $30'$, $1°$, $1°$ é subjetivamente aceitável como segmento, embora o $V_a = 22\%$. Young propõe substituir o ângulo médio pelo valor de $2°$ no denominador da equação de V_a, quando $\overline{\Theta}$ for inferior a $2°$. Assim, a fórmula apresenta-se como

$$V_a = 100 \frac{\sqrt{\dfrac{\Sigma l_i \Theta_i^2}{\Sigma l_i} - \overline{\Theta}^2}}{2}, \text{ em porcentagem.}$$

Se a análise dos segmentos aborda as unidades retilíneas das vertentes, a análise dos elementos envolve o uso de curvaturas. Essa propriedade não é medida diretamente nas pesquisas de campo, mas é estimada a partir de sucessivas mensurações de ângulos. Levando-se em conta duas medições sucessivas, p e q, a curvatura (Cpq) que se localiza entre os dois trechos considerados é obtida dividindo-se a diferença entre os ângulos pela metade da soma dos comprimentos, multiplicado por 100.

$$Cpq = 100 \frac{\Theta p - \Theta q}{0,5 (lp + lq)}, \text{ graus por 100 m.}$$

A fórmula acima fornece a curvatura em determinado ponto, quando as informações disponíveis para os ângulos se referem a comprimentos. Todavia, a fim de calcular se determinado trecho será melhor colocado em um segmento ou em um elemento torna-se conveniente atribuir curvaturas aos comprimentos medidos. Considere-se que p, q e r sejam três trechos sucessivos, de 10 m de comprimento cada. A curvatura de q (Cq) é fornecida pela seguinte fórmula,

$$Cq = 100 \frac{\Theta p - \Theta r}{0,5lp + lq + 0,5lr}, \text{ graus por 100 m.}$$

Exemplifiquemos com a mensuração seguinte, cujos comprimentos medidos são de 20 m : $-13°$, $-15°$, $-17°$, $-20°$, $-22°$. Deve-se notar que quando as declividades são negativas e crescentes, estamos diante de um elemento convexo ou de segmento. Para medir a curvatura entre dois pontos temos

$$Cpq = 100 \frac{\Theta p - \Theta q}{0,5 (lp + lq)};$$

$$Cpq = 100 = \frac{(-13) - (-15)}{0,5 (20 + 20)} = 100 \frac{2}{20} = 10°/100 \text{ m.}$$

$$Cqr = 100 = \frac{(-15) - (-17)}{0,5 (20 + 20)} = 100 \frac{2}{20} = 10°/100 \text{ m.}$$

Dessa maneira, a sucessão das curvaturas entre dois pontos sucessivos seria $10°$, $10°$, $15°$ e $10°$. A fim de verificar as curvaturas dadas aos comprimentos, encontraremos

$$Cq = 100 \frac{\Theta p - \Theta r}{0,5lp + lq + 0,5lr};$$

$$Cq = 100 \frac{(-13) - (-17)}{10 + 20 + 10} = 100 \frac{4}{40} = 10°/100 \text{ m;}$$

$$Cr = 100 \frac{(-15) - (-20)}{10 + 20 + 10} = 100 \frac{5}{40} = 12,5°/100 \text{ m;}$$

$$Cs = 100 \frac{(-17) - (-22)}{10 + 20 + 10} = 100 \frac{5}{40} = 12,5°/100 \text{ m.}$$

46   Geomorfologia

Esse procedimento é mais simples que calcular a média entre Cpq e Cqr e os resultados são idênticos. Para os dois trechos finais do perfil, as curvaturas são calculadas conforme a equação para medir a curvatura do ponto, tomando-se como base os dados do segundo e do penúltimo trechos.

A curvatura média de um elemento ($\bar{C}$) e o seu coeficiente de variação (V_c) são calculados de acordo com as mesmas equações propostas para os segmentos, apenas fazendo a substituição dos valores das curvaturas (C_i) nos lugares pertencentes aos dos ângulos (Θ_i).

Em resumo, pode-se afirmar que um segmento pode ser definido como a porção do perfil de vertente no qual o coeficiente de variação não excede determinado valor (por exemplo, 10%), sendo caracterizado por seu comprimento, ângulo médio e coeficiente de variação do ângulo. Da mesma forma, um elemento é uma porção do perfil da vertente no qual o coeficiente de variação da curvatura não excede o valor previamente determinado (por exemplo, 25%), sendo caracterizado por seu comprimento, curvatura média, os ângulos dos comprimentos terminais e o coeficiente de variação das curvaturas. Em um perfil de vertente graficamente representado, pode-se provisoriamente delimitar segmentos e elementos. Para cada unidade provisória vai-se calculando o coeficiente de variação. Se o coeficiente de variação ultrapassa o valor máximo determinado, diminui-se a unidade pela exclusão de um trecho; se o valor calculado está muito abaixo do valor limite estabelecido, a unidade é aumentada pelo acréscimo de mais um trecho vizinho. Através desse método, é possível identificar as principais unidades de vertente com precisão suficiente para inúmeras finalidades dos estudos geomorfológicos. Três exemplos são inseridos na Tab. 2.4.

Tabela 2.4 Comprimentos e ângulos de perfis de vertentes

Altura	Comprimento	Ângulo	Comprimento	Ângulo	Comprimento	Ângulo	Altura
1 373	0	0	20	−3,5	0	0	1 410
1 370	35,0	5,0	20	−2,5	32,5	18,5	1 400
1 360	25,0	22,0	15	−3,0	42,5	14,0	1 390
1 350	25,0	22,0	15	−2,5	32,5	18,5	1 380
1 340	17,5	33,5	15	−4,0	20,0	26,5	1 370
1 330	20,0	26,5	12	−4,5	27,5	22,7	1 360
1 320	17,5	33,5	10	−3,0	15,0	33,5	1 350
1 310	17,5	33,5	9	−1,0	15,0	33,5	1 340
1 300	17,5	33,5	7	−5,5	22,5	26,5	1 330
1 290	20,0	26,5	5	−3,5	12,5	45,0	1 320
1 280	25,0	22,0	5	−2,5	25,0	22,0	1 310
			10	−9,5	37,5	15,5	1 300
			10	−9,5	27,5	12,5	1 290
					12,5	45,0	1 280
					65,0	9,0	1 270

Vários são os modelos apresentados para a análise de vertentes a partir de cálculos matemáticos. Os casos mais simples relacionam-se com o recuo paralelo das escarpas, pressupondo material homogêneo, no qual a meteorização age de maneira uniforme, e que os detritos arrancados se acumulam no sopé. O primeiro modelo foi apresentado por O. Lehmann (1933), que é o seguinte (Fig. 2.11): uma escarpa FS, de altura h, com ângulo de declividade B, é limitada no topo por um plano horizontal SR e no sopé por um outro plano aproximadamente horizontal FR', sobre o qual os detritos retirados da vertente podem se acumular. Considerando que a escarpa esteja unicamente submetida aos agentes de intemperismo, os fragmentos angulosos vão se depositando e formando uma camada de ângulo α. Algum material, todavia, pode ser perdido durante o transporte, ou o próprio volume pode aumentar porque a densidade dos detritos é menor

Vertentes: processos e formas 47

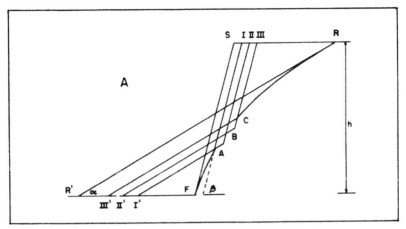

Figura 2.11 Modelo de regressão paralela das escarpas e deposição detrítica no sopé, conforme Lehmann (1933)

que a do material da escarpa. Pouco a pouco o aumento por deposição dos detritos vai protegendo a parte inferior da vertente, permitindo a elaboração de um perfil convexo para o núcleo rochoso (perfil *FABCR*, na Fig. 2.11). Considerando que a constituição do núcleo rochoso permanece inalterada, Lehmann introduz a seguinte fórmula

$$V_r/V_d = \frac{1-c}{1}$$

na qual V_r é o volume do material rochoso arrancado na vertente; V_d é o volume correspondente do empilhamento dos detritos, e c é constante.

Acompanhando o raciocínio de Lehmann, consideramos F como ponto de referência e imaginemos as faixas de rocha e de detritos, respectivamente assinaladas como I, II, III e I', II', III', como sendo infinitamente delgadas. Nessas condições, podemos negligenciar os triângulos em preto, *AB*, *BC*, etc. e considerar as faixas correspondentes de rochas e de detritos depositados como paralelogramos. Pode-se chegar, pois, à seguinte fórmula, cujos elementos são esclarecidos pela Fig. 2.12,

$$(dx - dy \, \text{ctg} \, \beta)(h - y) = (1 - c)\left(dy - \frac{dx}{\text{ctg} \, \alpha}\right) y \, \text{ctg} \, \alpha$$

ou

$$\frac{dx}{dy} = \frac{h \, \text{ctg} \, \beta \, (\text{ctg} \, \alpha - c \, \text{ctg} \, \alpha - \text{ctg} \, \beta) \, y}{h - cy}.$$

Posteriormente, J. P. Bakker e J. W. Le Heux, de 1946 a 1952, redigiram várias contribuições com modelos matemáticos sobre a regressão das escarpas.

Recentemente, Adrian E. Scheidegger (1961, 1970) apresentou contribuição importante sobre o problema, elaborando várias equações que resultaram em quatro modelos principais de evolução das vertentes (Fig. 2.13).

Muitos pesquisadores preocupam-se ao verificar que alguns dos modelos matematicamente desenvolvidos não correspondem ao que efetivamente se encontra na natureza. Esse ponto é de interesse e gostaríamos de assinalar que quando se procura o estudo das vertentes através de modelos matemáticos, pode-se gerar os mais variados tipos de perfis. Os perfis encontrados na natureza são casos, meros exemplos locais, que podem ou não se enquadrar no escopo dos modelos já oferecidos. Os percalços existentes deverão ser suplantados pelo desenvolvimento teórico da Geomorfologia, cujo estágio ainda é muito deficiente.

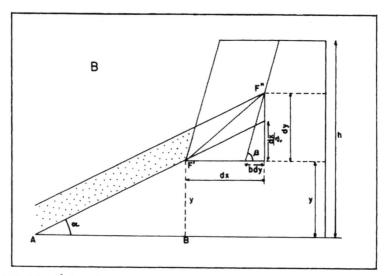

Figura 2.12 Modelo de evolução de vertente e aumento infinitesimal da camada detrítica em seu sopé, conforme Lehmann (1933)

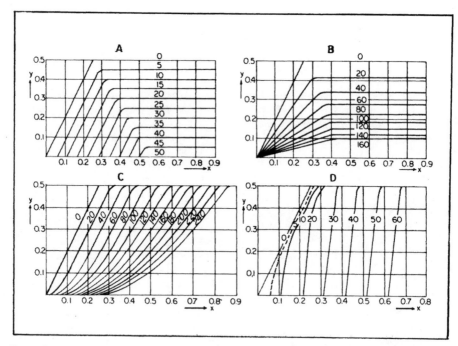

Figura 2.13 Quatro modelos de evolução de vertentes, conforme Scheidegger (1961)
A. Regressão não-retilinear. O abaixamento do interflúvio é igual ao recuo da vertente
B. Regressão não-retilinear. Verifica-se somente rebaixamento do interflúvio, sem recuo da vertente, que gira em torno do eixo
C. Regressão das vertentes combinada à suavização
D. Regressão por sapeamento de um curso de água; há recuo com o ataque do sopé fazendo com que a declividade se torne cada vez maior

Vertentes: processos e formas

A construção de modelos matemáticos dedutivos fornece caminho de pesquisa mais próximo da realidade, pois são baseados nos estudos dos perfis e dos processos atuantes sobre as vertentes. Baseando-se no fato de que o material intemperizado pode ser removido diretamente da vertente, através de dissolução ou da queda de fragmentos, por exemplo; ou sofrer um transporte, ao longo da vertente, a jusante, processo no qual entram em jogo a declividade e a distância do interflúvio, A. Young (1963) apresentou vários modelos dedutivos, desenvolvidos a partir de duas pressuposições básicas:

i – a regressão de uma vertente retilínea quando não há entalhamento em sua base, mas que o rio ou outro agente continua a remover todo o material transportado para o sopé da vertente;

ii – o desenvolvimento de uma vertente quando há entalhamento fluvial em sua base, de maneira contínua ou em intervalos.

O primeiro modelo pressupõe que a denudação é causada pelo transporte do material detrítico para o sopé da vertente, sem nenhuma remoção direta de material, e que a intensidade do transporte varia de acordo com o seno do ângulo da vertente

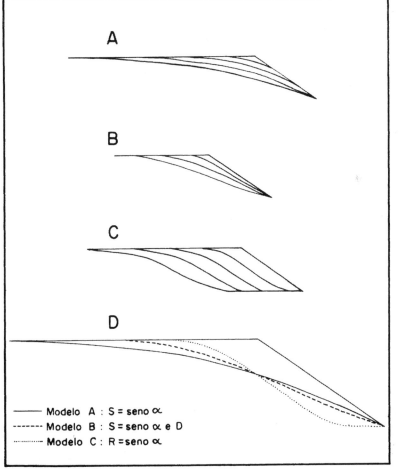

Figura 2.14 Exemplos de modelos matemáticos sobre a evolução das vertentes, conforme Young (1963). Para esclarecimentos consulte o texto

50 Geomorfologia

(Fig. 2.14*A*). A evolução inicia-se pela suavização da ruptura de declive, e a convexidade estende-se progressivamente em direção da base. Como conseqüência, há diminuição dos ângulos na parte mais baixa da vertente, mas não há a formação de nenhuma concavidade. Pouco a pouco, a convexidade vai se expandindo até o limite superior máximo da vertente. As características principais denotam que a vertente resulta de declínio constante, sem o aparecimento de concavidade, e a curvatura da convexidade, que no final é longa e suave, vai diminuindo com o transcorrer do tempo. Em outro modelo, o desenvolvimento da vertente pressupõe que a intensidade do transporte seja proporcional ao seno do ângulo da declividade e ao aumento da distância a partir do interflúvio (Fig. 2.14*B*). Os estágios iniciais dessa evolução assinalam regressão paralela da parte retilínea, combinada com o desenvolvimento de convexidade e concavidade. Esses elementos estendem-se e acabam por dominar todo o perfil. O terceiro modelo demonstra o caso em que a remoção do material é feita diretamente, e a sua intensidade está relacionada com o seno do ângulo da declividade (Fig. 2.14*C*). A regressão paralela da vertente é o traço dominante, embora também haja o desenvolvimento de concavidade e convexidade. A Fig. 2.14*D* apresenta a comparação entre os três modelos, e o perfil de cada um é traçado como pertencendo a estágios comparáveis de desenvolvimento. Os dois modelos que evoluíram através do transporte de material pela vertente mostram considerável diminuição na declividade, diferindo no fato de que o modelo *A* apresenta convexidade do topo ao sopé, enquanto o modelo *B* apresenta concavidade na parte inferior. O modelo *C* mostra pequena diminuição da declividade em relação à vertente inicial, e a concavidade basal é muito mais desenvolvida que no modelo *B*.

A. Young apresenta vários outros modelos, considerando a possibilidade de haver a deposição do material detrítico no sopé da vertente e os casos em que o entalhamento fluvial é atuante e promove a remoção da carga detrítica oriunda das vertentes. A análise desses modelos permitiu que o referido autor chegasse às seguintes conclusões:

a) a diminuição da declividade tende a ser causada pelos processos que envolvem o transporte de material ao longo das vertentes;

b) a regressão paralela das escarpas tende a ser causada pelos processos que envolvem a remoção direta de material das vertentes;

c) observou-se que há equivalência entre os casos de remoção direta de material e os casos em que a intensidade da meteorização é o fator limitante na regressão das escarpas. Conseqüentemente, ocorrerá regressão paralela nos casos em que a meteorização controla a evolução da vertente, e ocorrerá diminuição dos ângulos da declividade nos casos em que o transporte de material é o fator limitante;

d) a presença de convexidade longa e suave é propiciada pela atuação dos processos de transporte do material para o sopé das vertentes, mormente nos casos em que a intensidade do transporte está relacionada somente à declividade;

e) em muitos casos nos quais ocorre o entalhamento fluvial, a parte inferior da vertente será íngreme até alcançar a declividade que favoreça a ocorrência de rápidos movimentos de massa. Uma exceção possível é o aumento da intensidade do transporte na proporção da distância a partir do interflúvio, caso em que a declividade da base da vertente está relacionada às intensidades relativas do entalhamento fluvial e do transporte de material pela vertente;

f) quando determinada vertente for afetada por dois períodos de entalhamento fluvial, as evidências relativas ao primeiro período somente serão distinguidas na forma do perfil nos casos em que a duração do segundo for menor que a metade da duração do primeiro;

g) nas vertentes em que o relevo relativo é superior a 100 m, os processos de remoção direta são relativamente mais eficientes em produzir a regressão paralela das escarpas que os processos de transporte do material para jusante.

Vertentes: processos e formas

C – AS VERTENTES, COMO SISTEMA MORFOLÓGICO

As vertentes podem ser tomadas como exemplos de sistemas morfológicos, nas quais se pode distinguir diversas propriedades destinadas a descrever e analisar a forma da vertente. Nesta perspectiva, Christofoletti e Tavares (1977) relacionaram diversos atributos, cujos conceitos são esclarecidos em função do exemplo inserido na tabela 2.5.

1 – **Altura da vertente** (H): corresponde à diferença de altitude entre os pontos superior e inferior do perfil.

2 – **Comprimento horizontal da vertente** (L): corresponde ao comprimento da linha horizontal que une o ponto inferior do perfil a outro situado na mesma altitude, mas com coordenadas de latitude e longitude do ponto superior. Considerando-se o exemplo da tabela 2.5, o comprimento horizontal da vertente seria o resultado da soma dos comprimentos horizontais dos segmentos (287,1 m), obtido através da mensuração, no mapa, da distância de um ponto do perfil a outro e efetuada a conversão, segundo a escala da carta.

Tabela 2.5 Altitudes e Comprimentos Horizontais de Segmentos do Perfil de uma Vertente.

Altitude (m)	Comprimento Horizontal (m)
1255	0,0
1250	92,4
1245	36,3
1240	26,4
1235	9,9
1230	9,9
1225	13,2
1220	13,2
1215	13,2
1210	16,5
1205	19,8
1200	36,3
Total	287,1

3 – **Comprimento retilíneo da superfície da vertente** (LR): corresponde ao comprimento da linha reta que une os pontos superior e inferior do perfil. Pode ser conseguido através da aplicação do Teorema de Pitágoras e após a obtenção da altura e do comprimento horizontal da vertente. Para o exemplo em questão, teríamos:

$$LR = \sqrt{H^2 + L^2} =$$

$$= \sqrt{55^2 + 287,1^2} = 292,32 \text{ m}$$

4 – **Comprimento da superfície da vertente** (LS): corresponde à soma dos comprimentos das superfícies dos segmentos que unem os diversos pontos plotados para o levantamento do perfil (tabela 2.6). Os comprimentos da superfície dos segmentos são obtidos da mesma forma que o comprimento retilíneo da superfície da vertente.

A prática revela que o comprimento da superfície não difere muito do comprimento retilíneo da superfície, principalmente se não houver muitas rupturas de declive. Assim,

Geomorfologia

Tabela 2.6 Cálculo do Comprimento da Superfície da Vertente (*LS*)

Altura dos Segmentos (m)	Comprimento Horizontal dos Segmentos (m)	Comprimento da Superfície dos Segmentos (m)
5	92,4	92,53
5	36,3	36,64
5	26,4	26,86
5	9,9	11,09
5	9,9	11,09
5	13,2	14,11
5	13,2	14,11
5	13,2	14,11
5	16,5	17,24
5	19,8	20,42
5	36,3	36,64
Total		294,84

na análise das vertentes, por vezes, é conveniente utilizar somente um desses atributos, preferindo-se nesses casos o uso de *LR*, pois seu cálculo é efetuado de modo bem mais rápido.

5 – **Ângulo médio da vertente** ($\bar{\emptyset}$): é o ângulo feito pela reta que une os pontos superior e inferior do perfil com a linha correspondente ao comprimento horizontal. Ele pode ser calculado dividindo-se a altura pelo comprimento horizontal e obtendo-se, desse modo, a tangente do ângulo em questão. De posse do valor da tangente, o ângulo pode ser facilmente conseguido através de uma tabela trigonométrica.

$$\text{tg } \bar{\emptyset} = H : L =$$
$$= 55 : 287,1 = 0,1915708$$
$$\text{tg } \bar{\emptyset} = 10°50'$$

Convém ressaltar que a altura (*H*), o comprimento horizontal (*L*), o comprimento retilíneo da superfície (*LR*) e o ângulo médio ($\emptyset$) são componentes de um triângulo retângulo (figura 2.15) e que as relações existentes entre esses atributos são expressas através das relações trigonométricas.

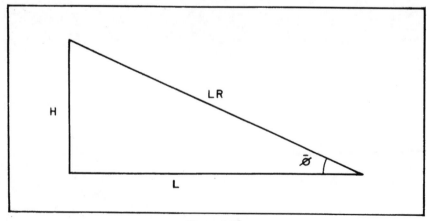

Figura 2.16

Vertentes: processos e formas

6 – Ângulo médio ponderado da vertente ($\overline{\emptyset}_p$): corresponde à média aritmética ponderada, resultante da somatória da angulosidade média multiplicado pelo comprimento horizontal de cada segmento, dividido pelo comprimento da vertente, ou seja:

$$\overline{\emptyset}_p = \frac{\Sigma L_i \times \overline{\emptyset}_i}{L} = \frac{3020,87}{287,1} = 10°31'$$

Da mesma forma que no caso do comprimento da superfície, o ângulo médio ponderado não difere muito do ângulo médio e, dessa forma, é aconselhável em muitos casos somente o uso de $\overline{\emptyset}$, pela facilidade maior com que é calculado.

7 – Ângulo máximo da vertente ($\emptyset_\lambda$): é o ângulo de maior valor associado a um determinado segmento do perfil. Na vertente exemplificada:

$$\emptyset_\lambda = 26°47'$$

Tabela 2.7 Cálculo do Ângulo Médio Ponderado da Vertente

Altura dos Segmentos (m)	Comprimento Horizontal dos Segmentos (m)	Ângulo Médio dos Segmentos	Comprimento Horizontal × Ângulo Médio
5	92,4	7°05'	248,89
5	36,3	7°50'	284,34
5	26,4	10°43'	282,91
5	9,9	26°47'	265,15
5	9,9	26°47'	265,15
5	13,2	20°44'	273,67
5	13,2	20°44'	273,67
5	13,2	20°44'	273,67
5	16,5	16°51'	278,02
5	19,8	14°42'	291,06
5	36,3	7°50'	284,34
Total	287,1		3 020,87

8 – Índice de ruptura de declive (*ID*): corresponde ao número de pontos de inflexão multiplicado por 100, dividido pelo comprimento retilíneo da superfície da vertente. Ponto de inflexão (*p*) é considerado como o ponto inicial ou terminal de uma porção côncava ou convexa do perfil, excetuados os pontos superior e inferior. Dessa forma, um perfil não totalmente côncavo ou convexo terá, no mínimo, dois pontos de inflexão. Para calculá-lo, usa-se o seguinte procedimento:

Ângulos dos Segmentos

porção convexa
$\left. \begin{array}{l} 3° 05' \\ 7° 50' \\ 10° 43' \\ 26° 47' \end{array} \right.$

26° 47' — ponto de inflexão

ponto de inflexão
$\left. \begin{array}{l} 26° 47' \\ 20° 44' \\ 20° 44' \\ 20° 44' \\ 16° 51' \\ 14° 51' \\ 7° 50' \end{array} \right.$ porção côncava

54 Geomorfologia

$$ID = \frac{p \times 100}{LR} = \frac{2 \times 100}{292,32}$$

Quanto maior o resultado, mais rupturas apresenta o perfil em relação ao comprimento da superfície da vertente.

9 – **Índice de retilinidade da superfície da vertente** (IR): é definido como a razão entre o comprimento da superfície e o comprimento retilíneo da superfície.

Quanto mais o índice ultrapassar o valor 1,00, mais afastada de uma linha reta estará a superfície da vertente.

10 – **Índice de forma** (IK): corresponde à soma do coeficiente de extensão da vertente com a razão entre o coeficiente de intensidade e o coeficiente de extensão, dividido por 2, ou seja:

$$IK = \frac{Lx/Lv + (Ix/Iv)/(Lx/Lv)}{2}$$

Onde, Lx é a somatória dos comprimentos horizontais das partes convexas, Lv a somatória dos comprimentos horizontais das partes côncavas, Ix a somatória dos ângulos das partes convexas e Iv a somatória dos ângulos das partes côncavas. Para o exemplo considerado, o cálculo é o seguinte:

Ângulo dos Segmentos		Comprimento Horizontal dos Segmentos (m)	
Ix $\begin{bmatrix} 3° 05' \\ 7° 50' \\ 10° 43' \\ 26° 47' \\ 26° 47' \end{bmatrix}$ $Iv \begin{bmatrix} 20° 44' \\ 20° 44' \\ 20° 44' \\ 16° 51' \\ 14° 42' \\ 7° 50' \end{bmatrix}$		$Lx \begin{bmatrix} 92,4 \\ 36,3 \\ 26,4 \\ 9,9 \\ 9,9 \end{bmatrix}$ $Lv \begin{bmatrix} 13,2 \\ 13,2 \\ 13,2 \\ 16,5 \\ 19,8 \\ 36,3 \end{bmatrix}$	

$$Lx = 174,9$$
$$Lv = 112,2$$
$$Ix = 48,42$$
$$Iv = 155,14$$

$$IK = \frac{174,9/112,2 + (48,42/155,14)/(174,9/112,2)}{2} = \frac{1,55 + 0,20}{2} = 0,87$$

Quando o resultado obtido for superior a 1,0, a vertente será predominantemente convexa e quando menor que 1,0 o predomínio será da concavidade. Se a vertente for totalmente convexa, para operar com IK, deve-se adotar a unidade como o valor da soma dos comprimentos das porções côncavas, bem como da soma das respectivas angulosidades.

Os coeficientes de comprimento $CL = Lx/Lv$ e de intensidade $CI = Ix/Iv$ foram propostos por Christofoletti e Tavares (1976) ao estudarem perfis de vertentes esculpidas no Grupo Nova Lima, no Quadrilátero Ferrífero, MG, ocasião em que se verificou

Vertentes: processos e formas

haver uma relação entre eles, expressa por uma função logarítmica, na qual $y = 1,10 + 1,08 \ln x$.

Blong (1975), a fim de caracterizar a forma de uma vertente, propôs um conjunto de três índices: índice de curvatura da crista, índice de curvatura basal e índice de massa da vertente.

11 – **Índice de curvatura da crista** (*ICC*): é determinado convertendo-se as coordenadas x (comprimento horizontal) e y (altura da vertente), de cada ponto do perfil, em porcentagens dos valores totais (tabela 2.8). O valor percentual é calculado de forma diretamente proporcional ao comprimento horizontal e inversamente proporcional à altura da vertente (figura 2.16). Isso feito, o índice pode ser determinado através da fórmula:

$$ICC = [(5 - y_5) + (10 - y_{10})]/2$$

Tabela 2.8 Dados para o cálculo do índice de curvatura da crista, índice da curvatura basal, índice de massa e integral hipsométrica da vertente.

Altura dos Segmentos (m)	Comprimento Horizontal dos Segmentos (m)	% Acumulada da Altura	% Acumulada do Comprimento Horizontal
5	92,4	9,09	32,18
5	36,3	18,18	44,82
5	26,4	27,27	54,01
5	9,9	36,36	57,45
5	9,9	45,45	60,89
5	13,2	54,54	65,48
5	13,2	63,63	70,07
5	13,2	72,72	74,66
5	16,5	81,81	80,42
5	19,8	90,90	87,31
5	36,3	100,00	100,00

Onde, y_5 e y_{10} são os valores percentuais da altura da vertente correspondentes a 5% e 10% do comprimento horizontal. Utilizando o exemplo da vertente em questão, teríamos (ver tabela 2.8 e figura 2.16):

$$ICC = [(5 - 1,5) + (10 - 3)]/2 = [3,5 + 7]/2 = 10,5/2 = 5,25$$

Os valores positivos retratariam uma crista convexa e os negativos formas côncavas.

12 – **Índice de curvatura basal** (*ICB*): é calculado de modo semelhante ao índice de curvatura da crista, sendo representado pela fórmula:

$$ICB = [(90 - y_{90}) + (95 - y_{95})]/2 =$$

Onde, y_{90} e y_{95} são valores percentuais da altura da vertente correspondentes a 90% e 95% do comprimento horizontal respectivamente. No mesmo exemplo, teríamos:

$$ICB = [(90 - 93) + (95 - 96,5)]/2 = [-3 - 1,5]/2 = -4,5/2 = -2,25$$

A interpretação dos resultados é feita do mesmo modo que para o *ICC*.

13 – **Índice de massa** (*IM*): o índice de massa da vertente é definido pela expressão:

$$IM = (y_{16} + y_{50} + y_{84})/3$$

Onde, y_{16}, y_{50} e y_{84} são valores percentuais da altura da vertente, correspondentes a 16%, 50% e 84% do comprimento horizontal respectivamente.

O índice de massa caracteriza 68% do comprimento horizontal da vertente e o resultado de sua aplicação, ao contrário dos dois anteriores, será sempre um número inteiro positivo. Os valores superiores a 50,0 indicam formas côncavas e aqueles inferiores a 50,0, formas convexas. Utilizando-se ainda do mesmo exemplo, temos:

$$IM = (4,5 + 23 + 86)/3 = 113,5/3 = 37,83$$

14 — **Integral hipsométrica da vertente** (IH): proposta por Chorley e Kennedy (1971), envolve medidas similares aos índices apresentados por Blong. Para seu cálculo as coordenadas x e y de cada ponto do perfil também são transformadas em valores percentuais. Com esses pares ordenados, elabora-se um gráfico de altura x comprimento horizontal (figura 2.16). A integral é obtida determinando-se a percentagem da área do gráfico situada abaixo da linha traçada, o que pode ser conseguido com a técnica da pesagem. Os perfis com predominância de aspectos convexos devem apresentar resultados superiores a 50%, enquanto as integrais inferiores a esse valor caracterizariam vertentes com tendências à concavidade.

Ao analisar os atributos relacionados com a altura (H), comprimento horizontal (L), comprimento retilíneo (LR), o ângulo médio ($\bar{\emptyset}$), ângulo máximo ($\emptyset_x$), índice de ruptura de declive (ID) e índice de forma (IK), para 40 vertentes localizadas no Planalto de Poços

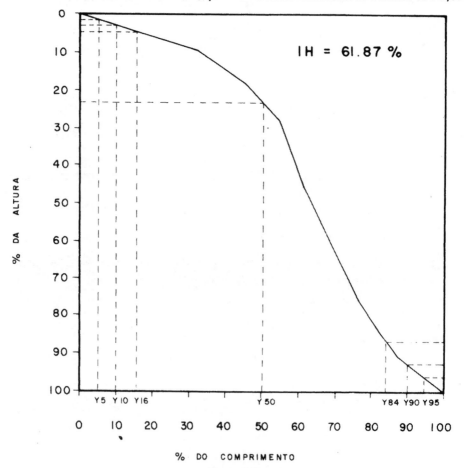

Figura 2.16

Vertentes: processos e formas

Tabela 2.9 Atributos das Vertentes Mensurados na Área de Poços de Caldas

	H (m)	L (m)	LR (m)	$\bar{\emptyset}$ (°)	(')	$\emptyset_x$ (°)	(')	ID	IK
1	130	905	914	8	10	33	30	0,98	1,09
2	90	382	392	13	15	45	00	2,04	1,11
3	66	497	501	7	33	26	30	0,99	1,51
4	106	985	990	6	08	15	40	0,60	0,89
5	120	680	690	10	00	26	30	1,01	1,33
6	160	437	465	20	06	33	30	2,15	0,97
7	88	512	519	9	44	18	30	1,34	1,23
8	188	645	671	16	14	63	30	2,38	1,03
9	158	550	572	16	01	45	00	1,92	1,23
10	158	467	493	18	41	33	30	2,83	1,01
11	48	435	437	7	17	9	00	0,91	1,29
12	198	790	814	14	04	45	00	1,96	1,13
13	198	532	567	20	24	63	30	2,82	1,04
14	158	1310	1319	6	52	45	00	0,98	1,06
15	98	487	496	11	22	18	30	1,81	1,03
16	98	685	691	8	08	45	00	1,30	1,50
17	92	407	417	12	49	18	30	1,67	1,15
18	32	155	158	11	39	45	00	1,26	3,29
19	121	447	463	15	08	33	30	2,15	1,30
20	61	192	201	17	37	45	00	2,98	0,95
21	104	380	393	15	18	33	30	1,27	1,40
22	114	592	602	10	53	26	30	1,49	1,34
23	84	400	408	11	51	26	30	1,96	1,00
24	74	235	246	17	28	45	00	2,43	1,26
25	98	675	682	8	15	45	00	1,02	0,87
26	118	447	462	14	47	45	00	1,73	1,30
27	102	557	566	10	22	33	30	1,41	1,07
28	72	245	255	16	22	45	00	2,35	0,89
29	164	1012	1025	9	12	45	00	1,07	1,30
30	94	677	683	7	54	18	30	1,02	1,34
31	155	735	751	11	54	63	30	1,46	0,90
32	135	790	801	9	41	18	30	0,99	1,13
33	93	415	425	12	37	26	30	1,88	1,19
34	83	312	322	14	53	45	00	1,86	1,91
35	141	775	779	10	18	33	30	1,15	1,26
36	101	612	620	9	22	15	40	1,12	1,12
37	88	417	426	11	54	22	00	1,40	1,07
38	168	735	753	12	52	45	00	1,59	1,21
39	108	577	587	10	36	22	00	1,70	1,17
40	128	847	857	8	35	15	40	0,93	0,76

de Caldas (tabela 2.9), Christofoletti e Tavares (1977) verificaram a existência dos seguintes coeficientes de correlação entre tais atributos:

	H	L	LR	$\bar{\emptyset}$	$\emptyset_x$	ID	IK
H	1,00	0,58	0,60	0,27	0,43	−0,12	−0,35
L		1,00	0,96	−0,57	−0,03	−0,54	−0,27
LR			1,00	−0,55	−0,01	−0,55	−0,28
$\bar{\emptyset}$				1,00	0,51	0,90	−0,11
$\emptyset_x$					1,00	0,49	0,04
ID						1,00	−0,19
IK							1,00

Examinando-se a matriz de correlação, verifica-se que há correlações positivas entre H e L (0,58) e entre H e LR (0,60), indicando que os aumentos da altura e da extensão das vertentes estão associados. Assim, as vertentes mais altas seriam as mais extensas e, por isso mesmo, o aumento da altura não teria grande importância no aumento da declividade média, razão pela qual a correlação entre essas duas variáveis, embora positiva, é fraca (0,27). Esse aspecto é de importância, pois, comumente, ao descrever uma área abrupta, o geomorfólogo cita os desníveis entre os interflúvios e os vales, a fim de caracterizar as declividades. O ângulo médio está mais na dependência da extensão da vertente (ver correlações entre $\overline{\theta}$ e L e entre $\overline{\theta}$ e LR) e, dessa forma, quanto menor ela for, maior será a declividade média. Assim, a declividade seria controlada pela densidade de drenagem, ao menos para litologias semelhantes. Os trechos com maior densidade de drenagem teriam vertentes mais íngremes, confirmando observações contidas no item seguinte deste capítulo.

Uma correlação extremamente acentuada verificou-se entre o ângulo médio da vertente e o índice de ruptura de declive (0,90), mostrando que as vertentes mais íngremes estão mais sujeitas às presenças de ombreiras. A correlação entre ID e θx vem confirmar esse aspecto. Assim sendo, da mesma forma que o ângulo médio, o índice de ruptura mantém correlações negativas com L e LR.

As correlações entre o índice de forma e os outros atributos não são expressivas, mostrando que a forma praticamente independe deles e é o resultado da resistência oferecida pela estrutura aos processos modeladores do relevo. Ainda assim, nota-se, através da correlação de IK com H, L e LR, que à medida que aumenta o tamanho da vertente (comprimento e altura), suas formas apresentam tendências, ainda que tênues, para aumentar a concavidade.

A DINÂMICA DAS VERTENTES

A vertente apresenta alta complexidade em seu funcionamento. Dentre as contribuições destinadas a elucidá-la, duas abordagens merecem ser salientadas, o conceito de balanço morfogenético e a dinâmica das vertentes como sistema aberto.

O conceito de balanço morfogenético foi apresentado por Alfred Jahn, em 1954, e pode ser enunciado da seguinte maneira:

i – a meteorização e a pedogênese correspondem às componentes verticais na vertente. A ação combinada dessas componentes tem o efeito de aumentar a espessura do regolito;

ii – os demais processos morfogenéticos (movimentos do regolito, escoamento, ação eólica e outros) correspondem às *componentes paralelas*. Tais processos tem o efeito de retirar os detritos da vertente, promovendo a diminuição da espessura do regolito e o rebaixamento do modelado.

O balanço morfogenético é calculado para cada ponto de vertente e resulta do jogo das componentes verticais e paralelas. Se no ponto A (Fig. 2.17) a ação da meteorização e da pedogênese for maior que a da retirada do material, o balanço será positivo; caso contrário, o balanço será negativo. Se houver equilíbrio entre as componentes, o balanço permanecerá estável e a espessura do regolito não se alterará. Nos pontos B e C o balanço morfogenético será positivo se a soma da componente vertical mais a quantidade de detritos que é fornecida da parte montante for maior que a quantidade do material retirado do local; em caso contrário, o balanço será negativo.

A vertente, esquematicamente, estende-se do interflúvio ao canal fluvial e apresenta a superfície topográfica como limite superior e a superfície rochosa inalterada como limite inferior. Assim compreendida, a sua dinâmica pode ser estudada na perspectiva

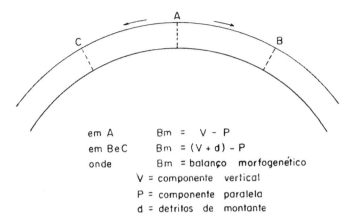

Figura 2.1 O comportamento do balanço morfogenético, conforme as proposições de Alfred Jahn, em 1954

dos sistemas abertos (Fig. 2.18), recebendo e perdendo tanto matéria como energia. As fontes primárias de matéria são a precipitação, a rocha subjacente e a vegetação, enquanto as fontes originais de energia são constituídas pela gravidade e radiação solar. Os vários processos que se verificam na vertente (escoamento, meteorização, movimentos de regolito, infiltração, eluviação e outros) fazem com que haja o fluxo de matéria e energia através do sistema, que acaba sendo transferido para o sistema fluvial. As vertentes apresentam um equilíbrio dinâmico, que pode chegar até ao estado de estabilidade (*steady state*), no qual a forma permanecerá imutável com o decorrer do tempo, embora haja desgaste ou diminuição altimétrica do relevo.

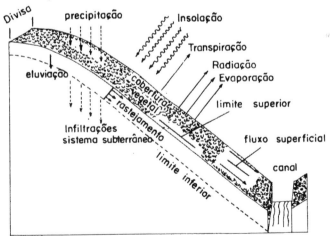

Figura 2.18 A dinâmica da vertente considerada como sistema aberto, recebendo e perdendo matéria e energia de maneira constante

AS VERTENTES E A REDE HIDROGRÁFICA

As vertentes constituem partes integrantes das bacias hidrográficas e não podem ser descritas de modo integral sem que se faça considerações a propósito das relações entre elas e a rede hidrográfica.

É impossível considerar as vertentes e os rios como entidades separadas porque, como membros de um sistema aberto que é a bacia de drenagem, estão continuamente em interação. A forma e o ângulo das vertentes deverão estar ajustadas para fornecer a quantidade de detritos que o curso de água pode transportar. Inversamente, os parâmetros hidráulicos dos cursos de água deverão estar ajustados para transportar a quantidade de material fornecida pelas vertentes. Quando o sistema vertente-curso de água está em equilíbrio, então toda a bacia hidrográfica pode ser considerada como em estado de ajustamento.

A compreensão desse assunto se tornará mais fácil após o estudo das redes de drenagem. Todavia, podemos lembrar o exemplo que corresponde à relação entre o comprimento e a declividade das vertentes com a *densidade da drenagem* (que é o comprimento total dos rios dividido pela área da bacia). A distância horizontal média entre dois cursos de água corresponde à recíproca da densidade da drenagem ($1/Dd$) e a distância horizontal entre o interflúvio e o canal fluvial é a metade da distância anterior ($1/2Dd$). Considerando que o ângulo de inclinação de uma vertente (Θ) pode ser a relação entre a amplitude altimétrica (H) e a distância que medeia entre o interflúvio e o canal fluvial, conforme a fórmula

$$\text{tg}\,\Theta = \frac{H}{1/2Dd} \text{ ou } = 2HDd$$

pode-se inferir que quanto maior a densidade de drenagem em uma área com relevo constante, menores e mais inclinadas serão as vertentes; por outro lado, quanto maior a amplitude altimétrica em uma área de densidade de drenagem constante, mais longas e mais inclinadas serão as vertentes (Fig. 2.19). O trabalho realizado por Melton (1957) pode ser comparado a essas observações teóricas, pois ao analisar detalhadamente as influências ambientais sobre as bacias de drenagens e vertentes, mostrou que o ângulo

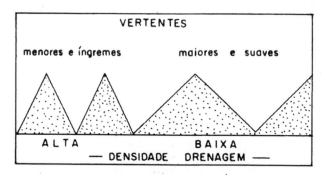

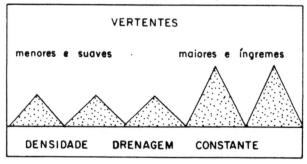

Figura 2.19 As relações estabelecidas entre a densidade da drenagem e a declividade e comprimento das vertentes

Vertentes: processos e formas

máximo da vertente lateral dos vales correlaciona-se positivamente com o relevo relativo (*H*) e negativamente com a densidade de drenagem (*Dd*).

Estudando as bacias hidrográficas de até a sexta ordem, Carter e Chorley (1961) encontraram uma relação significante entre a ordem da bacia de drenagem e o ângulo máximo da vertente englobado em tais bacias. A média dos ângulos máximos das vertentes aumentou progressivamente das bacias de primeira até as de quarta ordem. Esse aumento foi atribuído, conforme os autores, ao crescimento do débito fluvial de acordo com a ordem da bacia. A declividade das vertentes laterais dos vales não pode aumentar indefinidamente com o crescer da ordem da bacia, porque a partir de determinado ângulo as vertentes se tornarão instáveis e, de novo, ângulos menores deverão ser estabelecidos. Nenhuma diferença significativa foi encontrada entre os ângulos máximos para as bacias de quarta e quinta ordem, mostrando que provavelmente as vertentes tenham atingido o limite de crescimento proporcional ao aumento da ordem das bacias. Da mesma maneira, não há diferença sensível para os ângulos entre as bacias de quinta e de sexta ordem. As pesquisas de campo realizadas pelos autores assinalaram que a deposição na base das vertentes, muito mais que a remoção ativa do material, era a responsável pelas declividades menores no âmbito das bacias de drenagem de ordens mais elevadas.

IMPORTÂNCIA GEOLÓGICA DO ESTUDO DAS VERTENTES

O estudo das vertentes assume importância no âmbito das pesquisas geológicas por causa de dois motivos principais:

i – o conhecimento e a compreensão dos processos atuais leva-nos a interpretar os ambientes antigos e estudar a paleogeografia. Charles Lyell, em 1830, afirmara que "o presente é a chave do passado". A afirmação de Lyell deu origem ao *princípio do atualismo* e essa perspectiva foi muito utilizada no decorrer do último século. O que resta a discutir é se os processos atuais e as suas conseqüências podem ser extrapolados pura e simplesmente para as épocas passadas.

ii – os fenômenos atuantes sobre as vertentes regulam o tipo de material a ser fornecido aos rios e aos demais meios de transporte do material detrítico. Conforme o tipo de material originado na fonte (vertente) será o tipo de material ocorrente no ambiente de sedimentação. Essa inter-relação foi melhor explorada por Henri Erhart, que em 1955 apresentou os fundamentos da *teoria bio-resistásica*, baseando-se em observações sobre os processos pedogenéticos e nas variações da cobertura vegetal dos continentes.

O fundamento da teoria bio-resistásica baseia-se na ação geoquímica exercida pelas florestas. Sob cobertura florestal densa no decorrer de sua evolução pedogenética as rochas perdem as suas bases alcalinas e alcalino-terrosas e a maior parte da sílica. Somente o ferro, o alumínio e a argila residual permanecem no local. Estabelece-se assim uma distinção muito nítida dos materiais em duas fases, a) *a fase migradora* (bicarbonatos de Na, K, Ca, Mg e lentes de sílica hidratada) e b) *a fase residual* (hidróxidos de ferro, alumínio, argila do tipo caolinita). Essa separação ocorre porque sob as florestas a erosão mecânica é praticamente nula, mas existe uma intensa denudação química que carrega dos solos todos os elementos químicos solúveis. Durante um longo período geológico, há, como conseqüência, a separação quase integral, no tempo e no espaço, da fase migradora da fase residual. A primeira repercussão na vida e na sedimentação dos oceanos será que durante todo o período florestal a sedimentação só poderá ser química, e que a sedimentação detrítica só poderá ser retomada quando a floresta desaparecer e liberar para a erosão os elementos da fase residual da pedogênese.

Nessa perspectiva, compreende-se que algumas rochas calcárias, margas e dolomitas, assim como algumas rochas com sílica hidratada, além de serem contemporâneas, são

62

Geomorfologia

as testemunhas da extensa cobertura florestal reinante nas áreas continentais. Esses materiais pedogenéticos puderam se acumular em estado quase puro durante milhões de anos, enquanto os continentes permaneciam isentos de turbulências tectônicas ou vulcânicas e sem modificação climática importante capazes de provocar o desaparecimento da floresta. Tais sedimentos são indícios de uma estabilidade muito grande da crosta terrestre e caracterizam um período de equilíbrio no decorrer do qual os seres organizados puderam atingir o seu "climax" e o seu desenvolvimento máximo é o *período de biostasia*.

Por outro lado, podemos notar que as argilas, areias, produtos ferruginosos e bauxíticos que constituem os elementos residuais da pedogênese, acumulados no decorrer de períodos biostásicos, somente puderam ser exportados dos continentes depois que houve o desaparecimento da floresta devido a uma ruptura do equilíbrio climático e biológico. Essa fase de desequilíbrio é designada como *período de resistasia*. Logicamente, esses materiais deveriam ser os primeiros a se superporem aos sedimentos engendrados pela fase migradora, e deveriam ser seguidos por formações detríticas diversas com minerais primários relativamente inalterados, provenientes do ataque às rochas após a erosão dos solos. Se o relevo foi muito alterado pelos movimentos tectônicos, pode-se inclusive ocorrer a formação de conglomerados.

A teoria bio-resistásica também pode servir como critério geocronológico, fornecendo idéia aproximativa da amplitude das oscilações climáticas ocorridas em certas épocas geológicas. Até certo ponto, essas oscilações podem ser simplesmente deduzidas da espessura respectiva dos sedimentos bioquímicos e da dos sedimentos residuais. Como a pedogênese florestal é um fenômeno muito lento, a sedimentação correlata deve-se estender por um período muito longo; ao contrário, a erosão dos períodos resistásicos é fenômeno brutal que pode remanusear, em alguns anos ou em algumas centenas de anos, todo o manto residual. Percebe-se, pois, que a duração dos períodos onde se depositaram as rochas clásticas são muito curtos em relação aos períodos em que ocorreram sedimentações bioquímicas.

BIBLIOGRAFIA

Baulig, Henri, *Essais de Geomorphologie* (1950). Publicação de l'Université de Strasbourg.

Birot, Pierre, *Essai sur quelques problèmes de morphologie générale* (1949), Centro de Estudos Geográficos, Lisboa, Portugal.

Blong, R. J. "Hillslope morphometry and classification: a New Zealand example". *Zeitschrift fur Geomorphologie*, (1975), 19 (4): 405-429.

Bloom, Arthur L., *Superfície da Terra* (1970). Editora Edgard Blücher Ltda., São Paulo.

Büdel, Julius, "Klima-genetische Geomorphologie", *Geographische Rundschau* (1963), 15, pp. 269-285.

Büdel, Julius, "Das System der Klima-genetischen Geomorphologie, *Erdkunde* (1969), 23 (3), pp. 165-183.

Caine, Nel, "Re-examination of the morphocimatic concept", in *"Dynamic relationships in physical Geography"* (1967). University of Canterbury, Christchurch, pp. 68-76.

Carson, M. A. e Kirkby, M. J., *Hillslope form and process* (1972). Cambridge University Press, Londres, Inglaterra.

Carter, C. S. e Chorley, R. J., "Early slope development in an expanding stream system", *Geological Magazine* (1961), 98, pp. 117-130.

Christofoletti, Antonio, "O fenômeno morfogenético no município de Campinas". *Notícia Geomorfológica* (1968), 8 (16), pp. 3-97.

Christofoletti, A. e Tavares, A. C. "Contribuição ao estudo das vertentes na área do Quadrilátero Ferrífero, MG", *Geografia*, (1976), 1 (2): 67-87.

Vertentes: processos e formas

Christofoletti, A. e Tavares, A. C. "Análise de vertentes: caracterização e correlação de atributos do sistema", *Notícia Geomorfológica*, (1977), 17 (34): 65-83.

Derbyshire, Edward, *Geomorphology and climate* (1976), John Wiley & Sons, Londres.

Dalrymple, J. B., Blong, R. J. e Conacher, A. J., "A hypothetical nine unit land surface model". *Zeitschrift für Geomorphologie* (1968), 12 (1), pp. 60-76.

Derruau, Max, *Précis de Géomorphologie* (4.ª edição) (1965). Masson et Cie., Paris, França.

Domingues, A. J. P. e outros, "Serra das Araras: os movimentos coletivos do solo e aspectos da flora", *Revista Brasileira de Geografia* (1971), 33 (3), pp. 3-51.

Dylik, Jean, "Notion du versant en Géomorphologie", *Bull. de l'Acad. Polonaise des Sciences* (1968), 16 (2), pp. 125-132.

Ellison, W. D., "Erosion by raindrop", *Scientific American* (1948), 179 (5), pp. 40-45.

Erhart, Henri, "A teoria bio-resistásica e os problemas biogeográficos e paleobiológicos", *Notícia Geomorfológica* (1966), 6 (11), pp. 51-58.

Erhart, Henri, *La genèse des sols en tant que phénomène géologique* (2.ª edição) (1967). Masson et Cie., Paris, França.

Haill,s J. R. (editor), *Applied Geomorphology* (1977), Elsevier Scientific Publishing Co., Amsterdam.

Jahn, Alfred, "Balance de dénudation du versant", *Czasopismo Geograficzne* (1954), 25, pp. 38-64.

Leopold, L. B., Wolman, M. G. e Miller, J. P., *Fluvial process in Geomorphology* (1964). W. H. Freeman & Co., San Francisco, EUA.

Macar, Paul (editor), "*New contributions to slope evolution*, (1970), Zeitschrift fur Geomorphologie, Supplementband 9, Gebruder Borntraeger, Berlim.

Meiss, M. R. M. e Silva, J. X., "Considerações geomorfológicas a propósito dos movimentos de massa ocorridos no Rio de Janeiro", *Revista Brasileira de Geografia* (1968), 30 (1), pp. 55-73.

Melton. M. A., "An analysis of the relations among elements of climate, surface properties and Geomorphology", *Technical Report* n." 11 (1957) do Depto. de Geografia da Universidade de Colúmbia.

Peltier, L. C., "The geographic cycle in periglacial regions as it is related to climatic Geomorphology", *Annals Assoc. American Geographers* (1950), 40, pp. 214-236.

Savigear, R. A. G., "Technique and terminology in the investigation of slope forms", *Premier Rap. de la Comission pour l'Etude des Versants* (1956), Rio de Janeiro, pp. 66-75.

Savigear, R. A. G., "The analysis and classification of slope profile forms", in *L'Evolution des Versants* (1967), Liége, França, pp. 271-290.

Scheidegger, Adrian E., "Mathematical models of slope development", *Geol. Soc. America Bulletin* (1961), 72 (1), pp. 37-50.

Scheidegger, Adrian E., *Theoretical Geomorphology* (2.ª edição) (1970). Springer Verlag, Berlin, Alemanha Ocidental, 435, pp.

Selby, M. J., *Slopes and slope processes* (1970). New Zealand Geographical Society, Waikato, Nova Zelândia.

Strahler, Arthur N., "Equilibrium theory of erosional slopes aproached by frequency distributions analysis", *American Journal of Sciences* (1950), 248, pp. 673-696, 800-814.

Strahler, Arthur N., Quantitative slope analysis, *Geol. Soc. America Bulletin* (1956), 67 (4), pp. 571-596.

Tanner, W. F., "An alternate approach to morphogenetic climates", *Southeastern Geology* (1961), 2, pp. 251-257.

Tricart, Jean e Cailleux, André, *Introduction à la Géomorphologie Climatique* (1965). S. E. D. E. S., Paris, França.

Troeh, Frederick R., "Landform equations fitted to contour maps", *American Journal of Sciences*, (1965), 263, pp. 616-627.

Wilson, Lee, "Morphogenetic classification", in *Encyclopedia of Geomorphology* (1968) (Fairbridge, R. W., organizador). Reinhold Book Corporation, New York, EUA, pp. 717-729.

Wilson, Lee, "Slopes", in *Encyclopedia of Geomorphology* (1968) (Fairbridge, R. W., organizador). Reinhold Book Corporation, New York, EUA, pp. 1 002-1 020.

Young, Anthony, "Deductive models of slope evolution", in *Neue Beitrage zur Internationalen Hangforschung* (1963). Nach. der Akad. der Wissenchaften in Göttingen, pp. 45-66.

Young, Anthony, "Slope profile analysis", *Zeitschrift für Geomorphologie* (1964), Supplementband 5, pp. 17-27.

Young, Anthony, "Slope profile analysis: the system of best units", in *Slopes: form and processes*, Institut of British Geographers, Publicação especial n.º 3 (1971), 1-13.

Young, Anthony, *Slopes* (1972). Oliver & Boyd, Londres, Inglaterra.

3

GEOMORFOLOGIA FLUVIAL

A Geomorfologia fluvial interessa-se pelo estudo dos processos e das formas relacionadas com o escoamento dos rios.

Os rios constituem os agentes mais importantes no transporte dos materiais intemperizados das áreas elevadas para as mais baixas e dos continentes para o mar. Sua importância é capital entre todos os processos morfogenéticos. De acordo com os dicionários, rio é uma corrente contínua de água, mais ou menos caudalosa, que deságua noutra, no mar ou lago. Embora o curso de água deva ter uma certa grandeza para ser designado como rio, é difícil precisar a partir de qual tamanho passa-se a utilizar aquela designação. A toponímia, todavia, é muito rica em termos designativos para os cursos de água menores, tais como arroio, ribeira, ribeiro, riacho, ribeirão e outros, reservando-se o termo rio para o principal e maior dos elementos componentes de determinada bacia de drenagem. Geológica e geomorfologicamente, o termo *rio* aplica-se exclusivamente a qualquer fluxo canalizado e, por vezes, é empregado para referir-se a canais destituídos de água. Tais casos, consistindo de canais secos durante a maior parte do ano e comportando fluxo de água só durante e imediatamente após uma chuva, são denominados de *rios efêmeros*. Os cursos de água que funcionam durante parte do ano, mas tornam-se secos no decorrer da outra, são designados de *rios intermitentes*. Aqueles cursos que drenam água no decorrer do ano todo são denominados de *rios perenes*.

Todos os acontecimentos que ocorrem na bacia de drenagem repercutem, direta ou indiretamente, nos rios. As condições climáticas, a cobertura vegetal e a litologia são fatores que controlam a morfogênese das vertentes e, por sua vez, o tipo de carga detrítica a ser fornecida aos rios. O estudo e a análise dos cursos de água só podem ser realizados em função da perspectiva global do sistema hidrográfico.

HIDROLOGIA E GEOMETRIA HIDRÁULICA

Os rios funcionam como canais de escoamento. O escoamento fluvial faz parte integrante do ciclo hidrológico e a sua alimentação se processa através das águas superficiais e das subterrâneas. O escoamento fluvial compreende, portanto, a quantidade total de água que alcança os cursos de água, incluindo o escoamento pluvial, que é imediato, e a parcela das águas precipitadas que só posteriormente, e de modo lento, vai se juntar a eles através da infiltração. Dessa maneira, da precipitação total, só a quantidade de água movimentada pela evapotranspiração é que não chega a participar do escoamento fluvial. Essa distribuição leva-nos a verificar a seguinte equação

$$precipitação = escoamento + evapotranspiração.$$

A proporção de águas superficiais para subterrâneas, que alimentam um curso de água, varia muito com o clima, tipo de solo, de rocha, declividade, cobertura vegetal e outros fatores. Estima-se que um oitavo da drenagem anual do ciclo hidrológico escoa diretamente para o mar, a partir da superfície da terra, e que sete oitavos da água se infiltram, pelo menos momentaneamente. A água subterrânea, paulatinamente, acaba atingindo os cursos fluviais, mantendo o escoamento durante certo lapso de tempo. Há relacionamento entre o rio e o lençol subterrâneo, no que se refere ao fluxo de água. Em regiões úmidas, os rios são chamados de *efluentes*, pois recebem contribuição contínua de água do subsolo; nas regiões secas, eles perdem água para o subsolo e são classificados como *influentes*.

O escoamento fluvial refere-se, pois, à quantidade total de água que alcança o canal. Da precipitação média anual de 1 000 mm, sobre a superfície terrestre, calcula-se que somente 20% atingem o mar através do fluxo pelos rios. Outra noção importante é que o volume de água escoada em determinado canal varia no decorrer do tempo em função de inúmeros fatores, tais como regime de precipitação, condições de infiltração, drenagem subterrânea e outros. Essa variação do nível das águas fluviais no decorrer do ano corresponde ao *regime fluvial*, e o volume de água, medido em metros cúbicos por segundo, é o *débito, vazão* ou *módulo fluvial*.

Em 1963-64, o Serviço Geológico dos Estados Unidos realizou medições na bacia do rio Amazonas. De acordo com os dados publicados por Roy E. Oltman, o débito médio desse rio, na foz, pode ser calculado em 175 000 metros cúbicos por segundo. Esse volume é 4,6 maior que o do rio Congo e 11 vezes que o do rio Mississipi. Drenando uma área de 6 300 000 km^2, o débito do rio Amazonas representa 18% do volume de água descarregada no oceano, pelo conjunto de todos os rios. Tais dados fornecem-nos a importância assumida pela bacia hidrográfica amazônica na superfície terrestre.

O fluxo da água pode ser laminar ou turbulento.

É *laminar* quando a água escoa ao longo de um canal reto, suave, a baixas velocidades, fluindo em camadas paralelas acomodadas umas sobre as outras. A camada na qual a velocidade é máxima localiza-se logo abaixo da superfície da água, mas esse tipo de fluxo não pode manter partículas sólidas em suspensão e não é encontrado nos cursos naturais. Quando a velocidade excede determinado valor crítico, o fluido torna-se *turbulento*. Esse tipo de fluxo é caracterizado por uma variedade de movimentos caóticos, heterogêneos, com muitas correntes secundárias contrárias ao fluxo principal para jusante. Os fatores que afetam a velocidade crítica, permitindo que o fluxo laminar se torne turbulento, são a viscosidade e a densidade do fluido, a profundidade da água e a rugosidade da superfície do canal.

O fluxo em rio é turbulento e pode-se classificá-lo em duas categorias, corrente e encachoeirado. O fluxo *turbulento corrente* é o comumente encontrado nos cursos fluviais, enquanto o fluxo *turbulento encachoeirado* ocorre nos trechos de velocidades mais elevadas, tais como nas encontradas nas cachoeiras e corredeiras, implicando na possibilidade de aumento na intensidade da erosão. A determinação para se verificar se o fluxo é corrente ou encachoeirado é fornecido pelo número de *Froude*, cuja fórmula é

$$F = \frac{V}{\sqrt{gD}}$$

onde V é a velocidade média, g é a força de gravidade e D é a profundidade da água. Se o número de Froude (F) é menor que 1, o rio está no regime de fluxo tranqüilo, corrente; se F for maior que 1, o rio está no regime de fluxo rápido, encachoeirado. A profundidade e a velocidade são os elementos principais que determinam o estado do regime turbulento. Quando o fluxo de um curso fluvial se modifica do corrente para o encachoeirado, a velocidade aumenta consideravelmente e ocorre um abaixamento do nível superficial da água. Quando a velocidade é diminuída, há a passagem do fluxo encachoeirado para o corrente e elevação do nível superficial da água causando ondas estacionárias e conseqüências sobre as águas a montante.

Geomorfologia fluvial

A velocidade das águas de um rio varia de um lugar a outro, mesmo ao longo do perfil transversal em determinado ponto. Em geral, no perfil transversal, a parte de maior velocidade localiza-se abaixo do nível superficial, enquanto as de menor situam-se próximas às paredes laterais e ao fundo. As velocidades variam, em sua distribuição, conforme a forma e a sinuosidade dos canais (Fig. 3.1). J. B. Leighley (1934) discutiu a distribuição da turbulência e da velocidade nos cursos fluviais, assinalando que nos canais simétricos a velocidade máxima da água está abaixo da superfície e centralizada. A

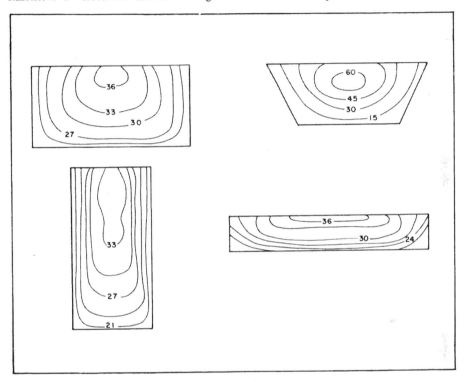

Figura 3. Esquemas mostrando a distribuição da velocidade das águas, conforme a seção transversal, em canais de formas diferentes (velocidade em cm/s)

partir do centro, lateralmente, estão dispostos setores de velocidades moderadas mas de alta turbulência, essas sendo maiores nas proximidades do fundo. Nas partes próximas às paredes e ao fundo, o fluxo apresenta baixas velocidades e turbulência. Nos canais assimétricos, a zona de máxima velocidade desloca-se do centro para o lado de águas mais profundas, enquanto os setores de máxima turbulência apresentam comportamento diferente, elevando-se o do lado mais raso e rebaixando-se o do lado mais profundo (Fig. 3.2). Isso explica, com facilidade, o deslocamento lateral que se verifica na distribuição das velocidades nos canais meandrantes.

A turbulência e a velocidade estão intimamente relacionadas com o trabalho que o rio executa, isto é, erosão, transporte e deposição dos detritos. Para que o trabalho se efetue, é necessário verificar a *energia* de um rio, tanto a potencial quanto a cinética. A energia potencial é convertida, pelo fluxo, em energia cinética que, por sua vez, é grandemente dissipada em calor e fricção. Calcula-se que a maior parte da energia de um rio é consumida em calor (cerca de 95%). O restante, excluída a gasta na fricção, é empregada no trabalho, e a energia disponível pode ser aumentada se a fricção for dimi-

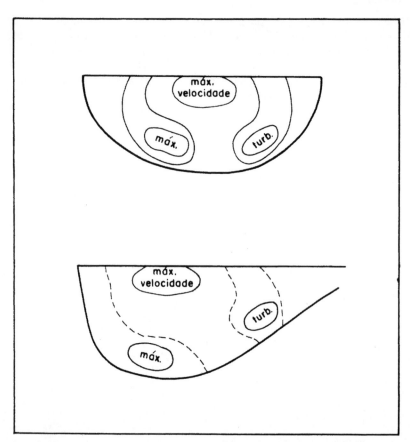

Figura . Gráficos transversais assinalando a distribuição das zonas de velocidades e turbulências máximas, em canais simétricos (*A*) e dessimétricos (*B*), conforme as observações de Leighley (1934)

nuída pela suavização, ou retilinização ou pela redução do perimetro úmido. A energia potencial é igual ao peso da água multiplicado pela diferença altimétrica entre dois pontos no trecho em que a energia está sendo calculada, e a energia cinética é igual à metade da massa de água multiplicada pelo quadrado da velocidade em que a água está se movendo. Como conseqüência, a energia total é influenciada principalmente pela velocidade. Essas relações podem ser expressas pelas seguintes fórmulas

$$E_p = W \cdot h;$$
$$E_k = \frac{M \cdot V^2}{2};$$
$$E_t = E_p + E_k;$$

onde E_p = energia potencial; E_k = energia cinética; E_t = energia total; W = peso da água; h = diferença altimétrica entre dois pontos; M = massa de água e V = velocidade.

A velocidade das águas de um rio depende da declividade, volume de água, viscosidade da água, largura, profundidade e forma do canal e da rugosidade do leito. A fim de quantificar a velocidade, a fórmula mais usada é a de Chèzy, que define a velocidade como função do raio hidráulico e declividade

$$V = C\sqrt{RS},$$

Geomorfologia fluvial

69

onde V é a velocidade média, R é o raio hidráulico e S a declividade. C é uma constante empírica que depende da gravidade e de outros fatores contribuintes para a força de fricção. A força de fricção, por sua vez, depende da rugosidade e retilinidade do canal e da forma e tamanho do perfil transversal.

A geometria hidráulica refere-se ao estudo das características geométricas e de composição dos canais fluviais, consideradas através das relações que se estabelecem no perfil transversal. O conceito de geometria hidráulica foi apresentado por Leopold e Maddock (1953) e, embora não mencionado por tais autores, pode ser considerado como exemplo de sistema morfológico, conforme a tipologia definida por Chorley e Kennedy constituindo, inclusive, exemplo dos mais fáceis para se compreender a aplicação dos conceitos alométricos em geomorfologia.

A forma do canal é resposta que reflete ajustamento aos débitos fluindo através de determinada seção transversal. Considerando que o canal em rios aluviais é resultante da ação exercida pelo fluxo sobre os materiais rochosos componentes do leito e das margens, pode-se afirmar que as suas dimensões serão controladas pelo equilíbrio entre as forças erosivas de entalhamento e os processos agradacionais depositando material no leito e em suas margens. Para ser efetivamente atuante, o débito deve ter a força necessária para realizar o entalhamento e freqüência e duração suficientes para manter a forma do canal.

O *débito de margens plenas* ("bankfull discharge") é de grande significação geomorfológica, sendo definido como o débito que preenche, na medida justa, o canal fluvial, e acima do qual ocorrerá transbordamento para a planície de inundação.

Se a definição é relativamente simples, pois constitui estágio no qual pode ocorrer cheias incipientes, alguns problemas surgem na interpretação aplicativa no campo e na delimitação precisa desse nível, em virtude dos valores diferentes da largura e da profundidade a serem considerados em determinado perfil e, portanto, relacionados a débitos diferentes. Vários critérios foram apresentados pelos pesquisadores, salientando-se os seguintes:

1 – a altura da superfície da planície de inundação determina o estágio de margens plenas (Leopold, Wolman e Miller, 1964);

2 – é definido pelo limite em que a vegetação se estabelece de maneira contínua e definitiva;

3 – é definido pelo estágio associado com o valor mais baixo da relação entre a largura e a profundidade (Wolman, 1955), de maneira que:

$$R_{mp} = \frac{L_i}{D_i}$$

onde R_{mp} = relação do débito de margens plenas; L_i = largura do canal no nível do estágio considerado; D_i = maior profundidade do canal no nível do estágio considerado. Acima do estágio de valor mais baixo, a largura aumentará rapidamente em relação à profundidade, enquanto abaixo a profundidade diminuirá muito para larguras relativamente constantes.

4 – o nível de margens plenas corresponde ao estágio das cheias que ocorrem com freqüência de 1,58 anos de intervalo.

Todos esses critérios possuem vantagens e desvantagens, e a escolha de um em detrimento de outro reside na preferência do pesquisador e no objetivo a ser alcançado na pesquisa. A utilização da superfície da planície de inundação apresenta dificuldade em definir qual a superfície a ser usada como referência, pois a topografia é complicada e variável pela existência de diques marginais e das depressões laterais. Também não há nenhuma relação consistente entre o tipo ou densidade de vegetação e a delimitação do canal. Nos rios tropicais, em geral há vegetação arbórea e arbustiva sobre os diques

70

Geomorfologia

marginais e gramíneas recobrindo as áreas marginais inundáveis. Embora possa ser elemento auxiliar, principalmente na interpretação de fotos aéreas, a vegetação só poderá ser utilizada como critério decisivo em áreas onde houver estudos ecológicos minuciosos relacionando a vegetação com as condições hidrológicas do canal fluvial. A proposta de Wolman (1955), relacionando a largura e a profundidade, está diretamente ligada com a forma e tamanho do canal e apresenta possibilidades de aplicação em locais de margens nítidas e relativamente simétricas.

A importância geomorfológica do estágio de margens plenas decorre da premissa de que a forma e o padrão dos canais fluviais estão ajustados ao débito, aos sedimentos fornecidos pela bacia de drenagem e ao material rochoso componente das margens. Considerando a variabilidade dos fluxos, Wolman e Miller (1960; 1974) observaram que os eventos de magnitude moderada e de ocorrência relativamente freqüente controlam a forma do canal. Nessa categoria, os débitos de margens plenas surgem como os de maior poder efetivo na esculturação do modelado do canal, pois as ondas de fluxo escoam com ação morfogenética ativa sobre as margens e fundo do leito e possuindo competência suficiente para movimentar o material detrítico. Esse relacionamento é comprovado, por exemplo, pela correlação existente entre as variáveis geométricas dos meandros. Quando há transbordamento para a planície de inundação, os fluxos espraiam-se e não seguem o padrão sinuoso do canal, e a efetividade erosiva sobre as margens torna-se menor.

Sob a perspectiva de analisar o canal fluvial como exemplo de sistema morfológico, podemos distinguir os elementos e as suas variáveis.

O fluxo e o material sedimentar são os dois elementos fundamentais na estruturação do sistema de geometria hidráulica, em cursos aluviais. Cada um desses elementos pode ser caracterizado por diversas variáveis ou atributos, cujas mensurações são realizadas nas seções transversais (figura 3.3). As variáveis consideradas são as seguintes:

A. PARA O ELEMENTO FLUXO

1. *largura do canal*: – largura da superfície da camada de água recobrindo o canal;
2. *profundidade*: – espessura do fluxo medida entre a superfície do leito e a superfície da água;
3. *velocidade do fluxo*: – comprimento da coluna de água que passa, em determinado perfil, por unidade de tempo;
4. *volume* ou *débito*: – quantidade de água escoada, por unidade de tempo;
5. *gradiente de energia*: – gradiente de inclinação da superfície da água;
6. *relação entre largura e profundidade*: – resulta da divisão da largura pela profundidade;
7. *área*: – área ocupada pelo fluxo no perfil transversal do canal, considerando a largura e a profundidade;
8. *perímetro úmido*: – linha que assinala a extensão da superfície limitante recoberta pelas águas;
9. *raio hidráulico*: – valor adimensional resultante da relação entre a área e o perímetro úmido ($R = A/P$). Para rios de largura muito grande, o raio hidráulico é aproximado ao valor da profundidade média;
10. *concentração de sedimentos*: – quantidade de material detrítico por unidade de volume, transportada pelo fluxo.

B. PARA O MATERIAL SEDIMENTAR

1. *granulometria*: – as classes de diâmetro do material do leito e das margens, notadamente os diâmetros D_{84}, D_{50} e D_{16}.

Geomorfologia fluvial

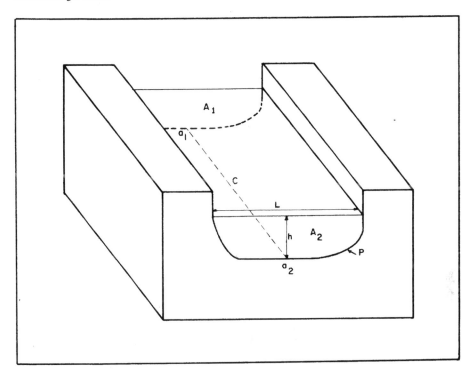

Figura 3.3 Morfometria do canal de escoamento. A largura (*l*) e a profundidade (*h*) do canal referem-se às grandezas ocupadas pelas águas. O perímetro úmido (*P*) é a linha externa que assinala o encontro do nível da água e o leito. A seção transversal *A* é a área do perfil transversal de um rio. Dividindo-se a área pelo perímetro úmido obtém-se o raio hidráulico ($R = A/P$), cujo valor é aproximado ao da profundidade média. A declividade do canal é a diferença altimétrica entre dois pontos (a_1 e a_2) dividida pela distância horizontal projetada entre eles (*C*). A velocidade é a descarga por unidade de área

2. *rugosidade do leito*: — representa a variabilidade topográfica verificada na superfície do leito, pela disposição e ajustamento do material detrítico e pelas formas topográficas do leito.

Como essas variáveis são inter-relacionadas, torna-se necessário considerar as mudanças e relações que se apresentam em determinada seção transversal e as que ocorrem na análise comparativa de diversos perfis transversais ao longo do rio. Para o estudo desses relacionamentos, os trabalhos de Leopold e Maddock (1953) e de Leopold, Wolman e Miller (1964) continuam sendo os básicos e fundamentais, embora diversas outras contribuições tenham surgido em datas mais recentes.

As pesquisas demonstram que, sob as condições mais variadas, a largura, profundidade, velocidade e carga em suspensão aumentam como pequenas funções exponenciais positivas da vazão. Algumas equações simples que foram propostas são

$$l = aQ^b, \quad d = cQ^f, \quad v = kQ^m;$$

onde Q = vazão ou débito da água, l = largura, d = profundidade média e v = velocidade média. Os valores numéricos das constantes aritméticas a, c e k não são muito significativos para a geometria hidráulica dos rios, mas os valores numéricos dos expoentes b, f e m são muito significativos. Deve-se assinalar que $a \times c \times k = 1,0$ e que

72

$b + f + m = 1,0$. Para as constantes exponenciais, em determinado ponto, os valores médios oriundos de medições realizadas nas partes central e sudoeste dos Estados Unidos mostram que $b = 0,26$, $f = 0,40$ e $m = 0,34$.

Esses valores significam que à medida que aumenta a quantidade de água, há crescimento proporcional da largura conforme a raiz quarta da vazão ($l = aQ^{0,26}$), da profundidade média de acordo com um valor quase equivalente à raiz quadrada ($d = cQ^{0,40}$) e da velocidade conforme a raiz cúbica da vazão ($v = kQ^{0,34}$). Nas fases de elevação do nível das águas, nas cheias e enchentes, há aumento gradativo da largura e profundidade do canal e da velocidade da água. O quadro abaixo mostra as descargas medidas no rio Amazonas, em Óbidos, em três oportunidades diferentes (dados de R. Oltman).

Data	Nível (m)	Largura (m)	Área (m²)	Profundidade média (m)	Velocidade média (m/s)	Débito (m³/s)
16/07/63	5,8	2 290	110 000	48,0	1,97	216 000
20/11/63	−0,5	2 260	92 400	41,0	0,79	72 500
09/08/64	4,76	2 280	106 000	46,5	1,55	165 000

Deve-se observar que o débito de $72\,500\,\text{m}^3/\text{s}$ corresponde a um dos mais baixos já registrados naquele rio. Entretanto, devido à presença de rochas mais resistentes na região, com o aumento da vazão, a largura é obstruída em seu desenvolvimento. Assim, o equilíbrio é alcançado pelo ajustamento nas outras variáveis implicadas na geometria hidráulica.

Como é normal o fato de que os débitos cresçam em direção de jusante, principalmente nas regiões úmidas, verifica-se também que à medida que se eleva a vazão de um rio há aumento proporcional da largura e da profundidade do canal e da velocidade das águas. Entretanto, para essas variações longitudinais, alteram-se os valores dos expoentes b e m, tornando-se diferentes daqueles observados em um mesmo ponto, que passam a ser $b = 0,5$; $f = 0,4$ e $m = 0,1$. Tais dados demonstram que a largura e a profundidade do canal aumentam rapidamente a jusante com o aumento da vazão, sendo bem maior o crescimento da largura. Embora com intensidade menor, a velocidade também aumenta. Essa ocorrência é explicada pelo fato de que o aumento da profundidade permite fluxo mais eficiente, compensando o decréscimo da declividade.

Recentemente, Carlston (1969), empregando o computador para analisar os dados fornecidos por Leopold e Maddock, encontrou os seguintes valores exponenciais para as variações ao longo dos rios, $b = 0,461$; $f = 0,383$ e $m = 0,155$ −, que indicam a tendência de que a velocidade aumenta a jusante. Isto refere-se a uma generalização, mas para casos individuais pode ocorrer que ela se mantenha constante. No rio Missouri, por exemplo, o expoente da velocidade aproxima-se de zero (0,043), enquanto no Mississipi o seu valor atinge 0,203. O estudo das cheias e enchentes também foi alvo de observações, principalmente aquelas que acontecem com freqüência de 5 e 50 anos. Luna Leopold notou que nas enchentes as velocidades permanecem constantes, nem aumentando ou diminuindo a jusante. Entretanto, em determinado sistema fluvial, constituído de rios e segmentos fluviais que progressivamente apresentam vazão e profundidades maiores e provavelmente aliadas a rugosidades menores, o aumento da velocidade é fato normal e pode ser demonstrado por meio do débito anual.

O TRABALHO DOS RIOS

No que tange ao trabalho dos rios é preciso distinguir entre o transporte, erosão e deposição do material detrítico.

Geomorfologia fluvial

Os sedimentos são carregados pelos rios através de três maneiras diferentes, solução, suspensão e saltação. Os constituintes intemperizados das rochas que são transportados em solução química compõem a *carga dissolvida* dos cursos de água. A quantidade de matéria em solução depende, em grande parte, da contribuição relativa da água subterrânea e do escoamento superficial para o débito do rio. Todavia, a composição química das águas dos rios é determinada por vários fatores tais como o clima, a geologia, a topografia, a vegetação e a duração temporal gasta para o escoamento (superficial ou subterrâneo) atingir o canal. A carga dissolvida é transportada na mesma velocidade da água e é carregada até onde a água caminhar; a deposição desse material só se processa quando houver a saturação (por evaporação, como exemplo).

As partículas de granulometria reduzida (silte e argila) são tão pequenas que se conservam em suspensão pelo fluxo turbulento, constituindo a *carga de sedimentos em suspensão*. Esses sedimentos são carregados na mesma velocidade em que a água caminha, enquanto a turbulência for suficiente para mantê-los. Quando essa atingir o limite crítico, as partículas precipitam-se. Essa deposição pode ocorrer em trechos de águas muito calmas ou nos lagos. O rio São Lourenço, na divisa entre o Canadá e os Estados Unidos, praticamente não transporta material em suspensão porque os Grandes Lagos atuam como bacias de decantação para os detritos sólidos transportados do montante. Por esse motivo, a carga dissolvida do referido rio corresponde a 88% da carga total.

As partículas de granulometria maior, como as areias e cascalhos, são roladas, deslizadas ou saltam ao longo do leito dos rios, formando a *carga do leito do rio*. A carga do leito move-se muito mais lentamente que o fluxo da água, porque os grãos deslocam-se de modo intermitente. A maior quantidade de detritos de determinado tamanho que um rio pode deslocar como carga do leito corresponde à sua *capacidade*. O maior diâmetro encontrado entre os detritos transportados como carga do leito assinala a *competência* do rio. Calcula-se, em geral, que a carga do leito seja aproximadamente de 10% da carga em suspensão, mas pode exceder a 50% da carga total em rios anastomosantes.

A carga dos sedimentos em suspensão e a carga do leito devem ser computadas na geometria hidráulica, estando relacionadas com a vazão. Considerando que a carga dissolvida não afeta as propriedades físicas da água, L. B. Leopold e T. Maddock propuseram a seguinte equação, a fim de relacionar a carga de sedimentos em suspensão ao débito,

$$L = pQ^j,$$

na qual L = a carga de sedimentos, Q é o débito e p e j são constantes numéricas. Os valores para o expoente j distribuem-se no intervalo de 2,0 a 3,0, indicando que a quantidade de carga aumenta em proporção muito maior que qualquer outro elemento da geometria hidráulica relacionado com a vazão. A causa principal é que a carga detrítica não provém só da ação abrasiva do rio sobre o fundo e margens, mas principalmente da lavagem sobre as vertentes efetuadas pelo escoamento superficial. Tais fatos sugerem também que a maior parte da carga detrítica é transportada durante as fases de cheia e enchentes, quando os débitos são muito elevados.

A granulometria dos sedimentos fluviais vai diminuindo em direção de jusante, o que representa diminuição na competência do rio. Essa redução no tamanho das partículas era explicada pela suposta velocidade menor das águas. Como se verificou que a velocidade permanece constante ou aumenta e que o raio hidráulico, pelo aumento da profundidade, torna mais eficiente o fluxo, essa razão teve que ser abandonada. Luna Leopold (1953) concluiu que a redução na competência ao longo de um curso de água era devida à diminuição do cisalhamento. O cisalhamento, no leito do rio, é proporcional ao produto da declividade vezes o raio hidráulico. Como para muitos casos o raio hidráulico é aproximadamente igual à profundidade média, pode-se dizer que o

74   Geomorfologia

cisalhamento é proporcional ao produto da declividade e profundidade média. Embora nos cursos de água haja aumento da profundidade a jusante, também ocorre a diminuição da declividade, e. essas variáveis explicam a redução do cisalhamento e, conseqüentemente, a diminuição da competência fluvial.

Nos rios brasileiros, a carga em suspensão é bem maior que a carga dissolvida, principalmente nos meses da estação chuvosa. As medições realizadas mostram que o rio Paraíba, (em Barra do Piraí), transporta 43 g por metro cúbido de água de material dissolvido contra 550 g de material em suspensão, durante o mês de agosto (estação seca), enquanto no mês de janeiro (estação chuvosa) carrega 10 g de material dissolvido contra 1 200 g de carga em suspensão, por metro cúbico de água.

Para a bacia do Amazonas, Ronald Gibbs (1967) apresentou estudo minucioso sobre a carga transportada por esse sistema fluvial. Em média, o rio Amazonas carrega 36 g/m^3 (ou miligramas por litro) de sais dissolvidos e 90 g/m^3 de material sólido em suspensão. A Tab. 3.1 relaciona os dados da carga em suspensão e da dissolvida para os principais tributários do Amazonas. Quanto à dissolução de sais, observa-se que a concentração é sempre maior na época seca, pois na época chuvosa há diluição frente ao acentuado volume de água. Quanto a carga em suspensão, ela é quase sempre maior na época chuvosa. Interessante é observar o comportamento dos chamados "rios negros" (rio Negro, Xingu) e "rios brancos" (Madeira, Ucaiali) quanto a composição da carga transportada. Outra observação relaciona-se ao fato de que os afluentes oriundos da região andina ou das áreas de cerrados apresentam carga detrítica muito elevada em relação aos afluentes que drenam áreas dominantemente cobertas por florestas. Essa diferença levou Gibbs a calcular que 12% da área da bacia (a compreendida pelos rios nascentes na região andina) é responsável pelo fornecimento de 86% do total de sais dissolvidos e de 82% do material sólido em suspensão. A carga do leito, considerada pelo autor como a transportada até a distância de 50 cm do fundo, representa parcela muito reduzida do total da carga sólida transportada, com porcentagem sempre inferior a 10%.

A *erosão fluvial* é realizada através dos processos de corrosão, corrasão e cavitação. A *corrosão* engloba todo e qualquer processo químico que se realiza como reação entre a água e as rochas superficiais que com ela estão em contacto. A *corrasão* é o desgaste pelo atrito mecânico, geralmente através do impacto das partículas carregadas pela

Tabela 3.1 Carga detrítica transportada pela bacia do rio Amazonas (Segundo Gibbs, 1967)

Rio	Área (1 000 km²)	Débito $10^{12}/\text{m}^3/\text{ano}$	Sais dissolvidos (g/m³)		Carga em suspensão (g/m³)		% da carga dissolvida em relação à carga total
			Seca	Chuvosa	Seca	Chuvosa	
Amazonas	6 300		48	28	22	123	32
Ucaiali	406	0,301	248	144	46	728	33
Maranhão	407	0,343	136	84	95	464	27
Napo	122	0,145	31	18	50	240	14
Içá	148	0,180	17	11	15	60	22
Japurá	289	0,351	84	8	10	170	48
Madeira	1 380	0,992	68	50	15	359	27
Javari	106	0,116	12	9	40	81	14
Jutaí	74	0,076	5	4	33	45	11
Juruá	217	0,197	51	22	23	80	40
Tefé	25	0,025	18	9	137	3	85
Coari	55	0,054	18	8	131	3	87
Purus	372	0,341	44	22	20	69	41
Negro	755	1,407	6	4	1	9	50
Tapajós	500	0,224	11	6	1	4	76
Xingu	540	0,243	7	6	1	3	75
Araguari	45	0,051	12	7	4	8	59

Geomorfologia fluvial

água. A abrasão da superfície sobre a qual a água escoa é assinalada pelo suave polimento das rochas aflorantes no canal. A *evorsão* representa um tipo especial de corrasão, originada pelo movimento turbilhonar sobre as rochas do fundo do leito. Depressões de vários tamanhos podem ser escavadas, geralmente de forma circular, tais como as conhecidas "marmitas de gigante". O terceiro processo, a *cavitação*, ocorre somente sob condições de velocidades elevadas da água, quando as variações de pressão sobre as paredes do canal facilitam a fragmentação das rochas.

O material abrasivo está na dependência do que lhe é fornecido pelas vertentes. Nas bacias em que predomina a meteorização mecânica, há fragmentos grosseiros a serem transportados pelos rios; naquelas em que predomina a meteorização química, só elementos de granulometria fina são fornecidos aos cursos de água. Verifica-se, pois, que a corrasão está relacionada diretamente à carga do leito do rio. A carga em solução e a em suspensão não possuem poder abrasivo e isso explica por que os rios intertropicais, que transportam sedimentos finos, mormente areias e argilas, não conseguem entalhar as rupturas de declive; a ação fluvial age mais como polimento do que como agente ativo na erosão regressiva nos cursos de água. As rupturas de declive, cachoeiras e corredeiras, podem-se manter por longas durações de tempo geológico.

A *deposição* da carga detrítica carregada pelos rios ocorre quando há a diminuição da competência ou da capacidade fluvial. Essa diminuição pode ser causada pela redução da declividade, pela redução do volume ou pelo aumento do calibre da carga detrítica. Entre as várias formas originadas pela sedimentação fluvial destacam-se as planícies de inundação e os deltas, mas também podem ser-lhe imputados os cones de dejeção, as *playas* e *bahadas*, as restingas fluviais e outras.

As *planícies* de *inundação*, conhecidas como *várzeas* na toponímia popular do Brasil, constituem a forma mais comum de sedimentação fluvial, encontrada nos rios de todas as grandezas. A designação é apropriada porque nas enchentes toda essa área é inundada, tornando-se o leito do rio.

A planície de inundação é formada pelas aluviões e por materiais variados depositados no canal fluvial ou fora dele. Na vazante, o escoamento está restrito a parcelas do canal fluvial, onde há deposição de parte da carga detrítica com o progressivo abaixamento do nível das águas. Ao contrário, com as cheias, há elevação do nível das águas que, muitas vezes transbordando por sobre as margens, inundam as áreas baixas marginais.

As formas topográficas do leito constituem categoria ampla, abrangendo toda e qualquer irregularidade produzida no leito de um canal aluvial pela interação entre o fluxo de água e a movimentação de sedimentos. Nos canais fluviais, a rugosidade do material detrítico componente do leito e das margens e a configuração topográfica do leito oferecem resistência ao fluxo. A dinâmica do fluxo, os mecanismos de transporte e os processos morfogenéticos atuantes no curso de água só agem quando possuem forças suficientes para ultrapassar essa resistência. Devido à inconsistência do material detrítico, há facilidade para a movimentação dos sedimentos e para a esculturação de formas topográficas. Nesta perspectiva, a topografia do leito surge como de natureza deformável e de rápida mutabilidade.

Em virtude das diversas variáveis envolvidas, torna-se difícil apresentar critério plenamente satisfatório para classificar as formas topográficas do leito. Usando o critério da intensidade crescente do fluxo, Simons e Richardson demonstraram a seguinte seqüência de formas: a) leito plano sem movimentação de sedimentos; b) ondulações de pequena escala; c) ondulações de grande escala; (ondas de areia ou dunas), com superimposição de ondulações pequenas; d) dunas; e) formas transicionais entre ondulações grandes e leitos planos; f) leitos planos com movimentação de sedimentos, e h) antidunas em movimento. Nas experiências realizadas, a seqüência entre leito plano sem movimentação de sedimentos e as formas transicionais ocorreu em condições de fluxo turbulento tranqüilo, enquanto as demais ocorrem sob condições de fluxo turbulento rápido. Se aplicarmos o critério morfológico, tais formas representariam os seguintes tipos: a) leitos planos, b) ondulações ou marcas ondulares, e c) dunas e antidunas. Estas categorias representam as formas cuja disposição é transversal ao fluxo principal e foram as mais estudadas. Entretanto, no leito fluvial também existem categorias de formas alinhadas paralelamente à direção do fluxo, com disposição longitudinal, produzidas por movimentos secundários, helicoidais, originados pela instabilidade do fluxo. Embora apresentem semelhança nos processos responsáveis pela formação, os elementos longitudinais variam muito em tamanho, morfologia e na densidade de distribuição no leito do canal.

A planície de inundação é a faixa do vale fluvial composta de sedimentos aluviais, bordejando o curso de água, e periodicamente inundada pelas águas de transbordamento provenientes do rio. Embora esta definição seja razoável, a planície de inundação pode ser definida e delimitada por critérios diversos, conforme a perspectiva e os objetivos dos pesquisadores. Para o geólogo, é a área do vale fluvial recoberta com materiais depositados pelas cheias; para o hidrólogo, é a área do vale fluvial periodicamente inundada por cheias de determinadas magnitudes e freqüências (nível das cheias com intervalo de recorrência de 10 anos, por exemplo); para o legislador, pode ser delimitada e definida pelo estatuto do uso da terra; para o geomorfólogo, a planície de inundação apresenta configuração topográfica específica, com formas de relevo e depósitos sedimentares relacionados com as águas fluviais, na fase do canal e na de transbordamento. Nos trechos de canais anastomosados, a planície de inundação não é muito característica nem contínua, porque existem muitas ilhas e bancos detríticos que dividem o fluxo; por outro lado, os elementos topográficos estão em modificação rápida e contínua.

O estágio de margens plenas assinala a descontinuidade entre o sistema canal fluvial e o sistema planície de inundação. Até atingir o estágio de margens plenas, o escoamento das águas se processa no interior do canal e origina diversas formas topográficas. Ultrapassado o estágio de margens plenas, considerado como igual ao débito de 1,58 anos de intervalo de recorrência, as águas espraiam-se e há relacionamento diferente entre as variáveis da geometria hidráulica. Embora englobando o canal fluvial, como um subsistema, a planície de inundação não deve ser confundida nem caracterizada pelos processos e formas de relevo desenvolvidas no canal fluvial.

As planícies de inundação desenvolvidas em trechos de canais meândricos apresentam topografia altamente diversificada e podem ser consideradas as mais importantes. O canal meândrico, em geral, situa-se em faixa aluvial que, altimetricamente, se encontra a decímetros ou metros acima das baixadas marginais adjacentes, conhecidas como bacias de inundação. A imigração das curvas meândricas faz com que muitos aspectos topográficos relacionados com a erosão e sedimentação nos canais integrem a configuração topográfica da planície de inundação, como os cordões marginais convexos e os meandros abandonados. Todavia, há formas de relevo desenvolvidas por processos de sedimentação que ocorrem fora do canal, na superfície da planície de inundação, constituindo também elementos característicos de sua composição: os diques marginais, os sulcos e os depósitos de recobrimento e as bacias de inundação. A figura 3.4 ilustra a distribuição dos diversos elementos topográficos.

Os *diques marginais* são saliências alongadas compostas de sedimentos, bordejando os canais fluviais. A elevação máxima do dique está nas proximidades do canal, em cuja direção forma margens altas e íngremes. Em direção externa, para as bacias de inundação a declividade é suave. A largura do dique oscila em grandezas que variam entre a metade e a de quatro vezes maior que a largura do canal, e em altura a amplitude varia entre poucos decímetros a mais de 8 metros, dependendo do tamanho do rio e do calibre do material. A deposição nos diques ocorre quando o fluxo ultrapassa as margens do canal. Na vazante, o escoamento está restrito a parcelas do canal fluvial, onde há deposição da parte da carga detrítica com o progressivo abaixamento do nível das águas. Ao con-

Geomorfologia fluvial

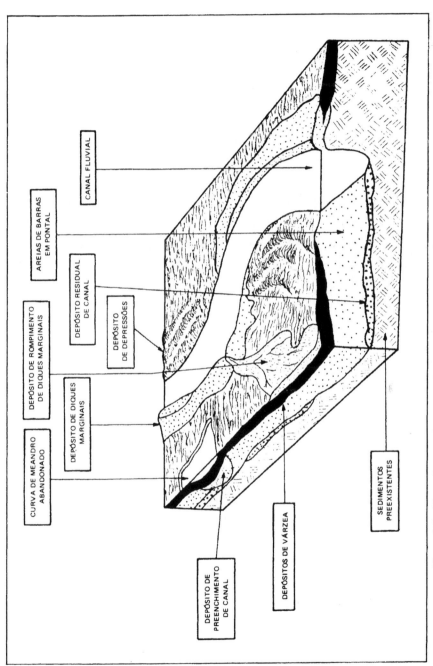

Figura 3.4 Bloco diagrama ilustrando a distribuição dos diversos elementos topográficos e estruturas deposicionais, em planícies de inundação (conforme Medeiros, Schaller e Friedman, 1971).

trário, com as cheias, há elevação do nível das águas que, muitas vezes transbordando as margens, inundam as áreas baixas marginais. A corrente fluvial, ao transpor as margens, é freada e abandona parte de sua carga permitindo a edificação do dique marginal. Tais diques são muito nítidos nos casos em que as areias finas e médias, em suspensão, são bruscamente abandonadas ao transpor a margem devido à rápida diminuição da velocidade na corrente que transborda. Nos casos em que as águas dos canais são menos rápidas, só as argilas e os colóides saem do leito menor e a areia permanece nas camadas inferiores da água, sob a cota de transbordamento. A deposição é progressiva e o dique marginal, menos nítido, forma um plano inclinado para o exterior. Os detritos mais grosseiros, no esquema geral, são depositados na proximidade do canal enquanto os mais finos são carregados para locais mais distantes. A taxa de deposição diminui com a distância de afastamento do canal, promovendo a inclinação suave em direção da bacia de inundação. A altura máxima do dique indica o nível mais alto alcançado pelas águas durante as enchentes.

No decorrer das cheias, grande quantidade de água e de sedimentos é dirigida para as bacias de inundação. Grande parte do transbordamento ocorre nas margens côncavas, e o excesso de água segue por caneluras e sulcos escavados nos diques marginais. Os sulcos transversais possuem padrão e sistemas de drenagem próprios. Desde que iniciado o sulco, as águas das cheias aprofundam o novo canal e desenvolvem um sistema de canais distributivos sobre a superfície da face externa do dique e sobre a da bacia de inundação. Algumas vezes, esse sistema pode apresentar grandeza de diversas centenas de metros, mas em geral corresponde a alguns metros até poucas dezenas. Os sedimentos erodidos no dique e os transportados pelas cheias depositam-se em forma de leque, com espessura reduzida, de alguns decímetros a poucos metros, estendendo-se como *depósitos de recobrimento* desde o dique em direção à bacia de inundação, através de padrão composto por canaletas anastomosadas ou radiais.

As *bacias de inundação* são as partes mais baixas da planície. São áreas pobremente drenadas, planas, sem movimentação topográfica, localizadas nas adjacências das faixas aluviais dos canais meândricos ativos ou abandonados. As bacias de inundação atuam como áreas de decantação, nas quais os sedimentos finos em suspensão carregados nas fases de transbordamento se depositam, depois que os detritos mais grosseiros se depositem nos diques e nos depósitos de recobrimento. Os depósitos das bacias de decantação representam acumulação contínua e de longa duração, dos sedimentos finos da carga suspensa. A taxa de sedimentação geralmente é muito lenta, e camadas siltico-argilosas de 1 ou 2 cm de espessura são depositadas durante um período de cheia.

Nas paisagens aluviais, os cordões marginais convexos constituem elementos geomorfológicos muito difundidos e resultam do principal processo de sedimentação que ocorre nos canais fluviais meândricos. A expansão da topografia relacionada com os cordões marginais convexos está relacionada com o movimento migratório das curvas meândricas.

O cordão marginal convexo representa a deposição do material do leito que ocorre na margem convexa da curva meândrica, durante a cheia ou em série de cheias. A forma e o tamanho dos cordões marginais variam conforme a grandeza do rio. Em cursos de água pequenos, os cordões são simples elementos deposicionais inclinando-se suavemente em direção do canal. Nos grandes rios, a sua espessura pode ser semelhante à profundidade da água. No rio Mississípi, mediram-se espessuras de 20 a 25 m, no delta do Níger, de 10 a 15 m, no rio Brazos, de 15 a 20 m. Nos pequenos rios, a espessura geralmente é de 1 a 3 metros.

Os sucessivos acréscimos fazem com que a topografia seja caracterizada por cordões arqueados alternando com depressões longitudinais. O topo do cordão geralmente está alguns metros acima do fundo das depressões como, por exemplo, de 1 metro no rio Klaralven e de 5 metros no rio Mississípi. As depressões alojam pântanos ou lagoas temporárias e também são lugares onde há deposição de sedimentos finos, silticos e

Geomorfologia fluvial

argilosos. Cada cordão representa a migração do canal durante uma cheia e, considerando que a largura do canal permanece constante, reflete a intensidade erosiva e a regressão da margem côncava. O mecanismo responsável pela formação dos cordões convexos parece estar devidamente esclarecido. Durante os fluxos de baixa freqüência (isto é, débitos de margens plenas), o material frágil da margem côncava é submetido a vigorosa erosão. O material erodido dessa margem é transportado por correntes secundárias transversais até a zona de baixa tensão de cisalhamento e baixa velocidade no lado convexo do canal. Quando a velocidade das correntes secundárias e das remontantes cai abaixo do limiar necessário à manutenção das partículas em suspensão, permitindo a deposição, os materiais vão sendo acumulados. Em virtude dessas correntes secundárias, do fluxo lateral no fundo do canal, os sedimentos grosseiros podem ser carregados das partes mais profundas para posições relativamente mais altas. Da mesma maneira, os sedimentos mais finos são carregados para posições mais elevadas que os grosseiros. As variações no débito propiciam interacamamento entre sedimentos finos e grosseiros, mas a deposição é maior quando o estágio é mais alto. Quando diminui a altura do nível das águas, o cordão sedimentar depositado na margem convexa do canal é exposto como uma crista, sendo rapidamente colonizado pela vegetação, e se transforma em novo arco.

Quando um rio escoa para o mar ou para um lago, depositando uma carga detrítica maior que a carreada pela erosão, ocorre a formação de *deltas*. A maneira pela qual os sedimentos se distribuem depende do caráter e quantidade da carga, das ondas e das correntes marinhas ou lacustres. Várias são as formas espaciais assumidas pelos *deltas* (Fig. 3.5). Considerando um perfil longitudinal dos deltas, verifica-se que a superfície é plana, com aspecto de planície subaérea ou subaquosa. O recobrimento superior é

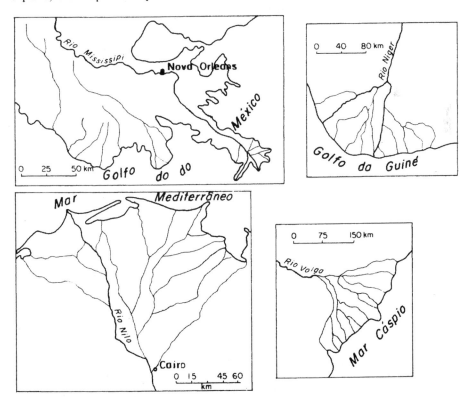

Figura 3. Exemplos de formas espaciais apresentadas pelos deltas

80 Geomorfologia

formado por um conjunto de camadas quase horizontais, denominadas de *camadas de topo* (*topset beds*), geralmente compostas por areias finas, siltes e argilas. Abaixo delas situam-se as *camadas externas* (*foreset beds*), que apresentam textura mais grosseira e declividades maiores. Essas camadas assinalam a progressão do delta. As *camadas de fundo* (*bottomset beds*) jazem no soalho submarino (ou sublacustre) e geralmente são compostas de material muito fino. Como essas camadas localizam-se na frente da progressão do delta, são recobertas pelas camadas externas e, posteriormente, pelas camadas de topo. Torna-se necessário lembrar que essa descrição corresponde a um corte ideal, e que cada delta pode apresentar um imbricamento de camadas, característico em função das condições ambientais reinantes no local e na época da sedimentação.

A morfologia deposicional de uma planície deltaica geralmente é caracterizada pelo desenvolvimento de diques naturais bordejando os canais fluviais. Tais diques resultam do transbordamento e sedimentação relacionadas com as cheias, inundando as depressões da planície. A velocidade de fluxo é menor ao longo dos canais e diminui em direção das águas mais calmas localizadas nas margens laterais. No decorrer da cheia, grandes quantidades de material relativamente grosseiro são depositadas em áreas adjacentes ao canal fluvial, enquanto materiais mais finos são levados para áreas mais distantes. Dessa maneira, desenvolve-se um dique natural ao longo do curso de água, com declives suaves em direção das depressões periféricas. Como há prosseguimento da elevação vertical, os diques tornam-se cada vez mais altos e a sedimentação nos leitos fluviais faz com que também se elevem, podendo atingir cotas mais altas que as depressões circunvizinhas, que permanecem como áreas mal drenadas e pantanosas. A deposição fluvial também ocorre nas desembocaduras fluviais, onde a sedimentação tende a prolongar os diques naturais e os lóbulos em direção ao mar, promovendo o avanço da frente deltaica superficial.

Os deltas atuais apresentam enorme variedade em tamanho, forma, estrutura, composição e gênese. Essas diferenças existem porque os mesmos conjuntos de eventos ocorrem sob condições ambientais diversificadas. Os principais fatores que influenciam as características deltaicas são a) o quadro geológico e as fontes de sedimentos da bacia de drenagem; b) as condições climáticas, tanto as da bacia de drenagem como as da área deposicional; c) a estabilidade tectônica da bacia; d) a declividade do rio e o regime fluvial; e) os processos deposicionais e erosivos, e as suas intensidades, dentro da área deltaica, e f) a amplitude das marés, a eustasia e as condições marinhas sublitorâneas. As numerosas combinações entre tais fatores e a duração na escala temporal resultam no estabelecimento de um complexo dinamicamente mutável de ambientes, dentro do delta. Essa complexidade é esperada porque os deltas resultam da interação de forças construtivas e destrutivas, e a relação entre os efeitos de tais mecanismos de deposição e de remoção depende das intensidades dos processos físicos, biológicos e químicos atuantes na região deltaica.

O principal fenômeno na evolução deltaica é o deslocamento dos cursos fluviais em distributários sucessivos. Como um delta progride cada vez mais em direção ao mar, a declividade e a capacidade de carregar sedimentos vão diminuindo gradualmente, e caminhos mais curtos para o mar podem ser encontrados em áreas adjacentes. Em geral, o ponto de desvio ocorre em locais interiores, distantes do delta ativo, e a sua posição é acidental ou pode resultar do desenvolvimento de uma brecha. A partir desse ponto, a topografia da bacia determina o novo curso fluvial. A criação de um novo curso desloca o sítio de sedimentação deltaica ativa. O delta abandonado ou inativo é rapidamente atacado pelo mar, desde que não mais seja alimentado por sedimentos fluviais; o balanço entre forças marinhas e fluviais pende em favor do ataque marinho.

O novo delta, entretanto, progride rapidamente em direção do mar, assinalando vários estágios de desenvolvimento, até que seja abandonado e formado um novo sítio de sedimentação ativa. Na planície deltaica do rio Mississipi, sete lóbulos deltaicos

Geomorfologia fluvial

foram construídos nos últimos 5 000 anos. Em outros sistemas deltaicos, como no Nilo, Ganges-Bramaputra, Orenoco e Niger, não se percebe uma distinção muito clara entre os lóbulos construídos e abandonados. O que se verifica é que certos distributários foram edificados e somente abandonados em favor de outros localizados dentro do mesmo delta. Por exemplo, o rio Nilo alcança o mar através de dois tributários principais, o Rosetta e o Damieta, mas já foram mapeados vários distributários abandonados. O delta do rio Paraíba, estudado por Alberto R. Lamego, apresenta feições de vários tipos deltaicos (Fig. 3.6).

Os deltas também podem ser formados nas desembocaduras em outros cursos fluviais. Os deltas do rio Branco no rio Negro e o do Madeira no Amazonas constituem bons exemplos.

Os *cones de dejeção* representam exemplos de deposição fluvial por causa da diminuição rápida da competência do curso de água. O cone é constituído pela acumulação de material detrítico na parte jusante do canal de escoamento de uma torrente. A *torrente* é um curso de água efêmero localizado em áreas de diferença altimétrica muito acentuada, como nas áreas montanhosas e escarpas de serras e planaltos. O escoamento é rápido e ocorre com as chuvas. Costumam-se distinguir três parcelas no esquema longitudinal das torrentes a pequena depressão onde se concentram as águas do escoamento super-

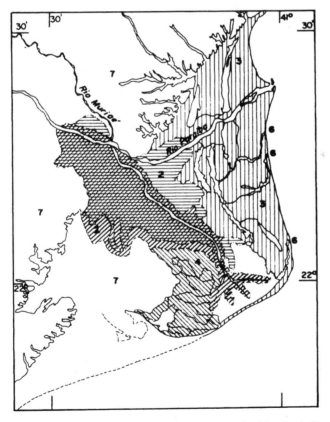

Figura 3. Os vários tipos espaciais deltaicos discernidos no caso do delta do rio Paraíba, 1) delta tipo Mississipi; 2) delta tipo Ródano; 3) delta tipo Paraíba; 4) delta de maré da Lagoa Feia; 5) deltas de baía do rio Ururaí e de Ponta Grossa dos Fidalgos; 6) delta de ondas; 7) sedimentitos pré-holocênicos (Segundo Lamego, 1955)

82 Geomorfologia

ficial é a *bacia de recepção*, em forma de anfiteatro. Essas águas, por efeito da gravidade, começam a descer por uma calha de secção transversal pequena e profunda que constitui o *canal de escoamento*. A grande quantidade de detritos carregada por elas vai se acumular na base do canal de escoamento, formando o *cone de dejeção*. Essa sedimentação ocorre porque as águas se espraiam em área de menor declividade e maior largura, o que diminui a competência fluvial e modifica as condições de equilíbrio. O engenheiro E. Surell, em 1841, ao estudar a escolha de local para a instalação de uma barragem para o aproveitamento de energia hidroelétrica nos Alpes, foi quem primeiro chamou a atenção dos pesquisadores para o estudo das torrentes, propondo algumas leis de seu dinamismo.

Procedimento semelhante acontece na pedimentação, cujo mecanismo é essencialmente fluvial. Os pedimentos correspondem a superfície rochosas suavemente inclinadas, talhadas em rochas homogêneas ou de natureza diversa, localizadas no sopé de uma escarpa. A escarpa pode representar uma frente montanhosa ou vertentes íngremes de serras ou relevos residuais, mas sempre possuindo declividade elevada, superior a 25°, que contrasta com as declividades mais suaves da superfície aplainada. A passagem brusca entre a escarpa e o pedimento é donominado de *ângulo de piemonte ou knick*.

O perfil longitudinal dos pedimentos tem sido reconhecido como semelhante a segmentos dos cursos fluviais, com declividades aumentando em direção de montante. A retilinidade é a principal componente, embora na parte superior possa ocorrer concavidade e na parte externa a presença de convexidades. A declividade do pedimento varia de 1° a 7° na parte superior e vai gradativamente diminuindo para jusante, atingindo valores inferiores a meio grau. A forma do perfil transversal é muito variada, principalmente na parte superior, sendo que as comumente encontradas podem ser classificadas em a) aplainada; b) inclinada em determinada direção do perfil; c) convexidade, como cones aluviais, e d) concavidade, como em forma de concha.

Sobre o pedimento pode existir uma cobertura detrítica colúvio-aluvial, de espessura variada, oscilando de zero a alguns metros, conforme as descrições. Esses sedimentos são mal selecionados, não-estratificados, e em geral apresentam o caráter de depósitos torrenciais. Tais características denunciam que o sedimento está sendo transportado, o que faz com que o pedimento seja considerado como superfície de transporte. A ocorrência mais comum é a de que a cobertura sedimentar está ausente, ou delgada e descontínua, mas vai se espessando para jusante e passando a formar uma cobertura contínua, espessa, aplainada. Essa bacia sedimentar é designada como *playa*, *bahada* ou *peripedimento*. Também é considerada como *pedimento detrítico*.

Os pedimentos são formas topográficas relacionadas ao regime torrencial de rios efêmeros nas regiões de clima seco (áridas e semiáridas) e de estações pluviais contratastadas. Os pedimentos foram primeiramente descritos nas áreas desérticas do Sudoeste dos Estados Unidos, mas sua presença tem sido verificada em muitas partes da superfície terrestre, tais como na zona mediterrânea, no continente africano (mormente na região saheliana), no continente asiático e no Nordeste brasileiro. Michel Archambault considera que tais formas podem ser encontradas entre as latitudes de 10° a 45° em ambos os hemisférios. Para se explicar a origem e formação do aplainamento pedimentar, costuma-se aventar dois tipos de escoamento:

a) *escoamento areal em lençol de água* (*sheetflood*) — ocorre com aguaceiros localizados na área montanhosa e foi descrito por W. J. McGee como onda de água muito carregada de detritos, rolando inicialmente com a velocidade de um cavalo a galope e, depois, perdendo velocidade. A largura pode atingir vários quilômetros e a espessura oscila, em média, de 20 a 25 cm, mas para jusante vai-se esgotando rapidamente. Por causa de sua potência, enorme quantidade de material é remanuseado, mas não selecionado. O fenômeno do *sheetflood* é muito raro, mas pela imponência no transporte dos detritos, é considerado como um dos processos mais eficientes.

b) *aplainamento lateral* — esse processo é efetuado pelo escoamento concentrado em canais (*streamflood*) na superfície do pedimento, representando o espalhamento das águas provenientes da zona montanhosa. A pavimentação detrítica grosseira do pedimento favorece o tipo de escoamento em canais anastomosantes e a corrente fluvial, alargada, passa a erodir e ampliar-se lateralmente. Dessa maneira, verifica-se a existência de aplainamento lateral, mas as superfícies desenvolvidas por esse processo não são extensas nem uniformes.

Qualquer que seja o tipo de escoamento, o débito vai diminuindo à jusante e se perde nas baixadas. Desta forma, as *playas* e *bahadas* representam a sedimentação do final do escoamento, ou a deposição dos lagos temporários que se formam nessas áreas, devido ao represamento natural das águas fluviais.

OS TIPOS DE LEITOS FLUVIAIS

Os leitos fluviais correspondem aos espaços que podem ser ocupados pelo escoamento das águas e, no que tange ao perfil transversal nas planícies de inundação, podemos distinguir os seguintes (Fig. 3.7):

a) *leito de vazante*, que está incluído no leito menor e é utilizado para o escoamento das águas baixas. Constantemente, ele serpenteia entre as margens do leito menor, acompanhando o *talvegue*, que é a linha de maior profundidade ao longo do leito;

b) *leito menor*, que é bem delimitado, encaixado entre margens geralmente bem definidas. O escoamento das águas nesse leito tem a freqüência suficiente para impedir o crescimento da vegetação. Ao longo do leito menor verifica-se a existência de irregularidades, com trechos mais profundos, as depressões (*mouille* ou *pools*), seguidas de partes menos profundas, mais retilíneas e oblíquas em relação ao eixo aparente do leito, designadas de umbrais (*seuils* ou *riffles*);

c) *leito maior periódico ou sazonal* é regularmente ocupado pelas cheias, pelo menos uma vez cada ano; e

d) *leito maior excepcional* por onde correm as cheias mais elevadas, as enchentes. É submerso em intervalos irregulares, mas, por definição, nem todos os anos.

A relação entre leito de vazante, leito menor, leito maior periódico e excepcional variam de um curso de água a outro, inclusive de um setor a outro de um mesmo rio. As delimitações são difíceis de serem traçadas e a nitidez maior é a que existe entre o leito menor e o leito maior.

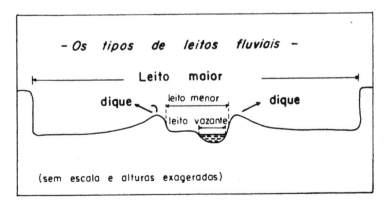

Figura 3.7 Os tipos de leitos fluviais, notando-se a distinção entre o leito de vazante, o menor e o maior

84

Geomorfologia

Usando-se o critério de considerar a litologia sobre a qual correm, há que diferençar entre leitos que cortam rochas coerentes e os que atravessam materiais móveis. Os rios com *leito sobre rocha coerente* são aqueles que atravessam material consolidado. A resistência encontrada pela corrente faz com que os leitos se encontrem inadaptados às exigências hidrodinâmicas. A largura e a profundidade variam em pequenas distâncias, o declive é irregular e as margens geralmente são mal definidas. Os rios com *leitos sobre material móvel* são os que atravessam sedimentos facilmente mobilizáveis. A facilidade com que tais materiais respondem às exigências hidrodinâmicas do escoamento faz com que os leitos estejam sempre calibrados. É nesse tipo de material que se pode aplicar as mensurações e as fórmulas pertinentes à geometria hidráulica.

OS TERRAÇOS FLUVIAIS

Os terraços fluviais representam antigas planícies de inundação que foram abandonadas. Morfologicamente, surgem como patamares aplainados, de largura variada, limitados por uma escarpa em direção ao curso de água. Quando os terraços são compostos por materiais relacionados à antiga planície de inundação, podem ser designados de *terraços aluviais*. Tais terraços situam-se a determinada altura acima do curso de água atual, que não consegue recobri-los nem mesmo na época das cheias. Quando os terraços foram esculpidos, através da morfogênese fluvial, sobre as rochas componentes das encostas dos vales, são designados como *terraços rochosos* (*strath terrace*). É útil não confundi-los com os denominados *terraços estruturais*, que são patamares ao longo das vertentes mantidos pela existência de camadas de rochas resistentes.

Há várias alternativas pelas quais se pode explicar o abandono da planície de inundação (Fig. 3.8), considerada como preenchimento deposicional em um vale previamente entalhado. Quando uma oscilação climática provoca diminuição no débito, pode ocorrer a formação de nova planície de inundação, em nível mais baixo, embutida na anterior. Nesse caso, não há entalhe no embasamento rochoso do fundo do vale, e tanto o terraço como a planície de inundação localizam sobre a mesma calha rochosa. (Fig. 3.8b). Se a oscilação climática redundar em maior sobrecarga detrítica ou níveis mais altos de cheias, favorecendo a agradação no soalho do canal, a planície de inundação primitiva pode ser recoberta ou inhumada por novos recobrimentos aluviais. A mesma situação pode ser resultado de um movimento positivo do nível de base, geral ou local (Fig. 3.8c). Também é possível que grande parte da planície de inundação anterior, ou sua totalidade, possa ser removida antes ou durante a formação da nova planície, principalmente nos vales estreitos onde não há grande potencial para o desenvolvimento lateral. A outra alternativa reflete a possibilidade de se formar uma planície de inundação em nível mais baixo, acompanhada de nova fase erosiva sobre o embasamento rochoso do fundo do vale. Esse entalhamento pode ser resultado de movimentos tectônicos, de abaixamento do nível de base ou de modificações no potencial hidráulico do rio, ocasionando a formação dos denominados *terraços encaixados*. (Fig. 3.8d).

Deve-se considerar que os terraços só aparecem nas Figs. 3.8b e 3.8d, formando os embutidos e os encaixados. Na Fig. 3.8c, a deposição fluvial forma uma planície de inundação em nível mais elevado que a anterior e não há condições morfológicas para a caracterização dos terraços.

Quando os terraços se dispõem de modo semelhante ao longo das vertentes opostas do vale, podem ser considerados como "parelhados". Em caso contrário, são considerados como isolados. O primeiro tipo reflete uma longa aplainação lateral seguida de rápido entalhe no sentido vertical, enquanto o segundo reflete deslocamento do entalhe em direção a uma das bordas, como no caso dos meandros (Fig. 3.9).

Várias hipóteses foram propostas para explicar a formação de terraços. A primeira relaciona-se à tendência contínua do entalhamento fluvial até atingir o perfil de equi-

Geomorfologia fluvial

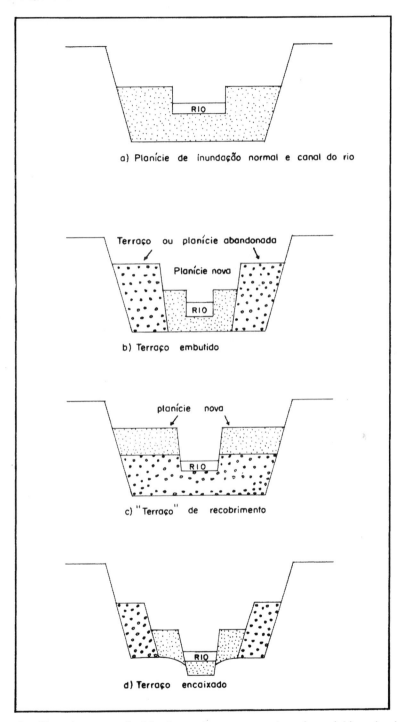

Figura 3. Tipos de terraços fluviais, de acordo com a maneira pela qual há o abandono da planície de inundação inicial

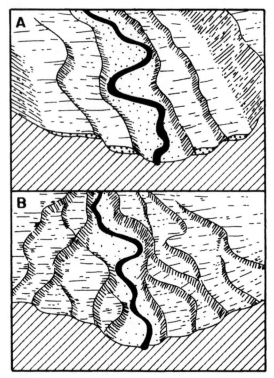

Figura 3.9 O abandono de sucessivas planícies de inundação pode levar ao estabelecimento de terraços parelhados, de distribuição simétrica em ambas as vertentes, ou de terraços isolados, de distribuição não-simétrica (*B*)

líbrio, sendo proposta por William Morris Davis, em 1902. Em 1935, Henri Baulig, em seu famoso trabalho "*The changing sea level*", apresentou nova linha interpretativa, considerando os terraços como resultantes da influência regressiva dos epiciclos erosivos em função dos movimentos eustáticos. As oscilações do nível do mar, por causa das glaciações, promoviam modificações na posição do nível de base geral dos rios e ocasionavam fases erosivas (epiciclos, quando das regressões marinhas) e fases deposicionais (quando das transgressões marinhas). Uma terceira perspectiva está ligada às oscilações climáticas. Nessa perspectiva, nas regiões intertropicais, as fases de clima úmido redundariam em entalhamento fluvial, enquanto as fases secas promoveriam, por causa da maior quantidade de detritos oriundos das vertentes, aplainamento lateral. Esse modelo interpretativo foi elaborado de modo mais completo por João José Bigarella, entre os pesquisadores brasileiros, e tem servido como paradigma a inúmeros trabalhos de pesquisa de campo.

Outra consideração interpretativa procura relacionar os terraços ao equilíbrio dinâmico dos cursos de água. John Hack (1960) assinala que o mapeamento dos depósitos superficiais, no vale do rio Shenandoah, indicou que os terraços são mais comuns nas áreas de rochas tenras, ao longo de rios provenientes das áreas de rochas duras. Essa distribuição sugere que os terraços são preservados porque eles contêm material detrítico mais resistente que a rocha subjacente, visto que os elementos depositados são arrancados e transportados desde as áreas de rochas resistentes. A deposição ocorre porque o rio, para carregar e transportar os detritos mais grosseiros das rochas resistentes, apresenta declividades e competência mais elevadas; ao chegar na área de rochas

Geomorfologia fluvial

tenras, há diminuição da declividade e da competência, implicando em desequilíbrio e deposição de parte da carga transportada. Por essa razão, o referido autor verificou que os terraços não são comuns nas áreas de rochas homogêneas, qualquer que seja o seu tipo, se não houver a possibilidade para um constraste na resistência entre a carga do rio e a rocha através da qual ele se escoa.

Vários critérios devem ser empregados a fim de melhor correlacionar e precisar a sucessão dos terraços. Entre os mais importantes devemos lembrar a sedimentologia (natureza, granulometria, estratigrafia, etc.), a evolução pedogenética, a correlação altimétrica e as datações geocronológicas absolutas.

OS TIPOS DE CANAIS FLUVIAIS

Os tipos de canais correspondem ao modo de se padronizar o arranjo espacial que o leito apresenta ao longo do rio. Não há uma classificação minuciosa dos tipos de canais, mas George H. Dury apresentou a seguinte classificação provisória: a) meandrante; b) anastomosado; c) reto; d) deltaico; e) ramificado; f) reticulado e g) irregular.

Os canais *anastomosados* são os formados em condições especiais, altamente relacionadas com a carga sedimentar do leito. Quando o rio transporta material grosseiro em grandes quantidades e não tem potência suficiente para conduzi-lo até o seu nível de base final, deposita-o no próprio leito. O obstáculo natural que então se forma, pela rugosidade e saliências, faz com que o rio se ramifique em múltiplos canais, pequenos e rasos, e desordenados devido às constantes migrações entre ilhotas. Os trechos anas-

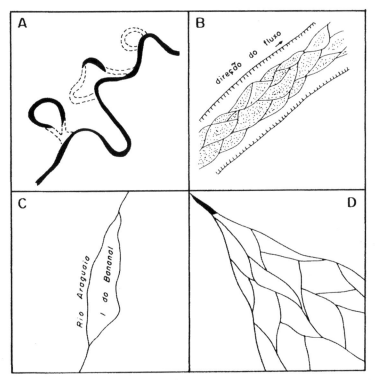

Figura 3.10 A figura ilustra alguns dos tipos de canais fluviais, destacando-se o meândrico (*A*), o anastomosado (*B*), o ramificado (*C*) e o reticulado (*D*)

tomosados sempre se localizam ao longo do curso fluvial, pois no ponto de início como no ponto terminal deverá haver um único canal. Isto é para diferençar da padronagem *reticulada*, que se assemelha à disposição anastomosada, mas que se caracteriza pelo escoamento efêmero e pela subdivisão em várias embocaduras que se perdem nas baixadas ou lagos temporários. O padrão reticulado é comum nas áreas de pedimentos, e os ramos de escoamento fluvial também são mutáveis em função da carga detrítica grosseira que o rio transporta. A padronagem *deltaica* caracteriza-se pela ramificação do curso fluvial inicial, subdividindo-se em vários distributários que alcançam o mar, lago ou outro rio. Diferencia-se do anastomosado e reticulado por causa do escoamento perene e maior estabilidade dos canais de escoamento.

Os canais *retos* são aqueles em que o rio percorre um trajeto retilíneo, sem se desviar significantemente de sua trajetória normal em direção à foz. Os canais verdadeiramente retos são muito raros na natureza, existindo principalmente quando o rio está controlado por linhas tectônicas, como no caso de cursos de água acompanhando linhas de falha. Sua presença exige também a existência de um embasamento rochoso homogêneo (rochas de igual resistência), pois em caso contrário o rio fatalmente se desviará em sua trajetória. Essas considerações explicam por que se costuma falar em rios *simuladamente retos* (George H. Dury). Várias pesquisas demonstram que a extensão do canal reto em qualquer rio será de, no máximo, dez (10) vezes o tamanho da largura no referido trecho. Exemplificando: num rio de 100 m de largura, a extensão do canal reto atingirá no máximo 1 000 m. Essa condição raramente se realiza, e o que ocorre com freqüência são trechos retos com comprimento poucas vezes superior à largura.

O canal *ramificado* surge quando existe um braço de rio que volta ao leito principal, formando uma ilha. Essa junção pode se verificar até a dezenas de quilômetros a jusante. O caso mais grandioso é o do rio Araguaia, cuja ramificação origina a ilha de Bananal, a maior ilha fluvial do mundo.

Os meandros constituem o tipo de canal que mais mereceu a atenção dos pesquisadores. Os canais *meândricos* são aqueles em que os rios descrevem curvas sinuosas, largas, harmoniosas e semelhantes entre si, através de um trabalho contínuo de escavação na margem côncava (ponto de maior velocidade da corrente) e de deposição na margem convexa (ponto de menor velocidade). Deve-se notar que a deposição dos detritos da carga do leito se faz no mesmo lado da margem em que eles foram arrancados. Na prática, deve-se notar que há uma série completa de padrões intermediários entre os canais retos e os efetivamente meândricos, assim como é possível distinguir outra categoria de canais intermediários entre os retos e os que são totalmente *irregulares* em sua disposição espacial. A fim de que se pudesse distinguir entre os canais meândricos e os que não o são, foi proposto o índice de *sinuosidade*, que é a relação entre o comprimento do canal e a distância do eixo do vale (Fig. 3.11). O valor de 1,5 é usado por alguns pesquisadores como ponto de partida para considerar os canais como meandros.

O termo tem sua origem no caso do rio Maiandros (hoje Menderes) na Turquia. Emprega-se para designar o tipo de canal fluvial em que o rio descreve curvas sinuosas, harmoniosas e semelhantes entre si. Todavia, esse tipo de forma não é restrito aos cursos de água, mas é observado em várias categorias de fenômenos, tais como nos vales fluviais, nos glaciares, nas correntes marinhas e na trajetória dos ventos de altitude, dos *jet-streams*.

A regularidade geométrica dos meandros tem atraído a atenção de inúmeros pesquisadores, de variados ramos científicos, que se dedicam a melhor compreender o mecanismo geral que provoca e regula o fenômeno. Tradicionalmente, na Geomorfologia, os meandramentos fluviais eram relacionados às planícies fluviais e deltaicas. Partindo dessa verificação, chegou-se à noção de que os meandramentos estavam ligados aos grandes rios que atingiam a "maturidade" do ciclo davisiano. Essa interpretação não é correta, pois rios de todos os tamanhos e em todas as altitudes podem formar meandros, desde que uma condição básica seja encontrada: a presença de camadas sedimentares

Geomorfologia fluvial

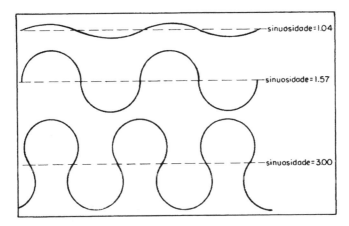

Figura 3.11 O índice de sinuosidade representa a relação entre o comprimento do canal e o comprimento do eixo. A distância axial é medida ao longo da linha interrompida. Considera-se o canal meândrico quando o índice é igual ou superior a 1,5. (Ilustração conforme Dury, 1969)

de granulação móvel, mas que estejam coerentes, firmes, e não soltas. Observou-se também que os meandros não são meros caprichos da natureza, mas a forma pela qual o rio efetua o seu trabalho pela "lei do menor esforço". Representa o equilíbrio em seu estado de estabilidade, denunciando o ajustamento entre todas as variáveis hidrológicas, inclusive a carga detrítica e a litologia por onde corre o curso de água. Considerado na perspectiva de todos os possíveis tipos de canais que o rio pode apresentar, o meandro é o mais provável, porque minimiza a declividade, o cisalhamento e a fricção. Desde que se estabeleça, o meandramento praticamente não será alterado, a menos que um distúrbio muito intenso venha atuar sobre a região.

A observação de que os meandros são mais freqüentes nos baixos cursos fluviais encontra ressonância nas diversas considerações expendidas a propósito do comportamento fluvial e da tipologia dos canais. Em direção de jusante, à medida que diminui a competência, há decréscimo na granulometria dos sedimentos, aumentando a porcentagem da fração silte-argila na composição do material detrítico componente do perímetro do canal e predomínio cada vez maior da carga em suspensão em detrimento da carga do leito. Essas condições estão associadas às formas e tipos de canais. Quando predomina a carga do leito, com material grosseiro, os canais são largos e rasos e apresentam baixos índices de sinuosidade. Quando predomina a carga em suspensão, com materiais finos, os canais são estreitos e profundos e apresentam altos índices de sinuosidade. Desse interrelacionamento, em conseqüência surge o fato de que os meandramentos são predominantes nos baixos cursos e a probabilidade maior de que os canais retos e anastomosados ocorram nos trechos pertencentes ao alto e médio cursos. Nas regiões quentes e úmidas, como no caso brasileiro, devido a intensa meteorização química, o regolito é composto por materiais detríticos finos. Em virtude desta fonte alimentadora, os cursos de água transportam principalmente carga detrítica em suspensão. O perfil longitudinal, por outro lado, apresenta longos trechos de fraca declividade separados por rupturas de declive, das mais variadas ordens de grandeza. Desta maneira, surgem possibilidades para que os meandramentos se instalem ao longo de quase todo o percurso fluvial, tornando-se o tipo de canal observado em quase todas as planícies de inundação, qualquer que seja a posição do trecho ao longo do curso de água.

É ampla a nomenclatura descritiva aplicada aos meandramentos. Os termos citados com maior freqüência são (Fig. 3.12):

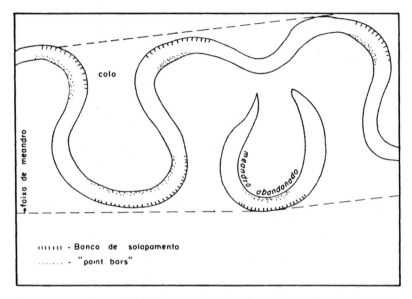

Figura 3.1 A nomenclatura descritiva empregada nos meandros é variada. O banco de solapamento é a margem côncava, na qual é intensa a atividade erosiva; o *point bar* é a zona de deposição localizada nas margens convexas. O meandro abandonado é designado de "chifre de boi", pela analogia de forma. O colo ou esporão é o trecho que separa duas curvas meândricas; o seu recortamento origina a formação do meandro abandonado

a) *meandros abandonados* — são os que não mais possuem ligação direta com o curso de água atual, resultantes da evolução dos meandros que cortam o pedúnculo através do solapamento basal na margem côncava. Quando isolados, formam lagoas ou pântanos, e são numerosos nas planícies aluviais;

b) *diques semicirculares* — correspondem aos bancos sedimentares que se desenvolvem no lado interno da curva de um meandro, sendo também designado de *barra de meandro*. O seu desenvolvimento implica no preenchimento da curva meândrica, dando origem aos meandros abandonados;

c) *colo de meandro* — é o esporão ou pedúnculo que separa os dois braços de um meandro. Sofrendo ação erosiva em duas frentes, a sua tendência é ser cortado ou "estrangulado";

d) *faixa de meandro* — é a porção da planície aluvial ocupada por meandros, não só na atualidade como também em épocas passadas. Geralmente, quase toda a largura da planície é ocupada por meandros devido às constantes divagações do rio;

e) *banco de solapamento* — corresponde à margem côncava e abrupta do rio onde a erosão, por solapamento basal, conserva a verticalidade das margens;

f) *point-bars* — são os baixios arenosos ou de cascalhos construídos pelo rio através da deposição no lado interno das curvas, dos materiais arrancados dos bancos de solapamento situados a montante.

A nomenclatura analítica dos meandros leva em consideração os aspectos geométricos, assinalando as várias propriedades pertinentes ao canal e ao próprio meandro. Essas propriedades são as seguintes (figura 3.13):

a) *largura do canal* — é a distância compreendida entre as duas margens de um canal fluvial, de modo perpendicular. A largura do canal pode ser medida nos pontos de inflexão, por ser mais constante nesses locais, em oposição aos setores das curvas meândricas onde a largura apresenta distúrbios e inconstâncias. O *ponto de inflexão* é o setor localizado no trecho médio do canal, onde se processa o fluxo simétrico, entre dois arcos meândricos sucessivos. O perfil transversal nesse ponto mostra distribuição relativamente uniforme das velocidades;

b) *comprimento de onda* – é a distância entre os pontos de inflexão de dois arcos meândricos consecutivos, ou entre o eixo de duas curvas meândricas consecutivas e localizadas no mesmo lado. Esta propriedade é mensurada, de modo mais comum, traçando-se linha reta a partir do ponto de inflexão a montante a primeira curva meândrica até o ponto de inflexão situado a jusante da curva seguinte;

c) *comprimento do canal* – é a mensuração da distância que acompanha o lineamento da margem do canal, tomando-se com limites os pontos de inflexão compreendidos pelo comprimento de onda;

d) *amplitude do meandro* – é a distância medida em um segmento perpendicular a duas linhas paralelas, que passam pelas junções dos eixos das curvas e das linhas médias de dois arcos meândricos sucessivos;

e) *raio de curvatura* – a conceituação do raio de curvatura parte do princípio de que a linha média do canal, localizada na curva do meandro, equivale a um arco de circunferência. Dessa maneira, deve-se procurar medir o raio que melhor se adapte a esse arco. A medida desse raio corresponde ao valor do raio médio de curvatura;

f) *largura da faixa de meandros* – esta largura é medida através de um segmento de reta compreendido perpendicularmente entre duas retas tangentes às partes externas de dois arcos meândricos. A faixa meândrica deve incluir os meandros atuais e os abandonados.

Baseando-se em tais propriedades, diversos estudos foram realizados a fim de precisar as relações existentes entre ela. Todavia, deve-se ter em mente que a preocupação em verificar o relacionamento entre as propriedades geométricas só é válida sob a condição de que o meandro seja considerado como sistema aberto, respondendo às influências do débito, da carga detrítica e do material sedimentar, e implica na concepção de que os valores são indicativos do comportamento alométrico. As combinações mais

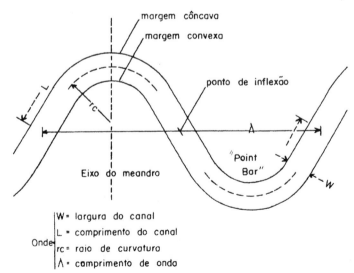

Figura 3.1 As principais características geométricas levadas em consideração na análise dos meandros são as seguintes: largura do canal (*w*), comprimento do canal (*L*), raio de curvatura (*rc*) e comprimento de onda (λ)

92

Geomorfologia

freqüentes correspondem aos estados mais prováveis, representando o estado em que o sistema meândrico funciona em condições de manter o equilíbrio estabilizado em função dos *inputs* fornecidos e das restrições oferecidas pelos fatores locais.

Baseando-se em tais parâmetros, foram propostos índices e relações entre eles. O comprimento de onda é fundamental, estando relacionado com a largura do leito e com o débito. As variações na *relação entre largura e profundidade* do leito implicam em alterações na razão entre o comprimento de onda e a largura, mas em muitos casos o comprimento de onda está entre 8 e 12 vezes a largura.

Várias relações empíricas entre os parâmetros foram propostas, e as mais comuns são:

i — relação do comprimento de onda (Y) à largura do canal (w).

$$Y = 6,6 \cdot w^{0,99} \text{ (Inglis, 1949)};$$
$$Y = 10,9 \cdot w^{1,01} \text{ (Leopold e Wolman, 1960)}.$$

ii — relação entre a amplitude do meandro (A) e a largura do canal (w).

$$A = 18,6 \cdot w^{0,99} \text{ (Inglis, 1949)};$$
$$A - 10,9 \cdot w^{1,04} \text{ (Inglis, 1949)};$$
$$A = 2,7 \cdot w^{1,1} \text{ (Leopold e Wolman, 1960)}.$$

iii — relação entre o comprimento de onda (Y) e o raio de curvatura do meandro (Rc).

$$Y = 4,7 \cdot Rc^{0,98} \text{ (Leopold e Wolman, 1960)}$$

Percebe-se que há certas relações matemáticas definidas entre os meandros e outros aspectos da morfologia fluvial. Observa-se um relacionamento entre o comprimento de onda do meandro e a área da bacia de drenagem, expressa pela equação

$$Y = aA^b,$$

na qual Y é o comprimento de onda, A é a área da bacia e a e b são constantes. Considerando-se que o débito fluvial está relacionado com a área da bacia de drenagem, pode-se afirmar que existe uma relação entre o comprimento de onda do meandro e o débito fluvial. As mensurações sobre meandros de várias gerações podem fornecer preciosos subsídios para o estudo das oscilações paleoclimáticas do Quaternário.

O canal meândrico é assimétrico nas secções transversais das curvas, sendo que as depressões (*pools*) maiores ocorrem nas proximidades das margens côncavas. Nos trechos entre as curvas, o perfil transversal é mais simétrico e mais raso, com o aparecimento de umbrais (*riffles*). Os meandramentos parecem começar com o estabelecimento de uma seqüência entre depressões e umbrais. Os canais retos construídos em laboratórios, em material homogêneo, podem se deformar em depressões e umbrais quando a água fornecida mantém-se em descarga constante; de onde se infere que os canais uniformemente retos são instáveis. Observou-se que o espaçamento entre duas depressões corresponde a cinco vezes a largura do leito. Com a formação dos meandros, as depressões caminham em direção contrária e a distância entre duas depressões no mesmo lado, correspondendo ao comprimento de onda, é de 10 vezes a largura do canal. (Fig. 3.14).

A inter-relação existente entre o tamanho do canal, o tamanho do meandro e a descarga faz com que se torne fora de propósito a explicação de que a origem dos meandros estava relacionada aos obstáculos. Ocorre exatamente o contrário, pois a presença de obstáculos, assim como o afloramento de rochas diferentes na área meândrica, promove variações e distorções na padronagem meândrica. Mas ainda não se chegou a uma teoria satisfatória sobre a gênese dos meandros.

Em função do *tipo de vale* por onde correm, podemos distinguir duas categorias de rios meândricos: os meandros divagantes e os encaixados.

Geomorfologia fluvial

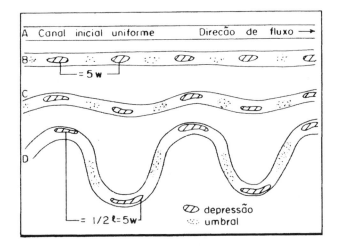

Figura 3.1 A disposição das depressões e umbrais ou soleiras, ao longo de canais retos, sinuosos e meândricos. Em *A*, o canal reto inicial não apresenta depressões e umbrais; em *B*, há o surgimento de depressões e umbrais; em *C*, canal sinuoso, e em *D*, canal meândrico. A distância entre duas depressões é igual a cinco vezes a largura do canal; no meandro essa distância corresponde à metade do comprimento do meandro. (Segundo Dury, 1969)

Os *meandros divagantes* (ou livres, ou de planície aluvial) formam-se quando as sinuosidades marcadas pelos rios são independentes do traçado de seu vale e numa escala menor. Pelo fato de se localizarem em uma superfície aberta e livre, a planície de inundação, os meandros deslocam-se constantemente pelas laterais e chegam a atingir toda a extensão da planície. O tamanho dos meandros reflete o débito fluvial e o ajustamento entre as variáveis hidráulicas.

A opinião geral é de que há migração rápida dos canais meândricos no âmbito da planície de inundação. As pesquisas realizadas no rio Mississipi, no trecho localizado após a cidade de Cairo, assinalam grandes alterações nos dois últimos séculos; da mesma forma, a planície de inundação do baixo rio Missouri mostra evidências de rápidos deslocamentos, e calcula-se que um terço da planície foi retrabalhada entre 1879 e 1954 (Schmudde, 1963). Baseando-se nas relações entre os sítios arqueológicos e os antigos canais do rio Ucaiali, na região oriental do Peru, Lathrap (1968) sugeriu que a duração média dos colos de meandros, até que sejam cortados pelo desenvolvimento do rio, é de 500 anos. Todavia, em muitos canais meândricos o desenvolvimento não é tão rápido e o curso de água surge com maior estabilidade do canal.

Parece que a relação largura-profundidade possui importância no movimento migratório dos meandros. Quando essa relação é pequena, a movimentação dos canais é rápida, e há maior estabilidade com valores elevados. O baixo rio Ohio apresenta valores entre 80 e 130 e comporta-se como canal de grande estabilidade. A carga detrítica em suspensão também parece ser fator influente na mobilidade do canal. Schumm (1967) mostrou que a forma e sinuosidade dos canais aluviais são determinados, primariamente, pelo tipo de carga detrítica e, em menor grau, pela descarga fluvial. Os canais meândricos possuem elevada porcentagem de silte e argila, e isso pode ser responsável pela sua maior sinuosidade. Esse fato explica por que a redução da declividade provoca a diminuição do cisalhamento e a da competência. Verificou-se também que a sinuosidade diminui conforme aumenta a granulometria e a quantidade da carga detrítica.

Os *meandros encaixados* (Fig. 3.15), ou de vales, aparecem quando o rio é meândrico como seu vale, conservando a mesma escala. Os meandros, devido ao soerguimento ou ao abaixamento do nível de base, vão entalhando as camadas subjacentes e o vale passa a ter a mesma feição do rio meândrico antecedente. Na perspectiva do ciclo geográfico davisiano, os meandros encaixados são sinais de rejuvenescimento da paisagem. W. Thornbury assinala dois tipos de meandros encaixados: os que entalharam verticalmente, resultando em vertentes quase idênticas para ambos os lados do vale, e os que sofreram um deslocamento, redundando em vertentes mais íngremes nas concavidades do vale meândrico e em vertentes mais suaves nas convexidades. É provável que o aumento da sinuosidade ocorreu durante o entalhamento.

Considerando-se que os vales sejam esculpidos pela ação morfogenética fluvial, observa-se que determinados rios não estão proporcionalmente equacionados ao tamanho dos vales que percorrem. São *rios inadaptados* que podem ser classificados em dois tipos básicos:

a) quando o volume do rio é superior ao tamanho do vale, estamos em presença de rios inadaptados e desproporcionais para mais (*overfit*). Torna-se difícil encontrar exemplos dessa categoria, porque o aumento do débito será acompanhado de elevação do poder erosivo e do rápido ajustamento da grandeza do vale ao tamanho do rio;

b) quando o meandramento fluvial é muito reduzido em relação ao tamanho do vale, estamos em presença de rios desproporcionais para menos (*underfit*). Geralmente são rios que foram de volume maior, esculpindo o vale de acordo com sua potência, e que sofreram acentuada redução em sua descarga. Como essa condição pode permanecer indefinidamente, os exemplos são numerosos.

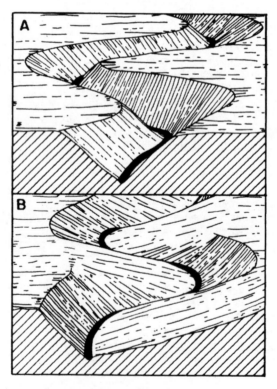

Figura 3.1: Os tipos de meandros encaixados. Em *A*, houve entalhamento vertical, resultando vertentes simétricas; em *B*, paralelamente ao entalhamento houve um deslocamento dos meandros, redundando em vertentes dessimétricas

Geomorfologia fluvial

A prova mais importante para o estabelecimento da diminuição dos débitos fluviais está no estudo da variação morfométrica dos meandros. Se os meandros atuais possuem parâmetros menores que os dos meandros abandonados existentes na planície de inundação, ou pelo indicado através das curvaturas das escarpas do vale meândrico, pode-se confirmar a existência de rios *underfit*. Como nem todos os vales meândricos são ocupados por rios manifestadamente inadaptados, mas muito deles são percorridos por rios que conservam a mesma grandeza das curvaturas, atualmente reconhece-se um outro tipo de rios *underfit* – o tipo Osaga – denominação oriunda do Osage River, em Missouri (EUA), onde as suas características foram descritas pela primeira vez. Embora acompanhando o vale, esse tipo de canal apresenta uma seqüência de depressões e umbrais espaçados conforme a geometria hidráulica, mas cujas distâncias estão muito aquém das permitidas pelo tamanho do vale. As depressões ocorrem em número muito maior que a permitida pelo tamanho das curvas do canal (Fig. 3.16).

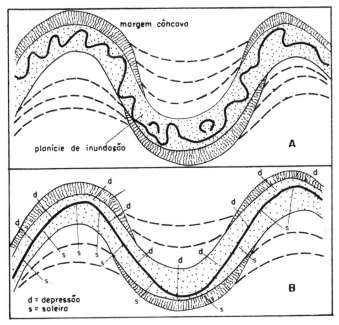

Figura 3.1 Os rios inadaptados (*underfit*) podem ser de dois tipos: em *A*, são rios manifestadamente inadaptados, porque os parâmetros do canal meândrico são menores que os do vale; em *B*, o tamanho do canal meândrico é semelhante ao do vale. Entretanto, a disposição das depressões e soleiras mostra que elas existem em quantidade muito maior que a admitida pela grandeza do vale. Esse tipo é designado de Osaga (conforme Dury, 1969)

A razão aventada para explicar a existência dos rios *underfit*, desde o reconhecimento inicial feito por William M. Davis, em 1913, era a presença de capturas fluviais. Essas capturas explicavam a brusca diminuição das descargas fluviais e a desproporção entre os meandros e o tamanho do vale. Atualmente, as capturas podem ser lembradas em casos específicos, locais, mas a causa geral da redução dos volumes fluviais está relacionada com as oscilações climáticas. Analisando os meandros de alguns rios paulistas, A. J. Cândido (1971) chegou à conclusão de que houve um aumento no débito fluvial no decorrer das últimas fases geológicas, pois os meandros atuais são maiores que os abandonados. O referido autor considerou que o clima atual é mais úmido que o reinante em um passado recente, no território paulista.

96 Geomorfologia

PERFIL LONGITUDINAL DE RIOS

O perfil longitudinal de um rio mostra a sua declividade, ou gradiente, sendo a representação visual da relação entre a altimetria e o comprimento de determinado curso de água. O perfil característico é côncavo para o céu, com declividades maiores em direção da nascente e com valores cada vez mais suaves em direção ao nível de base. Os cursos de água que apresentam esse perfil são considerados como equilibrados, pois G. K. Gilbert, em 1877, utilizou o referido termo no mesmo sentido em que os engenheiros ajustam, equilibram, o leito das rodovias e ferrovias através de cortes e aterros. Por esse motivo, o perfil longitudinal também é normalmente designado como "perfil de equilíbrio".

As razões para explicar a concavidade dos perfis fluviais são muito complexas. A. Surrel acreditava que a concavidade do perfil resultava de três regimes diferentes ao longo da extensão do curso de água. A parte superior do rio era considerada como área de coleta de água e de erosão, o que implicava no entalhamento e regressão das cabeceiras dos rios. O trecho inferior era área de deposição, com predominância da sedimentação. A porção intermediária era uma transição entre ambos, e a combinação das três parcelas fluviais refletia na concavidade do perfil dos cursos de água. Outros pesquisadores julgavam que a concavidade estava relacionada com a diminuição, em direção de jusante, da granulometria da carga detrítica transportada pelos rios. Nessa perspectiva, o gradiente é maior nas proximidades das cabeceiras a fim de manter a velocidade e a competência suficiente para transportar detritos grosseiros que lhe eram fornecidos. Como em direção da embocadura os sedimentos iam-se tornando menores, de granulometria mais fina, a velocidade necessária para transportá-los também podia diminuir. Assim, a declividade diminuía e se suavizava na medida em que podia transportar a sua carga detrítica.

Na metade do século XX podia-se relacionar as seguintes idéias e conceitos principais como representando o estado do conhecimento sobre o perfil longitudinal de cursos de água:

a) a noção de equilíbrio aplica-se ao trabalho fluvial, sendo que a declividade em cada local refletirá o balanço entre as forças de entalhamento e de deposição, caracterizando-se como o declive apto a transportar a carga que lhe é fornecida de montante. O rio equilibrado não entalha nem deposita, sendo mero agente transportador;

b) todo e qualquer perfil longitudinal de cursos de água assinala equilíbrio provisório, modificável no transcorrer do tempo, pois o perfil de equilíbrio definitivo, ou ideal, é noção limite e simples concepção mental;

c) o equilíbrio propaga-se de maneira progressiva, a partir do nível de base. Os setores localizados a jusante são os primeiros a alcançarem o perfil de equilíbrio, enquanto os próximos das cabeceiras serão os últimos. A erosão regressiva constitui o processo responsável por essa expansão remontante;

d) o perfil de equilíbrio é alcançado quando se realiza a ajustagem entre o débito, velocidade e carga detrítica. Havendo aumento gradual do débito em direção de jusante, há diminuição gradativa na declividade do perfil. A declividade cada vez menor vai influir diretamente na velocidade das águas, considerada esta como função do declive e a única que o rio pode modificar diretamente. Com a diminuição da declividade e da velocidade, há diminuição da competência e, em conseqüência, da granulometria dos sedimentos componentes da carga do leito. Desta maneira, através da deposição e do entalhamento o perfil controla a velocidade necessária para efetuar o transporte da carga detrítica;

e) a granulometria da carga detrítica fornecida aos cursos de água pela bacia de drenagem vai se alterando com o transcorrer do ciclo de erosão, à medida que ocorre a suavização das vertentes. Por outro lado, considerando o controle exercido pelo perfil

Geomorfologia fluvial

longitudinal sobre a evolução das vertentes, é no baixo curso que as vertentes primeiro atingem o estágio avançado de desenvolvimento e onde, portanto, há fornecimento de sedimentos de granulometria fina. Através desse esquema de evolução das paisagens e das bacias, os sedimentos fornecidos pela bacia de drenagem apresentam diminuição granulométrica constante de montante para jusante;

f) o perfil longitudinal não precisa ser sempre uma curva côncava regular. Conforme a carga detrítica e o débito, cada tributário pode ocasionar modificações e mudanças no perfil longitudinal do rio principal. Desta maneira, evidenciam-se condições para a existência de segmentos diversos, com características diferentes, expressando o perfil de equilíbrio;

g) há solidariedade intrínseca entre todos os pontos do perfil. Por outro lado, com exceção do nível de base, considerado como de estabilidade por longo período de tempo, todos os demais níveis são variáveis;

h) o perfil de equilíbrio estabelece-se em função das grandes cheias, quando o rio atinge o seu maior poder de abrasão em virtude de elevada carga detrítica que lhe é fornecida.

Na concepção de equilíbrio fluvial proposta por W. M. Davis, como também na de J. H. Mackin, a declividade do canal é o elemento básico que regula os demais. As inúmeras pesquisas realizadas pelo Serviço Geológico dos Estados Unidos demonstram que a concavidade do perfil resulta de um conjunto de variáveis, tais como débito, carga detrítica fornecida ao rio, granulometria dos detritos, resistência ao fluxo, velocidade da água, largura, profundidade e declividade do canal. O perfil longitudinal resulta, pois, do trabalho que o rio executa para manter o equilíbrio entre a capacidade e a competência, de um lado, com a quantidade e o calibre da carga detrítica, de outro lado, através de toda a sua extensão. Se a capacidade e competência são maiores que as requeridas para transportar a carga que lhe é fornecida, o rio deverá abaixar sua capacidade e competência através de modificações na morfologia e declividade do canal. Inversamente, se for menor, o rio deverá aumentá-la através de modificações na morfologia e declividade do canal.

Verificando as variáveis da geometria hidráulica observa-se que, em direção de jusante, há aumento proporcional da largura, da profundidade e da velocidade das águas. Com o aumento da largura e da profundidade em direção de jusante há elevação dos valores do raio hidráulico e, concomitantemente, diminuição relativa da influência exercida pela rugosidade. A rugosidade do canal representa a resistência ao fluxo, em função da granulometria dos sedimentos, da topografia do leito e do perfil transversal do canal. O aumento do valor do raio hidráulico e a diminuição relativa da rugosidade indicam maior eficiência do fluxo, que se reflete no aumento da velocidade, compensando o decréscimo que se observa na declividade do canal.

Em resumo, pode-se verificar que no canal fluvial, de montante para jusante, há:

a) aumento do débito, da largura e da profundidade do canal, da velocidade média das águas, do raio hidráulico;

b) diminuição do tamanho dos sedimentos, da competência do rio, da resistência ao fluxo e da declividade.

Em conseqüência do comportamento e da ajustagem dessas variáveis, o perfil longitudinal surge como resposta ao controle exercido por esses fatores. Em vez de representar fator controlante, como no contexto da teoria davisiana, passa a ser considerado como variável controlada e dependente.

Numerosas são as tentativas feitas para encontrar uma curva matemática que melhor se aplique ao perfil longitudinal de rios. J. F. N. Green, em 1934, em seu estudo sobre o rio Mole, propôs a fórmula logarítmica

$$y = a - k \cdot \log(p - x),$$

98

na qual y é a altura do rio acima do nível do mar, a e k são constantes que devem ser determinadas para cada rio em particular, p é o comprimento do rio e x é a distância do local à embocadura.

Alguns pesquisadores encontraram uma relação estreita entre a declividade e o comprimento de um rio, na forma

$$S = k \cdot L^n,$$

na qual S é a declividade em determinado ponto, L é o comprimento da cabeceira até o referido ponto k e n são constantes empíricas. A partir dessa relação, J. T. Hack, ao estudar os perfis longitudinais de rios da Virgínia, derivou duas equações a propósito do perfil longitudinal,

$$H = k \cdot \ln \cdot L + C, \text{ quando } n = -1;$$

$$H = \frac{k}{n + 1}(L^{n+1} + C), \text{ quando } n \neq -1;$$

nas quais H é a diferença altimétrica, L é o comprimento do rio, n, k e C são constantes. Considerando os fatos de que há relação entre declividade e comprimento e de que as partículas diminuem em direção de jusante, Hack chegou à seguinte expressão para o perfil longitudinal,

$$H = \frac{25\,j^{0,6}}{0,6\,m} L^{0,6} + C;$$

na qual H, L e C tem o mesmo significado que na fórmula anterior, e m e j são constantes relacionadas com a alteração do tamanho das partículas em direção de jusante. Se o tamanho dos detritos permanecer sem alteração, isto é, se m = zero, então a equação pode ser escrita da seguinte maneira,

$$H = 25\,j^{0,6} \ln L + C.$$

O EQUILÍBRIO FLUVIAL

A idéia da existência de um perfil de equilíbrio foi inicialmente proposta no século XVII, quando Guglielmi concluiu que um rio modificará o seu canal, erodindo ou depositando, até que tenha alcançado um equilíbrio entre a energia e a resistência. Também observou que tais perfis de equilíbrio são côncavos e as declividades variam com a velocidade do fluxo, carga e tamanho do material do leito.

Grove K. Gilbert, em 1887, foi quem primeiro empregou o termo de "rio equilibrado" (*graded stream*), assinalando o ajustamento entre os setores de um mesmo rio e entre os elementos da rede de drenagem. Posteriormente, W. M. Davis utilizou do conceito, definindo-o em função da teoria cíclica de erosão, considerando que o equilíbrio surge quando há ajustagem entre a erosão e a sedimentação, condição que é atingida através de contínuas, embora pequenas, alterações na declividade do rio.

Com a aplicação da teoria dos sistemas nos estudos geomorfológicos, principalmente a partir de 1950, passou-se a empregar o conceito de estado de estabilidade (*steady state*) em sistemas abertos no estudo da dinâmica fluvial. O estado de estabilidade é atingido quando há equacionamento entre a importação e exportação de energia e matéria através do sistema, exprimindo-se por meio da ajustagem das formas do próprio sistema. Nesse estágio, o sistema é auto-regulador e qualquer alteração nas condições ambientais resulta em modificação compensatória por parte do sistema. O lapso de tempo deve ser relativamente longo, dentro do qual serão mínimas as flutuações do fluxo e que o débito e a carga possam ser consideradas como constantes. Torna-se evidente que as características do canal do escoamento estão sendo paulatinamente alteradas em função da variabilidade sazonal das condições ambientais, e durante um longo período de anos há um equilibrio entre o fluxo de água e detritos que entram e saem do sistema fluvial; a morfologia do rio e de sua bacia de drenagem não é estática, pois o material está sendo constantemente removido e há modificações nas formas de relevo superficiais e fluviais.

Levando em consideração as diferentes circunstâncias que se entrosam, M. Morisawa (1968) expõe a seguinte definição de rio equilibrado: "um rio equilibrado é aquele que atingiu o estado de estabilidade de modo que, sobre determinado período de tempo, a água e a carga detrítica que entram no sistema são compensadas pelas que dele saem. O estado de estabilidade é atingido e mantido pela interação mútua das características do canal, tais como declividade, forma do perfil transversal, rugosidade e padrão do canal. Ele é um sistema auto-regulador; qualquer alteração nos fatores controlantes causará um deslocamento em certa direção que tenderá a absorver o efeito da mudança".

BIBLIOGRAFIA

Archambault, Michel, "Essai sur la genèse des glacis d'érosion dans le Sud et le Sud-Est de la France", *Mémoires et Documents du CNRS* (1967), 2, pp. 101-141, Paris, França.

Awad, Hassan, "Um problema de morfologia árida: os pedimentos", *Notícia Geomorfológica* (1962), 5 (9/10), pp. 16-23, Campinas.

Bagnold, Ralph A.,"Some aspects of the shape of river meanders", *U. S. Geol. Sur. Prof. Paper* (1960), (282-E), pp. 135-144.

Bigarella, J. J. e Mousinho, M. R., "Considerações a respeito dos terraços fluviais, rampas de colúvio e várzeas", *Boletim Paranaense de Geografia* (1965), (16/17), pp. 153-197, Curitiba.

Bigarella, J. J., Mousinho, M. R. e Silva, J. X., "Pediplanos, pedimentos e seus depósitos correlativos no Brasil", *Boletim Paranaense de Geografia* (1965), (16/17), pp. 117-151, Curitiba.

Bloom, Arthur L., *Superfície da Terra* (1970). Editora Edgard Blücher Ltda., São Paulo.

Cândido, Aparecido J.,"Contribuição ao estudo dos meandramentos fluviais", *Notícia Geomorfológica* (1971), 11 (22), pp. 21-38, Campinas.

Carlston, Charles W., "The relation of free meander geometry to system discharge and its geomorphic implications", *Amer. Journal Science* (1965), 263, pp. 864-885.

Carlston, Charles W., "Downstream variations in the hydraulic geometry of streams: special emphasis on mean velocity", *Amer. Journal Science* (1969), 267 (4), pp. 499-509.

Carson, M. A., *The mechanics of erosion* (1971), Pion Limited, Londres, Inglaterra.

Chorley, Richard J. (organizador),*Water, Earth and Man* (1969). Methuen & Co., Londres, Inglaterra.

Christofoletti, Antonio, "A dinâmica do escoamento fluvial". *Boletim Geográfico* (1976a), 34 (249): 58-71.

Christofoletti, Antonio, "Geometria hidráulica". *Notícia Geomorfológica* (1976b), 16 (32): 3-37.

Christofoletti, Antonio, "Considerações sobre o nível de base, rupturas de declive, capturas fluviais e morfogênese do perfil longitudinal". *Geografia* (1977a), 2 (4): 81-102.

Christofoletti, Antonio, "A mecânica do transporte fluvial",. *Geomorfologia* (1977b), (51): 1-42 (IGUSP).

Christofoletti, Antonio, "A evolução das idéias a propósito do perfil longitudinal de cursos de água", *Anais da Associação de Geógrafos Brasileiros* (1978a), 19: 11-52.

Christofoletti, Antonio, "Depósitos sedimentares e formas topográficas nos canais e nas planícies de inundação", *Notícia Geomorfológica*, (1978b), 18 (36): 3-56.

Christofoletti, Antonio, "Concepções interpretativas sobre a origem de meandramentos fluviais", *Boletim de Geografia Teorética* (1978c), 8 (16): 49-66.

Culling, W. E. H., "Multicyclic streams and the equilibrium theory of grade", *Journal of Geology* (1957), 65 (259-274).

Davis, William M., *Geographical Essays* (1954). Dover Publications, New York, EUA. (2.ª edição).

Dresch, Jean, "Pedimentos, glacis de erosão, pediplanícies e inselberge", *Notícia Geomorfológica* (1962), 5 (9/10), pp. 1-15, Campinas.

Dury, George H., "Principles of underfit streams", *U. S. Geol. Sur. Prof. Paper* (1965), (452-A), Washington, EUA.

Dury, George H., "Theoretical implications of underfit streams", *U. S. Geol. Sur. Prof. Paper* (1965b), (452-C), Washington, EUA.

Dury, George H. (organizador), *Essays in Geomorphology* (1966). Heinemann Educational Books, Londres, Inglaterra.

Dury, George H. (organizador), *Rivers and river terraces* (1970). MacMillan & Co., Londres, Inglaterra.

Fairbridge, R. W. (organizador), *Encyclopedia of Geomorphology* (1968). Reinhold Book Corporation, New York, EUA.

Gibbs, Ronald J., "The geochemistry of the Amazon river system: part I – the factors that control the salinity and the composition and concentration of the suspended solids", *Geol. Soc. America Bulletin* (1967), 78 (10), pp. 1 203-1 232.

Gregory, K. J. (editor), *River channel changes.* (1977), John Wiley & Sons, Chichester, Inglaterra.

Gregory, K. J. e Walling, D. E., *Drainage basin form and process* (1973), Edward Arnold Ltd., Londres, Inglaterra.

Hack, John T., "Studies of longitudinal strean profiles in Virginia and Maryland", *U. S. Geol. Sur. Prof. Paper* (1957), (294-B), pp. 45-97, Washington, EUA.

Hack, John T., Interpretação da topografia erodida em regiões temperadas úmidas. *Notícia Geomorfológica* (1972), 12 (24), pp. 3-37, Campinas.

Lamego, Alberto R., "Geologia das quadrículas de Campos, São Tomé, Lagoa Feia e Xexé". *Bol. da Div. de Geol. e Miner.* (1955), (154), Rio de Janeiro.

Lathrap, Donald W., "Aboriginal occupation and changes in river channel on the Central Ucayali, Peru". *American Antiquity* (1968), 33, pp. 62-79.

Leighley, J. B., "Turbulence and the transportation of rock debris by streams", *Geographical review* (1934), 24, pp. 453-464.

Leliavsky, Serge, *An introduction to fluvial hidraulics* (1966), Dover Publications, New York, EUA.

Leopold, L. B. e Langbein, W. B., "The concept of entropy in landscape evolution", *U. S. Geol. Sur. Prof. Paper* (1962), (500-A), Washington, EUA.

Leopold, L. B. e Maddock, T., "The hydraulic geometry of stream channels and some physiographic implications", *U. S. Geol. Sur. Prof. Paper* (1953), (252), Washington, EUA.

Leopold, L. B. e Wolman, M. G., "River channel patterns: braided, meandering and straight". *U. S. Geol. Sur. Prof. Paper* (1957), (282-B), pp. 39-85, Washington, EUA.

Leopold, L. B. e Wolman, M. G., "River meanders", *Geol. Soc. America Bulletin.* (1960), 71, pp. 769-794.

Leopold, L. B., Wolman, M. G. e Miller, J. P., *Fluvial processes in Geomorphology* (1964). W. H. Freeman & Co., San Francisco, EUA.

Mackin, J. H., "Concept of graded river", *Geol. Soc. America Bulletin* (1948), 59, pp. 463-512.

Martvall, S. e Nilson, G., "Experimental studies of meandering", *UNGI Rapport* (1972), (20), Uppsala, Suécia.

Geomorfologia fluvial

Morisawa, Marie E., *Strems: their dynamics and morphology* (1968). McGraw-Hill Book Co., New York, EUA.

Morisawa, Marie E., *Fluvial geomorphology* (1973), State University of New York, Publications in Geomorphology, Binghamton, Estados Unidos.

Oltman, Roy E., "Reconnaissance investigations of the discharge and water quality of the Amazon", in *"Atas do simpósio sobre a biota amazônica"* (1967), vol. 3, pp. 163-185.

Penteado, Margarida M., "Características dos pedimentos nas regiões quentes e úmidas". *Noticia Geomorfológica* (1970), 10 (19), pp. 3-16, Campinas.

Scheidegger, Adrian E., *Theoretical Geomorphology* (1970). Springer Verlag, Berlin, Alemanha Oriental, 433 pp. (2.ª edição).

Schumm, S. A., "The shape of alluvial channels in relation to sediment type", *U. S. Geol. Surv. Prof. Paper* (1960), (352-B), pp. 17-30, Washington, EUA.

Schumm, S. A., "Sinuosity of alluvial rivers on the great Plains", *Geol. Soc. America Bulletin* (1963), 74, pp. 1 089-1 099.

Schumm, S. A., "Quaternary Paleohydrology", in *The Quaternary of the United States* (1965) (Wright, H. E. e Frey, D. G., organizadores). Princeton University Press, Princeton, EUA, pp. 783-794.

Schumm, S. A., "Meander Wavelenght of alluvial rivers", *Science* (1967), 157, pp. 1 549--1 550.

Schumm, S. A., *The fluvial system* (1977), John Wiley & Sons, Chichester, Inglaterra.

Schmudde, T. H., "Some aspects of landforms of the lower Missouri river floodplain", *Annals Assoc. American Geographers* (1963), 53 (1), pp. 60-73.

Sternberg, Hilgard O., "A propósito de meandros", *Revista Brasileira de Geografia* (1957), 19 (4), pp. 477-499, Rio de Janeiro.

Thakur, T. R. e Scheidegger, A. E., "Chain model of river meanders", *Journal of Hydrology* (1970), 12 (1), pp. 25-47, Amsterdam, Holanda.

Thornbury, William D., *Principles of Geomorphology* (1969). John Wiley & Sons, New York, EUA, (2.ª edição).

Tricart, Jean, "Comparação entre as condições de esculturação dos leitos fluviais em zona temperada e em zona intertropical", *Notícia Geomorfológica* (1961), 4 (7/8), pp. 7-9, Campinas.

Tricart, Jean, "Os tipos de leitos fluviais". *Notícia Geomorfológica* (1966), 6 (11), pp. 41-49.

Tricart, Jean, "Tipos de planícies aluviais e de leitos fluviais na amazônia brasileira", *Revista Brasileira de Geografia* (1977), 39 (2): 3-40.

Tricart, J. e Cailleux, A., *Le modelé des régions chaudes* (1965). S.E.D.E.S., Paris, França, 322 pp.

Vogt, H., "Quelques problèmes de méandres de debordement en roche meuble", *Revue de Géomorphologie Dynamique* (1965), 15 (4/6), Paris, França.

Warner, R. F., "River terrace types in the coastal valleys of New South Wales", *The Australian Geographer* (1972), 12 (1), pp. 1-22, Sydney, Austrália.

Wolman, M. G. e Leopold, L. B., "River flood plains: some observations on their formation", *U. S. Geol. Survey Prof. Paper* (1957), (282-C), pp. 87-109, Washington, EUA.

4

A ANÁLISE DE BACIAS HIDROGRÁFICAS

Os estudos relacionados com as drenagens fluviais sempre possuíram função relevante na Geomorfologia e a análise da rede hidrográfica pode levar à compreensão e à elucidação de numerosas questões geomorfológicas, pois os cursos de água constituem processo morfogenético dos mais ativos na esculturação da paisagem terrestre. Na presente oportunidade iremos descrever os padrões de drenagem, conforme a conceituação clássica, e posteriormente apresentar as noções estabelecidas para a análise de bacias hidrográficas, desenvolvidas a partir de 1945.

AS BACIAS E OS PADRÕES DE DRENAGEM

A drenagem fluvial é composta por um conjunto de canais de escoamento inter--relacionados que formam a *bacia de drenagem*, definida como a área drenada por um determinado rio ou por um sistema fluvial. A quantidade de água que atinge os cursos fluviais está na dependência do tamanho da área ocupada pela bacia, da precipitação total e de seu regime, e das perdas devidas à evapotranspiração e à infiltração.

As bacias de drenagem podem ser classificadas, de acordo com o escoamento global, nos tipos:

a) *exorreicas*, quando o escoamento das águas se faz de modo contínuo até o mar ou oceano, isto é, quando as bacias desembocam diretamente no nível marinho;

b) *endorreicas*, quando as drenagens são internas e não possuem escoamento até o mar, desembocando em lagos ou dissipando-se nas areias do deserto, ou perdendo-se nas depressões cársicas;

c) *arreicas*, quando não há nenhuma estruturação em bacias hidrográficas, como nas áreas desérticas onde a precipitação é negligenciável e a atividade dunária é intensa, obscurecendo as linhas e os padrões de drenagem;

d) *criptorreicas*, quando as bacias são subterrâneas, como nas áreas cársicas. A drenagem subterrânea acaba por surgir em fontes ou integrar-se em rios subaéreos.

Além das bacias, os rios individualmente, também foram objetos de classificação. William Morris Davis propôs várias designações, considerando a linha geral do escoamento dos cursos de água em relação à inclinação das camadas geológicas. Em sentido puramente descritivo, os rios seriam classificados em (Fig. 4.1):

i — *conseqüentes* são aqueles cujo o curso foi determinado pela declividade da superfície terrestre, em geral coincidindo com a direção da inclinação principal das camadas. Tais rios formam cursos de lineamento reto em direção às baixadas, compondo uma drenagem paralela;

ii — *subseqüentes* são aqueles cuja direção de fluxo é controlada pela estrutura rochosa, acompanhando sempre uma zona de fraqueza, tal como uma falha, junta, camada

A análise de bacias hidrográficas

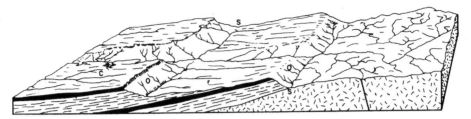

Figura 4.1 A classificação dos rios conforme sua posição frente as camadas rochosas. As letras indicam, respectivamente, C = rios conseqüentes; S = rios subseqüentes; O = rios obseqüentes e R = rios resseqüentes

rochosa delgada ou facilmente erodível. Nas áreas sedimentares, correm perpendiculares à inclinação principal das camadas;

iii – *obseqüentes* são aqueles que correm em sentido inverso à inclinação das camadas ou à inclinação original dos rios conseqüentes. Em geral, descem das escarpas até o rio subseqüente;

iv – *resseqüentes* são aqueles que fluem na mesma direção dos rios conseqüentes, mas nascem em nível mais baixo. Em geral, nascem no reverso de escarpas e fluem até desembocar em um subseqüente;

v – *inseqüentes* estabelecem-se quando não há nenhuma razão aparente para seguirem uma orientação geral preestabelecida, isto é, quando nenhum controle da estrutura geológica se torna visível na disposição espacial da drenagem. Os rios correm de acordo com as particularidades da morfologia, em direções variadas. São comuns nas áreas onde a topografia é plana e em áreas de homogeneidade litológica, como nas graníticas.

O estudo dos padrões de drenagem foi assunto amplamente debatido na literatura geomorfológica. Os *padrões de drenagem* referem-se ao arranjamento espacial dos cursos fluviais, que podem ser influenciados em sua atividade morfogenética pela natureza e disposição das camadas rochosas, pela resistência litológica variável, pelas diferenças de declividade e pela evolução geomorfológica da região. Uma ou várias bacias de drenagem podem estar englobadas na caracterização de determinado padrão.

A classificação sistemática da configuração da drenagem foi levada a efeito por vários especialistas. O número de unidades discernidas varia de autor para autor, porque uns fixam seu interesse nos tipos fundamentais da drenagem, enquanto outros estendem sua análise aos tipos derivados e até aos mais complexos. Utilizando-se do critério geométrico, da disposição fluvial sem nenhum sentido genético, restringir-nos-emos aos tipos básicos dos padrões de drenagem, que são:

a) *drenagem dendrítica* – também é designada como arborescente, porque em seu desenvolvimento assemelha-se à configuração de uma árvore. Utilizando-se dessa imagem, a corrente principal corresponde ao tronco da árvore, os tributários aos seus ramos e as correntes de menor categoria aos raminhos e folhas. Da mesma maneira como nas árvores, os ramos formados pelas correntes tributárias distribuem-se em todas as direções sobre a superfície do terreno, e se unem formando ângulos agudos de graduações variadas, mas sem chegar nunca ao ângulo reto. A presença de confluências em ângulos retos, no padrão dendrítico, constitui anomalias que se deve atribuir, em geral, aos fenômenos tectônicos. Esse padrão é tipicamente desenvolvido sobre rochas de resistência uniforme, ou em estruturas sedimentares horizontais.

Padrões dendríticos subsidiários podem ser descritos como pinadas, subparalelas ou anastomosadas. O padrão pinado apresenta-se com tributários paralelos e unindo-se ao rio principal em ângulos agudos. No tipo dendrítico subparalelo, os ângulos formados nas confluências dos rios subsidiários e principal são tão pequenos, fazendo ambas as

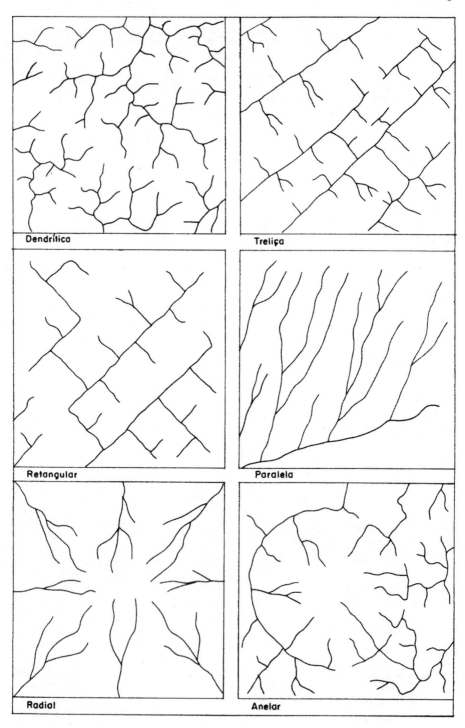

Figura 4.2 A disposição espacial dos principais tipos de padrões de drenagem

A análise de bacias hidrográficas

categorias como simples paralelas. O padrão dendrítico anastomosado é característico das planícies de inundação, consistindo de canais que se bifurcam e se confluem de maneira aleatória.

b) *drenagem em treliça* — esse tipo de drenagem é composto por rios principais conseqüentes, correndo paralelamente, recebendo afluentes subseqüentes que fluem em direção transversal aos primeiros; os subseqüentes, por sua vez, recebem rios obseqüentes e reseqüentes. Em geral, as confluências realizam-se em ângulos retos.

O controle estrutural sobre esse padrão de drenagem é muito acentuado devido à desigual resistência das camadas inclinadas, aflorando em faixas estreitas e paralelas, e o entalhe dos tributários subseqüentes sobre as rochas mais frágeis promove a formação de cristas paralelas, por causa das camadas mais resistentes, acompanhadas de vales subseqüentes nas rochas mais brandas.

O padrão em treliça é encontrado em estruturas sedimentares homoclinais, em estruturas falhadas e nas cristas anticlinais. Também pode se desenvolver em áreas de glaciação, onde ocorre aspectos lineares do modelado glaciário. Em todas as variações, no lineamento geral dos cursos de água, predomina a direção reta e as alterações do curso se fazem em ângulos retos.

c) *drenagem retangular* — a configuração retangular é uma modificação da drenagem em treliça, caracterizando pelo aspecto ortogonal devida às bruscas alterações retangulares no curso das correntes fluviais, tanto nas principais como nas tributárias. Essa configuração é conseqüência da influência exercida por falhas ou pelo sistema de juntas ou de diáclases. Em determinadas ocasiões, a presença desse padrão está relacionado à composição diferente das camadas horizontais ou homoclinais.

d) *drenagem paralela* — a drenagem é denominada de paralela quando os cursos de água, sobre uma área considerável, ou em numerosos exemplos sucessivos, escoam quase paralelamente uns aos outros. Devido à essa disposição, também são denominados de *cauda equina* ou *rabo de cavalo*. Esse tipo de drenagem localiza-se em áreas onde há presença de vertentes com declividades acentuadas ou onde existem controles estruturais que motivam a ocorrência de espaçamento regular, quase paralelo, das correntes fluviais. É comum sua presença em áreas de falhas paralelas ou regiões com lineamentos topográficos paralelos, tais como nas de drumlins e morenas.

Dois subtipos podem ser discernidos, a) *subparalelo*, quando os cursos de água assemelham-se à disposição geral mas sem a regularidade da configuração paralela, e b) *colinear*, quando formada por cursos paralelos e alternativamente superficiais e subterrâneos, encontrado em áreas de rios intermitentes fluindo sobre materiais porosos e de lineamento aproximadamente retilíneo.

e) *drenagem radial* — apresenta-se composta por correntes fluviais que se encontram dispostas como os raios de uma roda, em relação a um ponto central. Ela pode-se desenvolver sobre os mais variados embasamentos e estruturas. Duas configurações surgem como importantes:

— *centrífuga*, quando as correntes são do tipo conseqüente e divergem a partir de um ponto ou área que se encontra em posição elevada, como as desenvolvidas em domos, cones vulcânicos, morros isolados e em outros tipos de estruturas isoladas de forma dômica;

— *centrípeta*, quando os rios convergem para um ponto ou área central, localizada em posição mais baixa, como as desenvolvidas em bacias sedimentares periclinais, crateras vulcânicas e depressões topográficas. A configuração centrípeta é comum e sua designação pode ser aplicada a um grande conjunto de disposição em que a drenagem converge para um ponto comum.

f) *drenagem anelar* — esse padrão assemelha-se a anéis, e A. K. Lobeck (1939) comparou-a em seu desenvolvimento ao crescimento anual dos dendros de uma árvore. As drenagens anelares são típicas das áreas dômicas profundamente entalhadas, em estru-

Geomorfologia

turas com camadas duras e frágeis. A drenagem acomoda-se aos afloramentos das rochas menos resistentes, originando cursos subseqüentes, recebendo tributários obseqüentes e resseqüentes.

g) *drenagens desarranjadas ou irregulares* — são aquelas que foram desorganizadas por um bloqueio ou erosão, como a da glaciação sobre amplas áreas, ou resultam do levantamento ou entulhamento de áreas recentes, nas quais a drenagem ainda não conseguiu se organizar. Os entulhamentos de lagos e de áreas litorâneas servem de exemplos.

A ANÁLISE DE BACIAS HIDROGRÁFICAS

A análise de bacias hidrográficas começou a apresentar caráter mais objetivo a partir de 1945, com a publicação do notável trabalho do engenheiro hidráulico Robert E. Horton, que procurou estabelecer as leis do desenvolvimento dos rios e de suas bacias. A Horton cabe a primazia de efetuar a abordagem quantificativa das bacias de drenagem, e o seu estudo serviu de base para nova concepção metodológica e originou inúmeras pesquisas por parte de vários seguidores. Não é justo que se esqueça, na utilização e expansão dessa nova perspectiva, da influência exercida por Arthur N. Strahler e dos seus colaboradores da Universidade de Colúmbia.

Os índices e parâmetros sugeridos para o estudo analítico serão abordados em quatro itens, hierarquia fluvial, análise areal, análise linear e análise hipsométrica.

A. HIERARQUIA FLUVIAL

A hierarquia fluvial consiste no processo de se estabelecer a classificação de determinado curso de água (ou da área drenada que lhe pertence) no conjunto total da bacia hidrográfica na qual se encontra. Isso é realizado com a função de facilitar e tornar mais objetivo os estudos morfométricos (análise linear, areal e hipsométrica) sobre as bacias hidrográficas.

Robert E. Horton, em 1945, foi quem propôs, de modo mais preciso, os critérios iniciais para a ordenação dos cursos de água. Para Horton, os canais de primeira ordem são aqueles que não possuem tributários; os canais de segunda ordem somente recebem tributários de primeira ordem; os de terceira ordem podem receber um ou mais tributários de segunda ordem, mas também podem receber afluentes de primeira ordem; os de quarta ordem recebem tributários de terceira ordem e, também, os de ordem inferior. E assim sucessivamente. Todavia, na ordenação proposta por Horton, o rio principal é consignado pelo mesmo número de ordem desde a sua nascente. Para se determinar qual é o afluente e qual o canal principal a partir da última bifurcação, podem ser usadas as seguintes regras: a) partindo da jusante da confluência, estender a linha do curso de água para montante, para além da bifurcação, seguindo a mesma direção. O canal confluente que apresentar maior ângulo é o de ordem menor; b) se ambos os cursos possuem o mesmo ângulo, o rio de menor extensão é geralmente designado como de ordem mais baixa. O processo de refazer a numeração deve ser efetuado a cada confluência com ordem mais elevada, até que o canal de n-ésima ordem se estenda desde a confluência final até a nascente do tributário mais longo (vide Fig. 4.3a).

Muitos pesquisadores seguiram esse critério na determinação da ordem dos canais. Outros pesquisadores, considerando a necessidade inerente de decisões subjetivas no sistema de Horton, adotaram um sistema diferente, que foi introduzido por Arthur N. Strahler, em 1952. Para Strahler, os menores canais, sem tributários, são considerados como de primeira ordem, estendendo-se desde a nascente até a confluência; os canais de segunda ordem surgem da confluência de dois canais de primeira ordem, e só recebem afluentes de primeira ordem; os canais de terceira ordem surgem da confluência de dois canais de segunda ordem, podendo receber afluentes de segunda e de primeira ordens; os canais de quarta ordem surgem da confluência de dois canais de terceira ordem, podendo receber tributários das ordens inferiores. E assim sucessivamente. A ordenação proposta por Strahler elimina o conceito de que o rio principal deve ter o mesmo número de ordem em toda a sua extensão e a necessidade de se refazer a numeração a cada confluência (vide Fig. 4.3b).

Em ambos os procedimentos, verifica-se que a rede de canais pode ser decomposta em segmentos discretos, cada um composto por um ou mais segmentos de acôrdo com as regras do sistema de ordenação, e a área superficial contribuindo para cada subconjunto é a bacia de drenagem que lhe está associada. Desta maneira, o conceito de ordem ou de hierarquia é aplicável à rede de canais como às bacias hidrográficas.

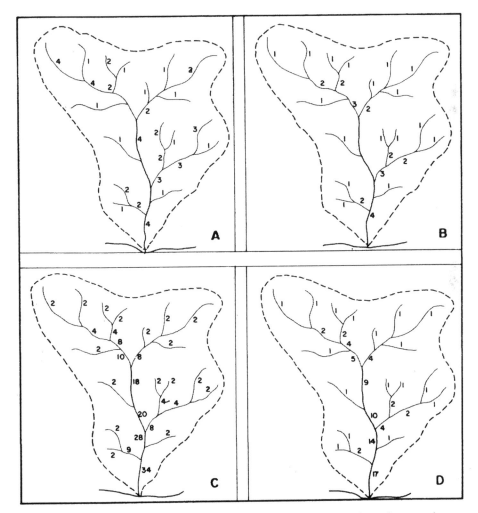

Figura 4.3 Os dois primeiros casos demonstram o procedimento para determinar a ordem ou hierarquia das bacias hidrográficas, conforme Horton (A) e Strahler (B). Os dois últimos ilustram a maneira para se determinar a magnitude das redes de drenagem, conforme Scheidegger (C) e Shreve (D)

108　　　　　　　　　　　　　　　　　　　　　　　　　Geomorfologia

Considerando a relação de bifurcação entre as várias ordens, estabeleceu-se a *lei do número de canais*, que pode ser aplicada com a mesma exatidão nas bacias hierarquizadas conforme o sistema de Horton ou de acordo com o processo de Strahler. Deve-se lembrar que a quantidade de rios existentes em determinada bacia hidrográfica é obtida pela soma dos canais nas diversas ordens, se se utilizar do processo de Horton, que corresponderá ao número de canais de primeira ordem na classificação de Strahler. A tabela 4.1 exemplifica o caso da bacia representada na figura 4.3

Tabela 4.1　Quantidade de rios em uma bacia hidrográfica

Ordem	Horton	Strahler
1.ª	11	17
2.ª	4	6
3.ª	1	2
4.ª	1	1

total de rios da bacia = 17

Tanto o sistema de Horton como o de Strahler pressupõem que a ordem dos canais aumenta de 1 se um rio entra em confluência com outro de mesma ordem. Essa pressuposição é muito significativa em um sistema fluvial idealizado e regular, como em uma rede fluvial composta somente por confluências de rios de mesma ordem. Entretanto, as redes fluviais são mais complexas por causa da existência de numerosos tributários de ordens inferiores. Scheidegger (1965), assinala que as características de cada trecho fluvial dependem de sua ordem (a ordem significando um curso que possui características físicas definidas) e da posição ao longo da extensão do rio, podendo-se especificar condições de similaridade para cada ordem. Sob o ponto de vista hidrológico, toda junção contribui para modificar a ordem do canal principal, alterando suas propriedades dentro da rede e criando um novo segmento.

Considerando que na natureza, sob condições geográficas e climáticas similares, a descarga e outras características hidrológicas dependem, em grande parte, do número de canais existentes na área, Adrian E. Scheidegger, em 1965, propôs outro sistema de ordenação fluvial, denominando-o de método de *ordenação dos canais uniformes* (*consistent stream ordering*). A definição de ordem uniforme relaciona-se às *conexões* ou *ligamentos* fluviais, que são os trechos de canais ao longo dos quais não ocorre nenhuma junção, pois toda confluência que se efetua em um segmento altera a numeração. A ordem uniforme N de qualquer conexão formada pela confluência de dois canais de ordem r, s, é fornecida pela lei de composição logarítmica,

$$N = \log_2 (2^r + 2^s),$$

que exprime o fato de que todas as junções em uma rede fluvial são consideradas, o que implica que os efeitos e conseqüências de todos os tributários, de qualquer ordem, sobre o rio principal são levados em consideração.

Scheidegger começa por estabelecer para cada canal de primeira ordem (de acordo com Strahler) o valor numérico igual a 2, e a cada confluência vai se processando a somatória dos valores atribuídos (vide Fig. 4.3c). Dessa maneira, se dividirmos o número de ordem de qualquer conexão pelo valor 2, obteremos a quantidade de canais fontes ou de primeira ordem que contribuíram para a referida conexão. Utilizando-se do valor atribuído à última conexão da bacia hidrográfica, podemos calcular o número de nascentes contribuintes para o rio principal.

No mesmo sentido é a contribuição de Shreve (1966; 1967) que estabelece a *magnitude* de determinado ligamento ou de determinada bacia hidrográfica. A magnitude

A análise de bacias hidrográficas

de um ligamento em uma rede de canais é definida da seguinte maneira: a) cada ligamento exterior tem magnitude 1, entendendo-se como ligamento exterior o canal que vai desde a nascente até uma confluência; b) se ligamentos de magnitudes u_1 e u_2 se juntam, o ligamento resultante a jusante terá magnitude u_1 mais u_2 (Fig. 4.3d). A magnitude de um ligamento é igual ao número total de nascentes que lhe são tributárias. Esse procedimento visa a considerar que a entrada de um tributário de ordem inferior altera a ordem do rio principal, pois ele reflete a quantidade de canais de primeira ordem que contribui para a sua alimentação. Em analogia com a ordem da bacia, a magnitude de uma rede de canais é igual à maior magnitude atribuída a um de seus ligamentos, o terminal.

A proposição introduzida por Strahler é a mais amplamente utilizada, em virtude do caráter descritivo e do relacionamento com as leis da composição da drenagem. Por outro lado, as proposições de Scheidegger e de Shreve são mais lógicas sob o aspecto hidrológico. Todavia, os diversos modos de ordenação são úteis porque propiciam maneira fácil e rápida de quantitativamente designar qualquer rio ou segmento fluvial em qualquer parte do mundo.

As proposições de Strahler e de Shreve envolvem alguns conceitos que se torna necessário definir, empregados tanto para a análise morfométrica como para a análise topológica de bacias hidrográficas. Os conceitos são os seguintes:

— *rede fluvial* ou *rede de canais* é o padrão interrelacionado de drenagem formado por um conjunto de rios em determinada área, a partir de qualquer número de fontes até a desembocadura da referida rede;

— *fonte* ou *nascente* de um rio é o lugar onde o canal se inicia (nos mapas é representado pelo começo da linha azul), e *desembocadura* é o ponto final, a jusante, de toda a rede;

— *confluência* ou *junção* é o lugar onde dois canais se encontram. Na análise morfométrica e topológica não são permitidas junções triplices;

— *segmento fluvial* é o trecho do rio ou do canal ao longo do qual a ordem (no sentido estabelecido por Strahler) que lhe é associada permanece constante;

— *ligamentos* ou *ligações* ("links") são trechos de/ou segmentos de canais que não recebem afluentes, estendendo-se entre uma fonte e a primeira confluência, a jusante, entre duas junções consecutivas, ou entre a desembocadura e a primeira junção, a montante. Os ligamentos que se estendem de uma nascente até a primeira confluência são denominados de *ligamentos exteriores*, enquanto os demais são denominados de *ligamentos interiores*. Em vista dessas definições, o número de ligamentos exteriores será igual ao número de nascentes, ou de segmentos de primeira ordem, ou da magnitude da rede. O número de ligamentos interiores será igual ao número de nascentes (n) menos um ($n - 1$), e o total dos ligamentos em determinada rede é igual a $2n - 1$.

A análise morfométrica de bacias hidrográficas inicia-se pela ordenação dos canais fluviais, com a finalidade de estabelecer a hierarquia fluvial. A partir de então, processa-se a análise dos aspectos lineares, areais e hipsométricos.

B. ANÁLISE LINEAR DA REDE HIDROGRÁFICA

Na análise linear são englobados os índices e relações a propósito da rede hidrográfica, cujas medições necessárias são efetuadas ao longo das linhas de escoamento. Podemos distinguir os seguintes.

1. **Relação de bifurcação.** Ela foi definida por R. E. Horton (1945) como sendo a relação entre o número total de segmentos de uma certa ordem e o número total dos de ordem imediatamente superior. Acatando-se o sistema de ordenação de Strahler,

110   Geomorfologia

verifica-se que o resultado nunca pode ser inferior a 2. A expressão utilizada para o cálculo é representada como

$$R_b = \frac{N_u}{N_{u+1}},$$

na qual N_u é o número de segmentos de determinada ordem e N_{u+1} é o número de segmentos da ordem imediatamente superior.

Baseando-se na análise da relação de bifurcação, R. E. Horton (1945) expressou uma das leis da composição da drenagem que pode ser enunciada da seguinte maneira: "Em uma bacia determinada, a soma dos números de canais de cada ordem forma uma série geométrica inversa, cujo primeiro termo é a unidade de primeira ordem e a razão é a relação de bifurcação".

A *lei do número de canais* não considera nenhuma mensuração, mas somente o ponto de origem e a confluência dos segmentos. Ela pode ser aplicada com a mesma exatidão nas bacias hierarquizadas conforme o sistema de Horton ou com o de Strahler.

A definição e o reconhecimento preciso dos cursos fluviais, nos mapas, nas fotografias aéreas ou no terreno, são questões fundamentais para a lei do número de canais. É evidente que a precisão e os detalhes variam em função da escala utilizada na confecção das cartas topográficas. Outro ponto importante é distinguir entre o escoamento fluvial e o escoamento pluvial. O primeiro pode ser considerado como escoando através de canais nitidamente marcados e compondo uma rede permanente na topografia. O escoamento pluvial estabelece-se sobre as vertentes e os seus canais não devem ser levados em consideração no estabelecimento das redes hidrográficas.

2. Relação entre o comprimento médio dos canais de cada ordem. O comprimento dos canais pode ser representado pela letra L. Representando-se também cada ordem de canais pela letra u, a soma total dos comprimentos dos canais de cada ordem será L_u, e o comprimento total de todos os cursos de água de uma bacia será representado por L_t. Para se calcular o comprimento médio dos segmentos fluviais, L_m, divide-se a soma dos comprimentos dos canais de cada ordem L_u pelo número de segmentos encontrados na respectiva ordem N_u. Dessa maneira usamos

$$L_m = \frac{L_u}{N_u}.$$

O estudo da relação entre o comprimento médio dos canais foi inicialmente feito por R. E. Horton (1945), o que propiciou ao referido autor expressar outra lei básica da composição da drenagem, que pode ser enunciada da seguinte maneira: "Em uma bacia determinada, os comprimentos médios dos canais de cada ordem ordenam-se segundo uma série geométrica direta, cujo primeiro termo é o comprimento médio dos canais de primeira ordem, e a razão é a relação entre os comprimentos médios".

Para calcular a relação entre os comprimentos médios, emprega-se a seguinte expressão:

$$RL_m = \frac{Lm_u}{Lm_{u-1}},$$

na qual RL_m é a relação entre os comprimentos médios dos canais; Lm_u é o comprimento médio dos canais de determinada ordem, e Lm_{u-1} é o comprimento médio dos canais de ordem imediatamente inferior.

3. Relação entre o índice do comprimento médio dos canais e o índice de bifurcação. Também se deve a Horton o estabelecimento dessa relação, que é "um importante fator na relação entre a composição da drenagem e o desenvolvimento fisiográfico das bacias

A análise de bacias hidrográficas

hidrográficas". Isso porque, se a relação entre o comprimento médio e índice de bifurcação forem iguais, o tamanho médio dos canais crescerá ou diminuirá na mesma proporção. Caso não sejam iguais, o que é mais comum, o tamanho dos canais poderá diminuir ou aumentar progressivamente com a elevação da ordem dos canais, pois são os "fatores hidrológicos, morfológicos e geológicos que determinam o último grau do desenvolvimento da drenagem em determinada bacia".

A fórmula para calculá-la é expressa por

$$R_{lb} = \frac{R_{lm}}{R_b},$$

na qual R_{lb} = relação entre o índice do comprimento médio e o de bifurcação; R_{lm} = = índice do comprimento médio entre duas ordens subseqüentes e R_b = relação de bifurcação entre as mesmas duas ordens subseqüentes.

4. Comprimento do rio principal. É a distância que se estende ao longo do curso de água desde a desembocadura até determinada nascente. O problema reside em se definir qual é o rio principal, podendo-se utilizar os seguintes critérios:

a) aplicar os critérios estabelecidos por Horton, pois o canal de ordem mais elevada corresponde ao rio principal;

b) em cada bifurcação, a partir da desembocadura, optar pelo ligamento de maior magnitude;

c) em cada confluência, a partir da desembocadura, seguir o canal fluvial montante situado em posição altimétrica mais baixa até atingir a nascente do segmento de primeira ordem localizada em posição altimétrica mais baixa, no conjunto da bacia;

d) curso de água mais longo, da desembocadura da bacia até determinada nascente, medido como a soma dos comprimentos dos seus ligamentos (Shreve, 1974: 1168).

Já foi demonstrado, anteriormente, a subjetividade inerente ao critério proposto por Horton. O uso da magnitude é critério prático em vista do funcionamento hidrológico da bacia. O terceiro critério exige determinação precisa das cotas altimétricas e oferece vantagens para a análise das características topográficas. O quarto critério, o do curso de água mais longo, também é prático e se interrelaciona com a análise dos aspectos morfométricos e topológicos das redes de drenagem. Os resultados obtidos através dos diversos critérios são diferenças pequenas, mas que podem ser significantes para as pequenas bacias.

5. Extensão do percurso superficial. Representa a distância média percorrida pelas enxurradas entre o interflúvio e o canal permanente, correspondendo a uma das variáveis independentes mais importantes que afeta tanto o desenvolvimento hidrológico como o fisiográfico das bacias de drenagem. Durante a evolução do sistema de drenagem, a extensão do percurso superficial está ajustado ao tamanho apropriado relacionado com as bacias de primeira ordem, sendo aproximadamente igual à metade do recíproco do valor da densidade da drenagem. É calculado da seguinte maneira:

$$Eps = \frac{1}{2Dd},$$

na qual Eps representa a extensão do percurso superficial e Dd é o valor da densidade de drenagem.

6. Relação do equivalente vectorial. O equivalente vectorial representa o comprimento de cada segmento fluvial de determinada ordem, em linha reta, que se estende do nascimento ao término do referido canal.

112

A relação do equivalente vectorial é obtida da seguinte maneira: somando-se o valor dos equivalentes vectoriais em cada ordem e dividindo-se o total pelo número de canais considerados, encontraremos a grandeza média dos equivalentes vectoriais da referida ordem. Através do confronto entre os dados de cada ordem, obteremos a relação, aplicando a fórmula

$$Rev = \frac{Ev_u}{Ev_{u-1}}$$

na qual Rev é a relação do equivalente vectorial; Ev_u é a grandeza média do equivalente vectorial de determinada ordem e Ev_{u-1} é a grandeza média dos equivalentes vectoriais de ordem imediatamente inferior à considerada.

A importância interpretativa da relação do equivalente vectorial advém de seu confronto com os índices do comprimento médio e da declividade média. Por exemplo, nos canais retilinizados e com alta declividade, a grandeza do equivalente vectorial aproxima-se da do comprimento. Como normalmente os trechos retilíneos indicam influência estrutural, pode-se interpretar a similaridade das duas relações como sinal do controle geológico. Por outro lado, deve-se também lembrar que cursos de água com direção geral retilínea, mas com fracas declividades, podem apresentar meandramentos e distanciamentos entre as duas relações, fato que por si só indica outra tipologia de formas de vales e de comportamento da dinâmica fluvial.

7. **Gradiente dos canais.** O gradiente dos canais vem a ser a relação entre a diferença máxima de altitude entre o ponto de origem e o término com o comprimento do respectivo segmento fluvial. A sua finalidade é indicar a declividade dos cursos de água, podendo ser medido para o rio principal e para todos os segmentos de qualquer ordem.

Tabela 4.2 Dados morfométricos relacionados com a bacia do rio Passa Cinco (Estado de São Paulo)

Ordem	n.º Segmentos	Rb	Área média (km²)	Ra	Comp. médio (m)	Rlm	Equivalente vectorial (m)	Rev	Declividade média	Rgc
1.º	250		1,01		1 246		1 189		1°58'	
		4,6		5,6		1,6		1,6		1,8
2.ª	54		5,72		2 165		2 013		1°5'	
		3,4		4,3		2,7		2,6		2,0
3.ª	16		24,70		5 766		5 244		0°33'	
		8,0		10,2		3,5		3,2		0,7
4.ª	2		252,5		20 650		17 025		0°45'	
		2,0		2,9		0,97		0,8		1,5
5.ª	1		731,0		20 000		15 100		0°30'	
média ponderada		4,5		5,5		1,87		1,84		1,78

O confronto entre a declividade média dos canais de cada ordem permitiu a R. E. Horton (1945) enunciar a terceira lei da composição da drenagem, da seguinte forma: "Em uma determinada bacia há uma relação definida entre a declividade média dos canais de certa ordem e a dos canais de ordem imediatamente superior, que pode ser expressa por uma série geométrica inversa, na qual o primeiro termo é a declividade média dos canais de primeira ordem e a razão é a relação entre os gradientes dos canais". O cálculo da relação entre os gradientes dos canais pode ser efetuado através da fórmula

$$Rgc = \frac{Gc_u}{Gc_{u+1}},$$

na qual Rgc é a relação entre os gradientes dos canais; Gc_u é a declividade média dos canais de determinada ordem e Gc_{u+1} é a declividade média dos canais de ordem imediatamente superior.

C. ANÁLISE AREAL DAS BACIAS HIDROGRÁFICAS

Na análise areal das bacias hidrográficas estão englobados vários índices nos quais intervêm medições planimétricas, além de medições lineares. Podemos incluir os seguintes índices:

1. **Área da bacia** (A). É toda a área drenada pelo conjunto do sistema fluvial, projetada em plano horizontal. Determinado o perímetro da bacia, a área pode ser calculada com o auxílio do planímetro, de papel milimetrado, pela pesagem de papel uniforme devidamente recortado ou através de técnicas mais sofisticadas, com o uso de computador.

2. **Comprimento da bacia** (L). Várias são as definições a propósito do comprimento da bacia, acarretando diversidade no valor do dado a ser obtido. Entre elas podemos mencionar (Fig. 4.4).

— distância medida em linha reta entre a fóz e determinado ponto do perímetro, que assinala eqüidistância no comprimento do perímetro entre a fóz e ele. O ponto mencionado representa, então, a metade da distância correspondente ao comprimento total do perímetro;

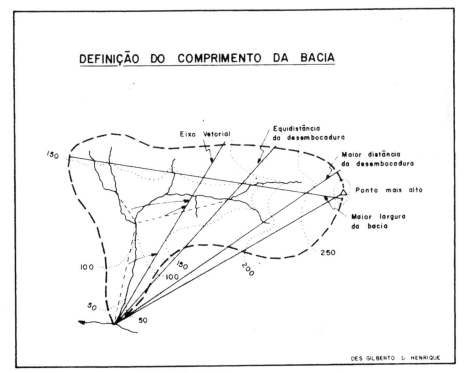

Figura 4.4 Representação dos diversos critérios utilizados para determinar o comprimento da bacia de drenagem

— maior distância medida, em linha reta, entre a fóz e determinado ponto situado ao longo do perímetro;

— distância medida, em linha reta, entre a fóz e o mais alto ponto situado ao longo do perímetro;

— distância medida em linha reta acompanhando paralelamente o rio principal. Esse procedimento acarreta diversas decisões subjetivas quando o rio é irregular ou tortuoso, ou quando a bacia de drenagem possui forma incomum.

3. **Relação entre o comprimento do rio principal e a área da bacia.** Esta relação foi assinalada por Hack (1957), ao estudar bacias do vale do Shenandoah e da Nova Inglaterra. Posteriormente, outros pesquisadores abordaram o assunto e essas pesquisas demonstraram notável consistência entre os dados, apesar da diversidade de condições ambientais envolvidas, permitindo que o comprimento geométrico do curso de água principal possa ser calculado conforme a seguinte expressão, proposta inicialmente por Hack (1957):

$$L = 1,5 \ A^{0,6} \quad \text{(em unidades métricas)}$$

onde L = comprimento do rio principal, em km, e A = área da bacia, em km².

4. **Forma da bacia.** A fim de eliminar a subjetividade na caracterização da forma das bacias, foram propostos vários processos. V. C. Miller, em 1953, propôs o *índice de circularidade*, que é a relação existente entre a área da bacia e a área do círculo de mesmo perímetro. Conforme o enunciado, a fórmula empregada é

$$Ic = \frac{A}{Ac}$$

na qual Ic é o índice de circularidade; A é a área da bacia considerada e Ac é a área do círculo de perímetro igual ao da bacia considerada. O valor máximo a ser obtido é igual a 1,0, e quanto maior o valor, mais próxima da forma circular estará a bacia de drenagem.

Recentemente, David R. Lee e G. Tomas Salle, em 1970, expõem o seguinte método para estabelecer a forma de uma bacia ou de qualquer outro fato que seja delimitado. Após a delimitação da bacia, independentemente da escala, traça-se uma figura geométrica (círculo, retângulo, triângulo, etc.) que possa cobrir da melhor maneira possível a referida bacia hidrográfica (Fig. 4.5). A seguir, relaciona-se a área englobada simul-

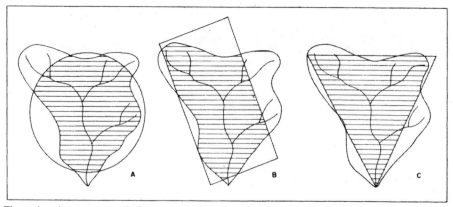

Figura 4. A mensuração da forma de bacias hidrográficas (ou de qualquer outro fenômeno areal) conforme o procedimento estabelecido por D. R. Lee e T. Salle. No exemplo acima, o valor do índice para o círculo é de 0,313; de 0,367 para o retângulo e de 0,222 para o triângulo. Tomando tais dados como base, a forma da bacia pode ser descrita como sendo triangular

A análise de bacias hidrográficas   **115**

taneamente pelas duas com a área total que pode pertencer à bacia e ou à figura geométrica, obtendo-se um *índice de forma*. Através da aplicação da fórmula

$$If = 1 - \frac{(\text{área } K \cap L)}{(\text{área } K \cup L)}$$

na qual *If* é o índice de forma; *K* é a área da bacia; *L* é a área da figura geométrica. Para esse método, quanto menor for o índice, mais próxima da figura geométrica respectiva estará a forma da bacia.

O *índice entre o comprimento e a área da bacia* (ICo) da bacia pode ser obtida dividindo-se o diâmetro da bacia pela raiz quadrada da área, conforme a seguinte fórmula

$$ICo = \frac{D_b}{\sqrt{A}}$$

na qual *ICo* = índice entre o comprimento e a área; D_b = diâmetro da bacia, e *A* = = área da referida bacia.

Este índice apresenta significância para descrever e interpretar tanto a forma como o processo de alargamento ou alongamento da bacia hidrográfica. A sua significação advém do fato de podermos utilizar figuras geométricas simples como ponto de referência. Quando o valor do *ICo* estiver próximo de 1,0, a bacia apresenta forma semelhante ao quadrado; quando o valor for inferior ao da unidade, a bacia terá forma alargada, e quanto maior for o valor, acima da unidade, mais alongada será a forma da bacia.

5. **Densidade de rios.** É a relação existente entre o número de rios ou cursos de água e a área da bacia hidrográfica. Sua finalidade é comparar a freqüência ou a quantidade de cursos de água existentes em uma área de tamanho padrão como, por exemplo, o quilômetro quadrado. Esse índice foi primeiramente definido por R. E. Horton (1945), sendo calculado pela fórmula

$$Dr = \frac{N}{A},$$

onde *Dr* é a densidade de rios; *N* é o número total de rios ou cursos de água e *A* é a área da bacia considerada.

Se utilizarmos a ordenação de Horton, o número de canais corresponde à soma de todos os segmentos de cada ordem. Esse procedimento é válido porque, de acordo com os seus critérios de hierarquização, cada segmento de ordem superior a um estende-se desde o seu final até uma determinada nascente. Se utilizarmos a ordenação de Strahler, o número de canais corresponde à quantidade de rios de primeira ordem, pois implica que todo e qualquer rio surge em uma nascente. O número de canais de determinada bacia é noção básica para demonstrar a sua *magnitude*, conforme os critérios estabelecidos por Scheidegger ou Shreve. O cálculo da densidade de rios é importante porque representa o comportamento hidrográfico de determinada área, em um de seus aspectos fundamentais: a capacidade de gerar novos cursos de água.

6. **Densidade da drenagem.** A densidade da drenagem correlaciona o comprimento total dos canais de escoamento com a área da bacia hidrográfica. A densidade de drenagem foi inicialmente definida por R. E. Horton (1945), podendo ser calculada pela equação

$$Dd = \frac{L_t}{A},$$

na qual *Dd* significa a densidade da drenagem; L_t é o comprimento total dos canais e *A* é a área da bacia.

116

Geomorfologia

Em um mesmo ambiente climático, o comportamento hidrológico das rochas repercute na densidade de drenagem. Nas rochas onde a infiltração encontra maior dificuldade há condições melhores para o escoamento superficial, gerando possibilidades para a esculturação de canais, como entre as rochas clásticas de granulação fina, e, como conseqüência, densidade de drenagem mais elevada. O contrário ocorre com as rochas de granulometria grossa.

O cálculo da densidade da drenagem é importante na análise das bacias hidrográficas porque apresenta relação inversa com o comprimento dos rios. À medida que aumenta o valor numérico da densidade há diminuição quase proporcional do tamanho dos componentes fluviais das bacias de drenagem.

7. **Densidade de segmentos da bacia** (F_s): – é a quantidade de segmentos existente em determinada bacia hidrográfica por unidade de área. Deve-se aplicar o sistema de ordenação de Strahler e somar a quantidade de segmentos de todas as ordens da bacia. Para calculá-la utiliza-se a fórmula seguinte:

$$F_s = \frac{\Sigma\, n_i}{A}$$

onde n_i = número de segmentos de determinada ordem: $i = 1.^a; 2.^a; 3.^a \ldots$, enésima ordem; A = área da bacia.

Deve-se lembrar que a densidade de segmentos e a densidade de drenagem referem-se a aspectos distintos da textura topográfica. É possível encontrar bacias possuindo a mesma densidade de drenagem, mas com freqüências diferentes dos segmentos, e bacias com igual densidade de segmentos mas com diferentes densidades de drenagem. Analisando 156 bacias de drenagem, representando vasta amplitude em escalas, clima, topografia, cobertura superficial e tipos geológicos, Melton (1958) derivou a seguinte fórmula, relacionando a densidade dos segmentos (F_s) com a densidade de drenagem (Dd),

$$F_s = 0,694\, Dd^2$$

A partir dessa fórmula pode-se observar que:

$$\frac{F_s}{Dd^2} = \frac{(\Sigma\, n_i)\, A}{L^2} = \frac{1}{Dd \cdot \overline{L}}$$

nas quais L = comprimento total dos segmentos da bacia; $\overline{L}$ = comprimento médio dos segmentos da bacia. Os demais símbolos já foram anteriormente definidos. O valor numérico deve permanecer constante para bacias geometricamente similares.

8. **Relação entre as áreas das bacias** (Ra). Em uma bacia hidrográfica, cada segmento de determinada ordem é responsável pelo drenagem de uma área. No caso das bacias de segunda, terceira ou de ordem mais elevada, a área a elas subordinada abrange também a área de todos os segmentos de ordem menores que lhe são subsidiários. Desta maneira, uma bacia de segunda ordem engloba as áreas dos segmentos de primeira ordem e mais a área que especificamente escoa diretamente para o segmento de segunda ordem; uma bacia de terceira ordem engloba as áreas das bacias de segunda ordem que lhe são subsidiárias, as de primeira ordem que desaguam diretamente no canal de terceira ordem e mais a área que especificamente escoa para o segmento de terceira ordem; uma bacia de quarta ordem engloba as áreas das bacias de terceira ordem que lhe são subsidiárias, as áreas das bacias de primeira e de segunda ordem que desaguam diretamente no canal de quarta ordem e mais a área que especificamente escoa para o canal de quarta ordem; e assim sucessivamente. Desta maneira, como cada segmento de ordem superior drena uma área que é cada vez maior à medida que aumenta a ordem dos canais, o índice procura relacionar as áreas das bacias de ordens subseqüentes, tais como entre as de primeira e

A análise de bacias hidrográficas

de segunda ordem, entre as de segunda e terceira ordem, e entre as demais na devida seqüência. Medindo-se as áreas das bacias correspondentes a cada ordem, obtemos os valores absolutos para elas; conhecendo os valores individuais e a quantidade de casos pode-se calcular a *área média* para as bacias de determinada ordem. A relação entre as áreas das bacias foi proposta e empregada por Schumm (1956), sendo a fórmula correspondente expressa por:

$$Ra = \frac{A_u}{A_{u-1}}$$

na qual *Ra* é a relação entre as áreas das bacias; A_u é a área média das bacias de determinada ordem, e A_{u-1} é a área média das bacias de ordem imediatamente inferior.

A propósito da relação existente entre as áreas das bacias, S. A. Schumm propôs uma lei relacionada com a composição da drenagem, enunciada da seguinte maneira: "Em uma bacia hidrográfica determinada, a área média das bacias de drenagem dos canais de cada ordem ordena-se aproximadamente segundo uma série geométrica direta, na qual o primeiro termo é a área média das bacias de primeira ordem".

9. **Coeficiente de manutenção.** Proposto por S. A. **Schumm, em 1956,** esse índice tem a finalidade de fornecer a área mínima necessária para a manutenção de um metro de canal de escoamento. O referido autor considera-o como um dos valores numéricos mais importantes para a caracterização do sistema de drenagem, podendo ser calculado através da seguinte expressão, a fim de que seja significante na escala métrica

$$Cm = \frac{1}{Dd} \cdot 1\,000$$

na qual *Cm* é o coeficiente de manutenção e *Dd* é o valor da densidade de drenagem, expresso em metros. Tomando como exemplo o quilômetro quadrado, ela representaria a área dessa unidade (um milhão de metros quadrados) dividido pela densidade da drenagem.

D. A ANÁLISE HIPSOMÉTRICA

A hipsometria preocupa-se em estudar as inter-relações existentes em determinada unidade horizontal de espaço no tocante a sua distribuição em relação às faixas altitudinais, indicando a proporção ocupada por determinada área da superfície terrestre em relação às variações altimétricas a partir de determinada isoipsa base. Em pleno século XIX essa repartição foi calculada para toda a superfície terrestre, redundando na construção da denominada *curva hipsográfica.* Em épocas mais recentes, as curvas altimétricas tem sido utilizadas para o estudo das unidades morfoestruturais e, em 1952, Arthur N. Strahler sintetizou os princípios da análise hipsométrica para o estudo de bacias fluviais. Em 1960, Frédéric Fournier, partindo do estabelecimento das curvas hipsométricas, define o coeficiente de massividade do relevo e o coeficiente orográfico.

1. **A curva hipsométrica.** Para o estudo hipsométrico de uma bacia hidrográfica, por exemplo, a unidade geométrica de referência consiste de um sólido limitado lateralmente pela projeção vertical do perímetro da bacia, e no topo e na base por planos paralelos passando através do cume e da desembocadura, respectivamente.

Calculando-se as áreas existentes entre cada faixa altimétrica e colocando-se os valores obtidos em um gráfico no qual, em ordenadas, estão assinaladas as altitudes (em metros), e nas abscissas a área (em quilômetros quadrados), ter-se-á uma linha que é a *curva hipsométrica*, que tem a finalidade de exprimir a maneira pela qual o volume rochoso situado abaixo da superfície topográfica está distribuído desde a base até o topo. A fim de facilitar a comparação entre áreas de tamanho e de topografias diferentes, evita-se o emprego de escalas absolutas e aplica-se parâmetros relativos, em porcentagens.

Conhecendo-se a altura e a área de cada faixa altitudinal analisada, é facil calcular o volume de cada faixa respectiva. A soma de todas representará o volume rochoso ainda existente na região. Se considerarmos o espaço total do quadrado como correspondente ao volume global, inicial e ideal da referida porção territorial, o espaço, situado entre a curva hipsométrica e as linhas inferior e lateral esquerda, representa o volume ainda existente. O valor correspondente a esse volume foi denominado de *integral hipsométrica* por Strahler, em 1952, definindo-a como "equivalente à relação da área sob a curva hipsométrica em função do quadrado" (Fig. 4.6).

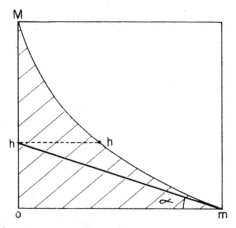

Figura 4. Gráfico representando a curva hipsométrica (*Mm*), a integral hipsométrica (superfície *Mom*) e a altura média (*oh*). O comprimento *Om* representa, proporcionalmente, a área projetada da bacia, enquanto *Mo* representa, de modo proporcional, a diferença altimétrica entre o ponto mais elevado da bacia e a desembocadura

Um problema técnico consiste no processo de se calcular o valor correspondente às várias faixas altimétricas. De acordo com a contribuição de Strahler (1952), o processo consiste em medir a área relativa de cada faixa altimétrica, com o auxílio de planímetro, papel milimetrado ou através da pesagem (e calculando o peso proporcional) dos vários conjuntos de recortes, em papel uniforme, ao longo das isoipsas. Através desses processamentos, o tempo consumido é enorme e a tarefa torna-se enfadonha. A fim de facilitar esse penoso trabalho, Haan e Johnson (1966) propõem um processo rápido para a determinação das curvas hipsométricas. O método desses autores baseia-se na técnica da exemplificação aleatória (*random-sampling technique*), da seguinte maneira: a) selecionar de maneira aleatória um número de pontos dentro e sobre os limites da bacia, sendo o espaçamento entre eles variável conforme a escala da carta e a precisão que se queira; b) tabular o número de pontos caindo dentro de intervalos de classes altitudinais predeterminados; c) calcular a porcentagem dos pontos que caem dentro dos intervalos de classes; d) calcular a porcentagem acumulada de pontos começando com 0 (zero) no intervalo de classe superior e continuando até 100% no intervalo de classe inferior; e) plotar a porcentagem acumulada nas abscissas enquanto as relações altitudinais ficam nas ordenadas; f) converter a abscissa em relação de área dividindo a porcentagem figurada por 100.

A análise de bacias hidrográficas

119

2. **O coeficiente de massividade e o coeficiente orográfico.** Partindo dos mesmos princípios para o estabelecimento das curvas hipsométricas, Frédéric Fournier chega a fornecer elementos para calcular a altura média das bacias fluviais, o coeficiente de massividade e o coeficiente orográfico.

Para o cálculo da altura média das bacias fluviais ou da área em estudo é necessário, inicialmente, verificar sua amplitude altimétrica, obtendo o valor da diferença entre a altitude máxima e a mínima observada na região. Para facilidade, a altura média pode ser perfeitamente obtida a partir do cálculo da integral hipsométrica, pois seu valor representa em qual proporção da diferença altimétrica, a partir da altitude mínima, se encontra a altura média. Uma simples regra de três resolve o problema

$$\frac{\text{Amplitude altimétrica}}{\text{altura média}} \times \frac{100}{\text{integral hipsométrica}}.$$

Entretanto, considerando que a altura média não é um valor suficiente, Fournier passa a calcular o *coeficiente de massividade* que é o "quociente da divisão da altura média do relevo da área pela sua superfície". Na Fig. 4.6, admitindo como curva hipsométrica a linha Mm, o coeficiente de massividade do relevo é assinalado pelo coeficiente Oh/Om. Fournier utiliza de representação gráfica proporcional das áreas e altitudes, o que redunda em valores diferentes para cada exemplo. No caso presente, com a representação gráfica proporcional que se mantém constante, a divisão da altura média pela distância Om será igual ao valor da integral hipsométrica. Através desse procedimento, ambos os valores são iguais e o coeficiente de massividade nunca será superior a 1,0.

Combinando o valor da altura média (em valor absoluto) e o valor do coeficiente de massividade, Fournier estabelece o coeficiente orográfico. O *coeficiente orográfico* pode ser calculado através da fórmula

$$\text{coeficiente orográfico} = \overline{H} \cdot \text{tg}_a,$$

na qual, $\overline{H}$ representa a altura média e tg_a é o valor do coeficiente de massividade. A Fig. 4.7, apresenta as curvas hipsométricas de várias bacias hidrográficas do Planalto de Poços de Caldas, enquanto a Tabela 4.3 assinala os valores da integral hipsométrica, altura média, coeficiente de massividade e coeficiente orográfico.

3. **Amplitude altimétrica máxima da bacia** (H_m): — Corresponde à diferença altimétrica entre a altitude da desembocadura e a altitude do ponto mais alto situado em qualquer lugar da divisória topográfica. Este conceito, também denominado de "relevo máximo da bacia", vem sendo comumente utilizado nas pesquisas geomorfológicas, desde a proposição feita por Schumm (1956).

A aplicação da diferença máxima de altitude encontra, por vezes, uma dificuldade denunciada pela experiência de campo. Muitas vezes a cota máxima representa apenas um ponto excepcional dentro da bacia, ou as escarpas de uma serra ou frente montanhosa na qual nascem alguns canais integrantes da rede. A escolha do ponto máximo pode, nesses casos, fornecer um resultado que mascara o real significado da movimentação topográfica da bacia de drenagem. Outras vezes, a cota máxima está localizada próxima à desembocadura da bacia, numa faixa intefluvial, enquanto toda ela se desenvolve um topografia com cotas inferiores. É, por exemplo, o caso do ribeirão de Poços de Caldas, que se estendeu em cotas altimétricas entre 1200 e 1500 metros, mas a cota máxima atinge a 1624 m, no interflúvio com as bacias que demandam o rio Pardo, ao norte da cidade de Poços de Caldas, a 2 km da sua desembocadura no rio das Antas (Christofoletti, 1969). A fim de superar essa dificuldade, dois procedimentos podem ser utilizados:

a) a cota máxima seria a média resultante dos pontos mais elevados entre os canais de primeira ordem do trecho superior da bacia considerada. Deve-se, no mínimo, con-

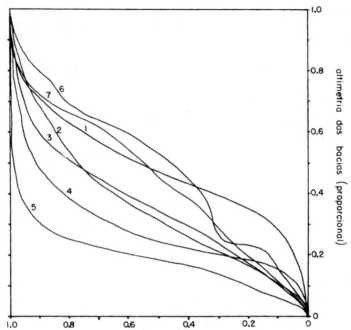

Figura 4. Curvas hipsométricas de bacias hidrográficas localizadas no Planalto de Poços de Caldas: 1) córrego Pouso Alegre; 2) córrego das Vargens; 3) córrego da Cachoeira; 4) rio Verdinho; 5) córrego Tamanduá; 6) córrego do Quartel; 7) córrego Grande (conforme Christofoletti, 1970)

Tabela 4. Dados hipsométricos sobre as bacias hidrográficas localizadas no Planalto de Poços de Caldas (MG)

Bacias	Área (km²)	integral hipsométrica	altitudes máxima	altitudes mínima	(em m) amplitude	altura média	coeficiente de massividade	coeficiente orográfico
1. Córrego Pouso Alegre	103,7	0,481	1 560	1 045	515	248	0,481	119,2
2. Córrego das Vargens	35,9	0,352	1 460	1 250	210	74	0,352	26,0
3. Córrego Cachoeira	16,9	0,350	1 460	1 280	180	63	0,350	22,0
4. Rio Verdinho	80,8	0,308	1 707	1 045	662	204	0,308	62,8
5. Córrego Tamanduá	38,8	0,186	1 630	1 270	360	67	0,186	12,5
6. Córrego Quartel	34,1	0,483	1 550	840	710	343	0,483	165,7
7. Córrego Grande	68,5	0,488	1 570	960	610	297	0,488	144,9

siderar dez pontos cotados. Se a magnitude da bacia for pequena, todos os pontos podem ser considerados;

b) considerar como ponto máximo a média entre as cotas máxima da bacia e a cota inferior da faixa que representa (incluídas as faixas superiores) pelo menos 10% da área total da bacia hidrográfica. Neste procedimento deve-se calcular a superfície das faixas altimétricas cimeiras na bacia hidrográfica.

4. **Relação de relevo** (Rr). A relação de relevo foi inicialmente apresentada por Schumm (1956: 612), considerando o relacionamento existente entre a amplitude altimétrica máxima de uma bacia e a maior extensão da referida bacia, medida paralelamente à principal linha de drenagem. A relação de relevo (Rr) pode ser calculada pela expressão

$$Rr = \frac{H_m}{L_b}$$

A análise de bacias hidrográficas

na qual H_m = amplitude topográfica máxima e L_b = comprimento da bacia. Em virtude das várias sugestões propostas para estabelecer o comprimento da bacia, o mais aconselhável é utilizar o diâmetro geométrico da bacia, a exemplo do procedimento usado por Maxwell (1960), ou o comprimento do principal curso de água.

Outras alternativas foram propostas sobre a maneira de calcular a relação de relevo. Melton (1957) utilizou como dimensão linear horizontal o perímetro da bacia, propondo a relação de relevo expressa em porcentagem, de modo que

$$Rr = \frac{H_m}{P} \cdot 100$$

Posteriormente, o próprio Melton (1965) apresentou nova formulação, procurando relacionar a diferença altimétrica com a raiz quadrada da área da bacia, de modo que

$$Rr = \frac{H_m}{A^{0,5}}$$

5. Índice de rugosidade (Ir). O índice de rugosidade foi inicialmente proposto por Melton (1957) para expressar um dos aspectos da análise dimensional da topografia. O índice de rugosidade combina as qualidades de declividade e comprimento das vertentes com a densidade de drenagem, expressando-se como número adimensional que resulta do produto entre a amplitude altimétrica (H) e a densidade de drenagem (Dd). Desta maneira,

$$Ir = H \cdot Dd$$

Strahler (1958; 1964) assinalou os relacionamentos entre as vertentes e a densidade de drenagem. Se a Dd aumenta enquanto o valor de H permanece constante, a distância horizontal média entre a divisória e os canais adjacentes será reduzida, acompanhada de aumento na declividade da vertente. Se o valor de H aumenta enquanto a Dd permanece constante, também aumentarão as diferenças altimétricas entre o interflúvio e os canais e a declividade das vertentes. Os valores extremamente altos do índice de rugosidade ocorrem quando ambos os valores são elevados, isto é, quanto as vertentes são íngremes e longas. (Strahler, 1958). No tocante ao índice de rugosidade, pode acontecer que áreas com alta Dd e baixo valor de H são tão rugosas quanto áreas com baixa Dd e elevado valor de H. Patton e Baker (1976) mostraram que áreas potencialmente assoladas por cheias relâmpagos são previstas como possuidoras de índices elevados de rugosidade, incorporando fina textura de drenagem, com comprimento mínimo do escoamento superficial em vertentes íngremes e altos valores dos gradientes dos canais.

E. ANÁLISE TOPOLÓGICA

A análise topológica de redes fluviais está relacionada com a maneira pela qual os vários canais se encontram conectados, sem levar em conta qualquer medida de comprimento, área ou orientação. As considerações topológicas iniciais para as bacias hidrográficas foram propostas por Horton (1945), mas a freqüência das contribuições relacionadas com esse campo de pesquisa tornou-se mais intensa nos últimos anos, principalmente a partir dos trabalhos publicados por Shreve (1966, 1967).

Para os estudos topológicos, a rede de canais é entendida como apresentando uma, e somente uma, trajetória entre dois pontos quaisquer, e na qual todo ligamento, em direção de montante, conecta-se com dois outros ligamentos ou termina em uma nascente (Shreve, 1966). A única restrição é a inexistência de confluências tríplices, isto é, três canais não podem se confluir no mesmo ponto. Em vista da definição acima, toda rede de canais com n fontes terá $n - 1$ junções e $2n - 1$ ligamentos, dos quais n serão ligamentos exteriores e $n - 1$ interiores (Shreve, 1966). A figura representativa de uma rede fluvial é composta por linhas conectadas em um plano. Na topologia matemática, são exemplos de *grafos planares* (vide Christofoletti, 1973). Na rede fluvial, as nascentes e as junções representam os vértices, enquanto os ligamentos representam os arcos.

Shreve (1966) observou que as redes de canais com igual número de ligamentos tem quantidade igual de confluências, de nascentes, de canais conforme Horton e de canais de primeira ordem conforme Strahler; por essa razão, são comparáveis em sua *complexidade topológica*. A fim de melhor caracterizar o problema, Shreve (1966) introduziu dois conceitos importantes, relacionados com as *redes topologicamente idênticas* e com as *topologicamente distintas*. Duas redes são topologicamente idênticas se uma for congruente com a outra, através de deformação contínua dos ligamentos, mas sem removê-los de seu plano (Fig. 4.8a). Em caso contrário, são topologicamente distintas (Fig. 4.8b).

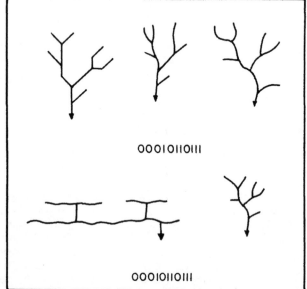

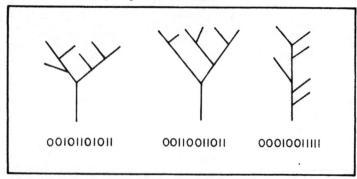

Figura 4.8 Essa ilustração exemplifica as redes topologicamente idênticas (no alto) e as topologicamente distintas (na parte baixa). As formas das bacias podem ser diferentes. O importante é a estrutura apresentada pelas mesmas, descritas através das combinações binárias, formadas por dígitos um e zero

A análise de bacias hidrográficas

123

O processo de se caracterizar as redes por meio de uma combinação binária, usando dígitos, como as propostas por Shreve (1967) e Scheidegger (1967a, 1967b), possibilita definição mais exata para distingui-las. Werner e Smart (1973) asseveram que as propriedades topológicas de qualquer rede de canais podem ser descritas por meio de uma combinação binária composta pela quantidade n de dígitos uns e de $n - 1$ dígitos zeros, conforme a regra seguinte: "começar pela desembocadura e atravessar a rede seguindo sempre para a esquerda em cada junção e revertendo a direção em cada nascente; um *zero* será escrito quando se atravessar um ligamento interior pela primeira vez, e um *um* será escrito quando o ligamento exterior for atravessado pela primeira vez. Nada deve ser anotado quando os ligamentos forem atravessados pela segunda vez (quando se caminha em direção de jusante, da desembocadura). Qualquer combinação binária para as redes fluviais deverá começar sempre com *zero* (s) e terminar com disposição consecutiva de pelo menos dois dígitos *um*." Percebe-se com clareza que qualquer rede fluvial pode ser expressa através de uma combinação binária, mas nem toda combinação binária pode ser transformada em uma rede fluvial. Assim sendo, nota-se que duas redes de canais são topologicamente idênticas se e somente se forem representadas pela mesma combinação binária; as redes topologicamente distintas terão combinações diferentes e únicas (Fig. 4.8).

Na natureza, as combinações topológicas são muito variadas. Em função dessa complexidade, Shreve (1966) derivou o conceito de *população topologicamente aleatória*, definida como a "população dentro da qual toda rede topologicamente distinta, com igual número de ligamentos, tem a mesma possibilidade de ocorrer". Como decorrência, surge a hipótese geomorfológica de que, "na ausência de controle geológico, uma população natural de redes fluviais será topologicamente aleatória" (Shreve, 1966, 1967).

Tabela 4.4 Combinações binárias das RCTD, de magnitude 6

(1)	00000111111	(22)	00101100111
(2)	00001011111	(23)	00101101011
(3)	00001101111	(24)	00110001111
(4)	00001110111	(25)	00110010111
(5)	00001111011	(26)	00110011011
(6)	00010011111	(27)	00110100111
(7)	00010101111	(28)	00110101011
(8)	00010110111	(29)	01000011111
(9)	00010111011	(30)	01000101111
(10)	00011001111	(31)	01000110111
(11)	00011010111	(32)	01000111011
(12)	00011011011	(33)	01001001111
(13)	00011100111	(34)	01001010111
(14)	00011101011	(35)	01001011011
(15)	00100011111	(36)	01010001111
(16)	00100101111	(37)	01010010111
(17)	00100110111	(38)	01010011011
(18)	00100111011	(39)	01010100111
(19)	00101001111	(40)	01010101011
(20)	00101010111	(41)	01001100111
(21)	00101011011	(42)	01001101011

Vários foram os trabalhos realizados a fim de verificar essa hipótese, determinando a freqüência das redes topologicamente distintas em exemplos aleatórios de redes de magnitude idêntica. Esse método foi utilizado para 74 redes de magnitude 4, por Ranalli e Scheidegger, para 1157 redes de magnitude 4, por Smart, e para 153 redes de magnitude 5, por Krumbein e Shreve. Os resultados obtidos confirmam a hipótese e permitem que o modelo de Shreve possa ser aceito como boa aproximação para as redes naturais.

A quantidade de redes de canais topologicamente distintas ($RCTD$) para determinado número de nascentes, $N(n)$, pode ser calculado através de uma expressão combinatorial, que é a seguinte:

$$N(n) = \frac{1}{2n-1}\binom{2n-1}{n}$$

na qual n representa o número de nascentes e $N(n)$ as possíveis $RCTD$ da referida magnitude. Por exemplo, as $RCTD$ para $n = 6$ igualam a:

$$N(6) = \frac{1}{2(6)-1}\left(\frac{2(6)-1}{6}\right) = \frac{1}{11}\left(\frac{11^{(6)}}{6!}\right)$$
$$= \frac{1}{11}\left(\frac{11 \cdot 10 \cdot 9 \cdot 8 \cdot 7 \cdot 6}{6 \cdot 5 \cdot 4 \cdot 3 \cdot 2 \cdot 1}\right) = 42$$

Conforme se pode verificar na Tab. 4.5, o número de $RCTD$ aumenta de modo rápido para as magnitudes maiores que 6. Para as redes de magnitude 5, a Fig. 4.9 mostra as 14 possíveis $RCTD$.

Tabela 4.5 Redes de canais topologicamente distintas $N(n)$

Número de nascentes	$N(n)$	Número de nascentes	$N(n)$
1	1	10	4862
2	1	20	$1,767 \times 10^9$
3	2	30	$1,002 \times 10^{15}$
4	5	40	$6,804 \times 10^{20}$
5	14	50	$5,095 \times 10^{26}$
6	42	100	$2,275 \times 10^{56}$
7	132	200	$1,29 \times 10^{116}$
8	429	500	$1,35 \times 10^{296}$
9	1430	1000	$5,12 \times 10^{596}$

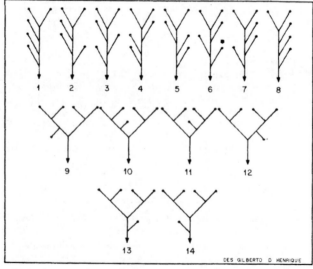

Figura 4.9 Esquematização dos 14 arranjos possíveis, para as redes de canais topológicamente distintas de magnitude 5

Birot, Pierre, *Les méthodes de la morphologie* (1955). Presses Universitaires de France, Paris, França.

Christofoletti, Antonio, "Análise morfométrica de bacias hidrográficas", *Notícia Geomorfológica* (1969), 9 (18), pp. 35-64.

Christofoletti, Antonio, "Análise hipsométrica de bacias de drenagens", *Notícia Geomorfológica* (1970a), 10 (19), pp. 68-76.

Christofoletti, Antonio, *Análise morfométrica de bacias hidrográficas do Planalto de Poços de Caldas* (1970b). Tese de Livre Docência, Rio Claro.

Christofoletti, Antonio, "A relação do equivalente vectorial aplicada ao Planalto de Poços de Caldas", *Notícia Geomorfológica* (1971), 11 (22), pp. 9-19.

Christofoletti, Antonio, "Análise topológica de redes fluviais", *Boletim de Geografia Teorética* (1973), 3 (6): 5-29.

Christofoletti, A. e Perez Filho, A., "Estudo comparativo das formas de bacias hidrográficas do território paulista", *Boletim Geográfico* (1976), 34 (249): 72-79.

Clarke, John I., "Morphometry from maps", in *Essays in Geomorphology* (1966), (G. H. Dury, editor), pp. 235-274. Heinnemann Educacional Books, Londres, Inglaterra.

Doornkamp, J. C. e King, C. A. M., *Numerical analysis in Geomorphology* (1971). Edward Arnold, Londres, Inglaterra.

Fairbridge, Rhodes W., *Encyclopedia of Geomorphology* (1968). Reinhold Book Corporation, New York, EUA.

Fournier, Frédéric, *Climat et érosion* (1960). Presses Universitaires de France, Paris, França.

Freitas, Ruy O. de, "Textura de drenagem e sua aplicação geomorfológica", *Boletim Paulista Geografia* (1952), (11), pp. 53-57.

Gardiner, V., "Drainage basin morphometry", *Technical Bulletin British Geomorphological Research Group*, (1975), 14: 1-48.

Gardiner, V. e Park, C. C., "Drainage basin morphometry: review and assessment", *Progress in Physical Geography* (1978), 2 (1): 1-35.

Gregory, K. J., "Drainage networks and climate", in *Geomorphology and Climate*, Derbyshire, E., organizador (1976), John Wiley & Sons, Londres.

Gregory, K. J. e Walling, D. E., *Drainage basin form and process*. (1973). Edward Arnold Ltd., Londres.

Haggett, P. e Chorley, R. J., *Network analysis in Geography* (1969). Edward Arnold, Londres, Inglaterra.

Horton, Robert E., "Erosional development of streams and their drainage basins: hydrophysical approach to quantitative morphology", *Geol. Soc. America Bulletin* (1945), 56 (3), pp. 275-370.

James, W. R. e Krumbein, W. C., "Frequency distribution of stream link lengths", *Journal of Geology* (1969), 77 (5): 544-565.

Jarvis, Richard S., "Classification of nested tributary basins in analysis of drainage basin shape", *Water Resources Research* (1976), 12 (6): 1151-1164.

Jarvis, Richard S., "Drainage network analysis", *Progress in Physical Geography* (1977), 1 (2): 271-295.

Lee, D. R. e Salle, G. T., "A method of measuring shape", *Geographical Review* (1970), 60 (4), pp. 555-563.

Leopold, L. B. e Miller, J. P., "Ephemeral streams: hidraulic factors and their relation to the drainage net", *U. S. Geol. Surv. Prof. Paper* (1956), (282-A), pp. 1-37.

Leopold, L. B., Wolman, M. G. e Miller, J. P., *Fluvial processes in Geomorphology* (1964). W. H. Freeman & Co., San Francisco, EUA.

126 Geomorfologia

Melton, M. A., "An analysis of the relations among elements of climate, surface properties and geomorphology", *Technical Report* (1957), (11), Dept. Geology, Columbia University.

Melton, M. A., "Geometric properties of mature drainage systems and their representation in an E_4 phase space", *Journal of Geology* (1958), 66 (1), pp. 35-56.

Miller, V. C., "A quantitative geomorphic study of drainage basins characteristic in the Clinch Mountain area", *Technical Report* (1953), (3), Dept. Geology, Columbia University.

Morisawa, M. E., "Accuracy of determination of stream lengths from topographic maps", *Amer. Geoph. Union Trans.* (1957), 38, pp. 86-88.

Morisawa, M. E., "Quantitative geomorphology of some waterssheds in the Appalachian Plateau", *Geol. Soc. America Bulletin* (1962), 73, pp. 1 025-1 046.

Ongley, E. D., "Towards a precise definition of the drainage basins axis", *Australian Geographical Studies* (1968), 6 (1), pp. 84-88.

Peña, Felipe G., "Importancia de la red hidrografica considerada como clave para la identificación de las imagenes fotograficas aéreas de los rasgos naturales", *Anuário de Geografia* (1964), 4, pp. 27-163.

Scheidegger, Adrian E., "The algebra of stream order numbers", *U. S. Geol. Surv. Prof. Paper* (1965), (525-B), pp. 187-189.

Scheidegger, Adrian E., "On the topology of river nets", *Water Resources Research* (1967), 3 (1), pp. 103-106.

Scheidegger, Adrian E., "Horton's law of stream numbers", *Water Resources Research* (1968a), 4 (3), pp. 655-658.

Scheidegger, Adrian E., "Horton's laws of streams lengths and drainage areas", *Water Resources Research* (1968b), 4 (5), pp. 1 015-1 021.

Scheidegger, Adrian E., *Theoretical Geomorphology*. Springer Verlag, Berlim, Alemanha Oriental, 435 pp., (2.ª edição).

Schumm, S. A., "Evolution of drainage systems and slopes in badlands of Perth Amboy", *Geol. Soc. America Bulletin* (1956), 67, pp. 597-646.

Shreve, Ronald L., "Statistical law of stream numbers". *Journal of Geology* (1966), 74 (1), pp. 17-37.

Shreve, Ronald L., "Infinite topologically random channel networks". *Journal of Geology* (1967), 75 (2), pp. 178-186.

Shreve, Ronald L., "Variations of mainstream length with basin area in river networks", *Water Resources Research* (1974), 10 (6): 1167-1177.

Slaymaker, H. O. (organizador), *Morphometric analysis of maps* (1966). British Geomorphological Research Group, Londres, Inglaterra.

Smart, J. S., "A comment on Horton's law of stream numbers", *Water Resources Research* (1967a), 3 (3), pp. 773-776.

Smart, J. S., "The relation between mainstream length and area in drainage basins", *Water Resources Research* (1967b), 3 (4), pp. 963-974.

Smart, J. S., "Statistical properties of stream lengths", *Water Resources Research* (1968), 4 (5), pp. 1 001-1 014.

Smart, J. S., "Topological properties of channel networks", *Geol. Soc. America Bulletin*, (1969), 80 (9), pp. 1 757-1 774.

Smart, J. S., "Statistical geometry similarity in drainage networks", *IBM Research* (1972), (RC 3 859).

Smart, J. S., "Channel networks", *Advances in Hydroscience* (1972), 8: 305-346.

Smart, J. S., "The analysis of drainage network composition", *Earth Surface Processes* (1978), 3(2): 129-170.

Smart, J. S. e Werner, C., "Applications of the random model of drainage basin composition", *Earth Surface Processes*, (1976), 1 (3): 219-233.

Strahler, Arthur N., "Hypsometric (area-altitude) analysis of erosional topography. *Geol. Soc. America Bulletin* (1952), 63, pp. 1 117-1 142.

Strahler, Arthur N., "Quantitative analysis of watershed Geomorphology", *Amer. Geoph. Union Trans.* (1957), 38, pp. 913-920.

Strahler, Arthur N., "Dimensional analysis applied to fluvial eroded landforms", *Geol. Soc. America Bulletin* (1958), 69, pp. 279-300.

Werner, Christian, "Horton's law of stream numbers for topologically random channel networks". *Canadian Geographer* (1970), 14, pp. 57-65.

Werner, Christian, "Two models for Horton's law of stream numbers", *Canadian Geographer* (1972), 16 (1), pp. 50-68.

Werner, Christian, "Patterns of drainage areas with random topology", *Geographical Analysis* (1972), 4 (2): 119-133.

Werner, C. e Smart, J. S., "Some new methods of topologic classification of channel networks", *Geographical Analysis* (1973), 5 (4): 271-295.

Woldenberg, M. J., "Horton's laws justified in terms of allometric growth and steady state in open systems", *Geol. Soc. America Bulletin* (1966), 80 (1), pp. 97-112.

Zernits, E. R., "Drainage paterns and their significance", *Journal of Geology* (1932), 40, pp. 498-521.

5

GEOMORFOLOGIA LITORÂNEA

A geomorfologia litorânea preocupa-se em estudar as paisagens resultantes da morfogênese marinha, na zona de contacto entre as terras e os mares. Em seus detalhes, a morfologia litorânea torna-se muito complexa por causa da interferência de processos marinhos e subaéreos sobre estruturas e litologias muito variadas. Em qualquer período geológico, a ação dos processos litorâneos afeta uma faixa de largura reduzida, mas as flutuações do nível marinho, principalmente no decorrer do Plioceno e Quaternário, permitem distinguir formas subaéreas atualmente submersas nas águas oceânicas, assim como verificar a existência de formas e terraços escalonados, esculpidos pela morfogênese marinha, localizados a várias altitudes acima do nível do mar. Por essas razões, o estudo da geomorfologia litorânea não se restringe à parcela territorial atualmente sob a influência da morfogênese marinha, mas inclui toda a zona que foi afetada por tais processos, em virtude dos movimentos relativos do nível das terras e das águas no transcurso do passado geológico recente.

NOMENCLATURA DESCRITIVA DO PERFIL LITORÂNEO

Em razão do desenvolvimento maior dos estudos sobre morfologia litorânea entre os pesquisadores de língua inglesa, foram eles que estabeleceram nomenclatura precisa para a descrição do perfil litorâneo. Não há, no idioma português, termos que lhes cor-

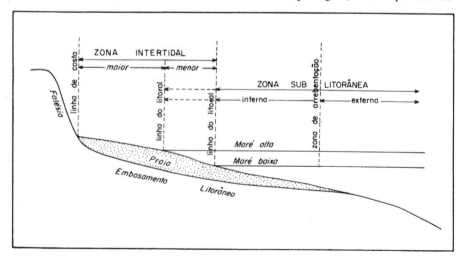

Figura 5.1 Nomenclatura descritiva de perfil litorâneo

Geomorfologia litorânea

respondam diretamente, mas torna-se necessário propor uma nomenclatura apropriada, que corresponda aos mesmos conceitos (Fig. 5.1). A *zona intertidal* (*shore*) é a que se estende entre o nível normal da maré baixa e o da efetiva ação das ondas nas marés altas. Ela pode ser subdividida em *zona intertidal menor* (*foreshore*), exposta durante a maré baixa e submersa no decorrer da maré alta, e *zona intertidal maior* (*backshore*), que se estende acima do nível normal da maré alta, inundando-se com as marés altas excepcionais ou pelas grandes ondas durante as tempestades. A *linha do litoral* (*shoreline*) é, estritamente, a linha que demarca o contacto entre as águas e as terras, variando com os movimentos das marés entre os limites da zona intertidal. Além dela, é necessário distinguir a *zona sublitorânea interna* (*nearshore*), que se estende entre a linha do litoral e aquela na qual ocorre a arrebentação das ondas, e a *zona sublitorânea externa* (*offshore*), que se estende da linha de arrebentação em direção das águas mais profundas, até um limite arbitrário. As designações de pós-praia, estirâncio e ante-praia também são utilizadas, de modo que a correspondência seria:

- zona intertidal maior = pós-praia = *backshore*
- zona intertidal menor = estirâncio = *foreshore*
- zona sublitorânea externa = ante-praia = *offshore*

A largura e a extensão ocupada por tais elementos são variáveis em função da oscilação das marés e das características locais das *costas.* A costa é definida como o conjunto de formas componentes da paisagem que estabelece a área de contacto, na qual se faz sentir as influências marinhas. Ela inclui a zona intertidal, e a sua largura e delimitação interna são variadas, conforme a penetração do mar, podendo ser a crista de uma escarpa, a cabeceira de um estuário influenciado pelas marés, ou a parte terrestre que se localiza atrás das dunas costeiras, lagoas e pântanos. A *linha de costa* (*coastline*) geralmente é considerada como o limite terrestre da zona intertidal maior, e independe da oscilação das marés.

OS FATORES RESPONSÁVEIS PELA MORFOGÊNESE LITORÂNEA

Os processos morfogenéticos atuantes sobre as formas de relevo das costas são controlados por vários fatores ambientais, como o geológico, o climático, o biótico e os fatores oceanográficos. Esses fatores variam de um setor a outro da costa, assim como na escala da variação temporal.

O controle *geológico* torna-se óbvio nas costas escarpadas, cujos aspectos estão relacionados com a estrutura e litologia. Nas áreas em que as estruturas apresentam ângulos em relação ao litoral, as costas tendem a ser recortadas; naquelas em que há paralelismo entre ambos, a costa tende a ser reta. Os movimentos tectônicos, como falhamentos, vulcanismo e dobramentos, possuem sensível influência no modelado costeiro. As estruturas menores também possuem importância em função da resistência que as rochas podem oferecer ao ataque dos processos litorâneos. Assim, as falésias talhadas em quartzito compacto, com poucas diáclases ou juntas, oferecem elevada resistência ao ataque da meteorização e das ondas; por outro lado, uma rocha dura, mas com muitas diáclases e linhas de fraqueza, é atacado com maior facilidade. As ondas, através da ação hidráulica, exploram qualquer linha de menor resistência, originando a elaboração de formas menores como cavernas, arcos e entalhes de solapamento. As formas deposicionais das costas baixas são influenciadas pelo fator geológico no que se refere às fontes de sedimentos, às áreas das bacias de drenagem e ao fundo dos mares.

O fator *climático* é importante porque controla a meteorização dos afloramentos rochosos, que sofrem a ação de processos físicos, químicos e biológicos, relacionados às condições subaéreas e à presença ou proximidade do mar. Conforme tais processos,

130

Geomorfologia

as rochas são fragmentadas ou decompostas, repercutindo na qualidade e granulometria dos materiais a serem fornecidos ao remanejamento marinho. As variações regionais do clima são assinaladas por maneiras diferentes nos processos de evolução. Nos trópicos úmidos, a rápida meteorização química resulta na profunda decomposição de quase todas as formações rochosas, propiciando o abastecimento de sedimentos de granulometria fina e escassez de fragmentos grosseiros, quer no ataque direto das falésias quer pela carga detrítica transportada pelos rios. Nas regiões frias, ao contrário, a ativa gelivação favorece a presença de fragmentos grosseiros, dominantes nas formas oriundas da acumulação. Nas costas desérticas, também é dominante a presença de fragmentos grosseiros; elas inclusive se caracterizam pela pequena quantidade de material terrestre transportado pelo escoamento e pela presença maior de sedimentos biogênicos, derivados de conchas marinhas e detritos de corais, nas formas de acumulação.

O vento, dentre os elementos climáticos, assume função importante na morfogênese litorânea por causa da edificação de dunas costeiras e por gerar as ondas e correntes que, juntamente com as marés, estabelecem o padrão de circulação das águas marinhas nas zonas litorâneas e sublitorâneas.

O fator *biótico* é fortemente influenciado pelas condições climáticas, que estabelecem os limites responsáveis pela presença ou ausência de determinados organismos. Os corais e os organismos que lhe estão associados na construção de recifes são confinados às zonas intertropicais; da mesma forma, os manguezais ocupam os pântanos e os estuários que sofrem a influência das marés nas regiões baixas das latitudes tropicais. Os organismos podem apresentar conseqüências erosivas, escavando e promovendo a desagregação dos minerais das rochas, ou protetoras e construtivas, facilitando a retenção dos sedimentos e acumulando seus detritos.

O fator *oceanográfico* relaciona-se com a natureza da água do mar, apresentando variações na salinidade que oscila desde os baixos teores, como no Mar Báltico, até aos mais elevados, como os do Mar Vermelho e das áreas oceânicas em zonas áridas. O sal da água do mar tem poder corrosivo, e compressivo, quando da cristalização, atuando como processo de meteorização no ataque dos afloramentos rochosos; por outro lado, condiciona ambientes ecológicos distintos, possuidores de fauna e flora específicas as quais, por sua vez, influenciam nos processos de meteorização, transporte e deposição dos sedimentos ao longo da faixa litorânea.

AS FORÇAS MARINHAS ATUANTES NO LITORAL

As ondas, marés e correntes constituem as principais forças atuantes na morfogênese litorânea.

As *ondas* resultam da ação dos ventos, representando a transferência direta da energia cinética da atmosfera para a superfície oceânica. A Fig. 5.2 assinala os elementos geométricos relativos às ondas, como a crista, depressão, altura e comprimento de onda. Quanto maior a velocidade do vento, a sua duração e a extensão da área sob a influência eólica, maiores serão as ondas. Calcula-se que as maiores dimensões são atingidas quando a extensão do *fetch* (extensão da superfície sob a ação do vento) aproxima-se de 100 milhas náuticas. Entretanto, para cada molécula da água, o movimento é quase circular, sendo pequeno o deslocamento na direção do movimento da onda, o que implica em fraca transferência de massa. As ondas transmitem energia e executam a maior parte do trabalho de esculturação das paisagens costeiras. A altura da onda determina a energia potencial, enquanto o movimento das partículas individuais de água, quando a onda passa, é a medida da energia cinética da onda.

Quando as ondas de profundidade do alto mar se aproximam da zona litorânea, elas sofrem alterações. À medida que diminui a profundidade da água, o movimento

Geomorfologia litorânea

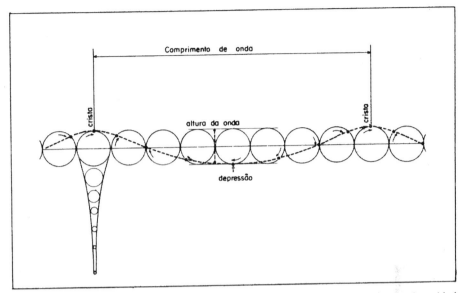

Figura 5.2 O esquema assinala os elementos geométricos de uma onda e a movimentação orbital das partículas, conforme a passagem da onda. Na realidade, a órbita de cada partícula de água não é inteiramente circular, mas há ligeiro deslocamento para a frente em cada rotação

orbital vai-se alterando, passando do circular para o elítico e, depois, para movimento linear de vaivém. Os sedimentos do fundo do mar movem-se para a frente e para trás e absorvem energia da água em movimento. A velocidade das ondas decresce pelo atrito no fundo. O comprimento da onda torna-se, também, menor, enquanto as ondas do alto mar continuam a se mover a toda velocidade. A altura da onda, ao contrário, aumenta com a diminuição do comprimento. As órbitas das partículas de água da onda mudam de quase circulares para elipses muito achatadas. À medida que as cristas das ondas se aproximam, a água se move rapidamente para a frente e para cima. Finalmente, o movimento para a frente, da massa de água superficial, iguala o movimento decrescente da frente de onda para diante. A onda adquire, então, uma face íngreme e sua crista desaba para a depressão situada adiante, formando a *linha de rebentação* das ondas, que é o limite da zona sublitorânea interna.

O fluxo da água arremessada à praia após a arrebentação constitui a *saca*. Quando uma saca atinge a escarpa de uma falésia ou penhasco, milhares de toneladas de água são jogadas contra a estrutura. As maiores pressões são exercidas pelas ondas de arrebentação, que se enrolam nas cristas, aprisionando ar entre a face da onda e a parede aquática íngreme, comprimindo o ar. Já foram registradas pressões de choque de 6,4 quilos por centímetro quadrado contra as paredes das escarpas. A ação das ondas torna-se intensificada pelo fato de arremessar fragmentos rochosos, que ela carrega, contra as escarpas, provocando a abrasão.

A refração das ondas sobre um fundo raso, irregular, apresenta importante ação morfogenética. Suponhamos que em determinado trecho da costa haja um esporão avançando para o mar e que se torna submarino, continuando mar adentro (Fig. 5.3). As linhas paralelas do sistema de ondas em movimento, ao encontrarem o esporão submarino, terão seus movimentos retardados pelo atrito do fundo. A crista de onda, nas águas mais fundas de ambos os lados do esporão, continua a se mover para a frente sem alterar a velocidade, de modo que a frente de onda se torna côncava para a terra e a energia da onda converge para a ponta rochosa emersa. A refração da onda sobre um baixio submarino concentra a energia contra as escarpas do esporão. Inversamente, quando um sistema de ondas se aproxima da costa sobre uma depressão ou vale submarino (Fig. 5.3), a frente de onda continua a se mover para diante, sem alteração da velocidade, sobre a parte funda do vale, mas é retardada em ambos os lados. A frente de onda torna-se convexa para a terra, a crista das ondas é esticada ou atenuada e a energia das ondas diverge do eixo do vale submarino.

Com base na refração das ondas, pode-se fazer duas generalizações a propósito do desenvolvimento evolutivo das costas. Em primeiro lugar, que as saliências iniciais da costa para o mar tendem a se erodir mais rapidamente do que as enseadas adjacentes. A refração de ondas tende à simplificação de uma costa inicialmente irregular, pela remoção das protuberâncias. Em segundo, a refração promove a formação de correntes que fluem ao longo das costas, a partir das saliências, onde a concentração das ondas eleva o nível da água, para os eixos das enseadas adjacentes, onde o nível da água é mais baixo. Essas são as *correntes longitudinais*, responsáveis pelo transporte dos detritos provenientes da abrasão das pontas rochosas.

A influência das *marés* na esculturação litorânea é indireta e relaciona-se com as variações do nível do mar que lhe são implicadas. A ação das ondas pode atuar sobre uma amplitude vertical muito ampla e, por tal razão, sua influência é mais acentuada

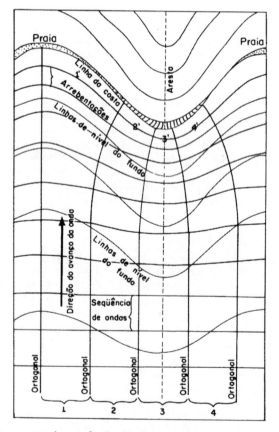

Figura 5.3 Esquema mostrando a refração da onda sobre um fundo raso irregular. As linhas ortogonais são traçadas perpendicularmente às cristas das ondas, com espaçamento igual ao longo da série de ondas. Assim sendo, os segmentos de 1 a 4 possuem quantidades iguais de energia, mas a ação exercida na linha do litoral é diferente

Geomorfologia litorânea

onde as marés são maiores. Além dessa função, a de elevar e abaixar o nível de ataque das ondas, as marés também podem gerar correntes. Essas correntes geralmente resultam da diferença de nível entre dois pontos, e torna-se veloz (chegando até quase 10 km por hora) nos canais estreitos que unem bacias com períodos diferentes de marés. O exemplo clássico é o do Hell Gate no rio East, da cidade de New York, onde as correntes se alternam, conforme as marés, entre o estrito de Long Island e o porto de New York.

Além das correntes longitudinais e de marés, é lícito lembrar as correntes de *deriva litorânea*. Elas surgem quando as ondas não atingem perpendicularmente o litoral, mas com determinado ângulo. A incidência da onda faz-se de acordo com o referido ângulo, mas a retração das águas processa-se em sentido perpendicular, propiciando movimentação dos detritos numa trajetória em ziguezague, cuja resultante é um transporte paralelo à costa.

AS FORMAS DE RELEVO

As formas de relevo litorâneas podem resultar tanto da ação erosiva como da deposição, que caracterizam as costas escarpadas e as costas baixas ou planas.

Os elementos topográficos básicos das costas escarpadas estão representados na Fig. 5.4. Quando, em virtude de modificação do nível do mar ou da terra, o mar entra em contacto com uma escarpa íngreme emersa, estabelecem-se condições para a esculturação de uma cadeia de formas. O ataque das ondas, na zona intertidal, promove um entalhe de solapamento na escarpa, que provoca o desmoronamento da parte cimeira e elaboração da *falésia*. A falésia é um ressalto não coberto pela vegetação, com declividades muito acentuadas e de alturas variadas, localizado na linha de contacto entre a terra e o mar. À medida que a falésia vai recuando para o continente, amplia-se a superfície erodida pelas ondas que é chamada de *terraço de abrasão*. Os sedimentos erodidos das falésias são depositados em águas mais profundas, constituindo o *terraço da construção marinha*, e formando um plano suavemente inclinado em conjunto com o terraço de abrasão. Esse plano é a zona de ação das sacas e da deriva litorânea.

As formas oriundas da sedimentação constituem um conjunto complexo. A *praia* é o conjunto de sedimentos, depositados ao longo do litoral, que se encontra em constante movimento. Em geral, o sedimento dominante é formado pelas areias, mas também existem praias formadas por cascalhos, seixos e por elementos mais finos que as

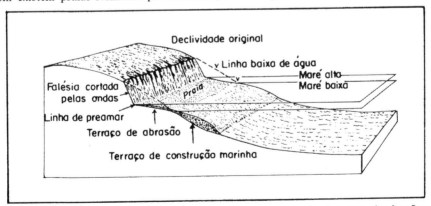

Figura 5.4 Os elementos topográficos básicos de uma costa escarpada. O terraço de abrasão e a falésia são oriundos da ação erosiva, enquanto o terraço de construção marinha é deposicional. A praia é a camada de sedimentos arenosos, em movimentação ativa. A linha interrompida assinala a declividade inicial, quando a costa começou a ser atacada pelas ondas

areias. No território brasileiro predominam as praias arenosas. Entretanto, no Amapá, por causa da sedimentação dos detritos em suspensão e em solução transportados pelos rios, as praias são compostas por sedimentos argilosos. Nas áreas de climas temperados, frios ou áridos, as praias são constituídas de sedimentos mais grosseiros, de seixos e cascalhos, como nas famosas praias da Riviera Francesa. Por causa da movimentação rápida de seus sedimentos, as praias representam as formas perfeitamente ajustadas ao equilíbrio do sistema litorâneo no influxo de energia. As ondas de tempestade podem arrasar determinadas praias que, posteriormente, são refeitas pela ação constante e normal das ondas.

Entre as demais, a *restinga* assume importância muito grande. Na literatura, ela é designada como barreiras ou cordões litorâneos. Elas são formadas por faixas arenosas, depositadas paralelamente à praia, que se alongam tendo ponto de apoio nos cabos e saliências do litoral. Colocam-se acima do nível normal da maré alta e, à medida que se estendem, vão separando do mar parcelas de água que se transformam em *lagoas litorâneas*. Inúmeros são os exemplos de lagoas litorâneas que se originaram por esse processo, tais como a dos Patos (Fig. 5.5), a de Araruama e muitas outras. Restingas sucessivas podem se formar de modo paralelo e, quando incorporadas à área continental, dão origem às chamadas *planícies de restingas*, conforme designação de A. R. Lamego. A área deltaica do rio Paraíba do Sul, no estado fluminense, é excelente exemplo. O crescimento das restingas tem outra conseqüência: barrando a desembocadura dos rios, faz com que os mesmos se desloquem no mesmo sentido de seu crescimento. O desenvolvimento das restingas, dificultando o livre acesso dos rios ao mar, obriga os cursos

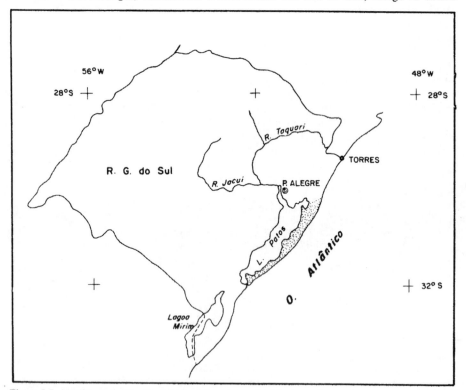

Figura 5.5 No litoral do Rio Grande do Sul, extensa planície de restinga separa a Lagoa dos Patos das águas atlânticas. O mesmo acontece com a Lagoa Mirim e com outras menores, localizadas no nordeste do estado gaúcho

fluviais a caminharem longitudinalmente à sua linha. Os rios que se situam entre a foz do rio Doce e a do São Mateus, no Estado do Espírito Santo, são exemplos típicos, especialmente o caso do Mariricus.

Verifica-se a presença de restingas na maior parte das faixas costeiras do mundo. Quanto à sua origem, duas teorias foram propostas. Uma assinala que as restingas se formam pelo transporte de areia por ondas dirigidas para a costa, através de águas rasas, admitindo que as sacas revolvem o fundo arenoso e a areia é depositada nos cordões arenosos pelas correntes de deriva e rebentação das ondas. A segunda explica que as restingas se formam através do transporte de areias efetuado pelas correntes longitudinais, sendo que tais sedimentos são originados pelo ataque erosivo nas saliências litorâneas. Essa teoria não acredita que as ondas possam mover sedimentos no sentido da costa, para cima de um plano inclinado submarino. As pesquisas efetuadas, principalmente as desenvolvidas no decorrer da Segunda Guerra Mundial, assinalam exemplos que se relacionam a essas duas concepções. Os dois processos invocados ocorrem em casos específicos, embora haja maior número de casos relacionados com a deriva longitudinal. Alberto Ribeiro Lamego, que muito estudou as restingas brasileiras, é de opinião que os exemplos brasileiros se originaram por transporte de areia em correntes longitudinais paralelas à costa.

Uma variação na forma das restingas relaciona-se com a presença de *esporões*. Essa forma é representada por um cordão que, em uma de suas pontas, apresenta prolongamentos encurvados em direção do interior das lagunas. São pontais secundários que se desenvolvem em função do fluxo causado pelas ondas, nos locais onde se encontram ondas provindas de direções diferentes (Fig. 5.6). Por outro lado, a refração das ondas nas ilhas faz com que possa haver uma sedimentação em sua retaguarda, no lugar de encontro entre os dois conjuntos de ondas refratadas. A sedimentação que aí se verifica termina por construir um cordão arenoso que liga a ilha ao continente. Essa faixa arenosa é denominada de *tombolo*, que pode ser simples, duplo ou triplo, conforme as linhas arenosas construídas. Os casos mais complexos são aqueles em que os tombolos reúnem várias ilhas em rosário, como o clássico exemplo da Praia de Nantasket, no litoral atlântico dos Estados Unidos, estudado por Douglas Johnson em 1910. São comuns os casos de tombolos no litoral brasileiro, servindo de exemplo o da Ilha Porchat, em Santos.

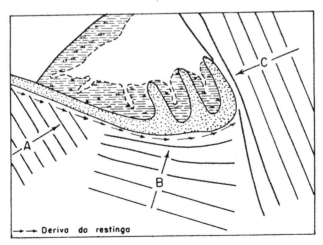

Figura 5.6 O esquema ilustra a formação de esporões recurvados ao longo de uma restinga, devido às ondas provindas de direções diferentes. As ondas *A*, atingindo em ângulo a praia, promovem a deriva da restinga e fornecem os sedimentos para o esporão. As ondas *B* e *C* determinam a orientação das margens oceânicas e os recurvamentos laterais

136 Geomorfologia

Quando em ilhas isoladas ocorre uma acumulação no lado que está sob a direção das ondas dominantes, formando um prolongamento da própria ilha, essa restinga representa exemplo da forma em *cauda de cometa*.

O traçado espacial de todas as formas de acumulação é muito simples, e as costas formadas por elas caracterizam-se por grandes trechos retilíneos ou arcos com grande raio de curvatura, cujas concavidades são voltadas para o mar, separados por trechos protuberantes, que representam as saliências litorâneas, oriundos de afloramentos rochosos ou das avançadas depositadas nas desembocaduras fluviais. As formas de acumulação contribuem de maneira sensível para a retilinização do traçado litorâneo, construindo as formas de equilíbrio em função dos processos morfogenéticos litorâneos.

Nos litorais compostos por sedimentação detrítica arenosa podem ser observadas formas menores, mutáveis, ligadas com o fluxo e movimento das ondas sobre a superfície dessas formações arenosas (praias, restingas e outras).

Na parte superior da antepraia desenvolvem-se sistemas de *cristas e canaletas*, com eixo paralelo a linha de praia, apresentando padrão estrutural complexo. A *crista* é um corpo tabular de areia que se desenvolve na antepraia durante os períodos construtivos das ondas. Usa-se o termo somente para feições expostas, pelo menos algumas vezes, acima do nível do mar. Feições positivas semelhantes, mas que ocorrem abaixo do nível inferior da maré vazante, denominam-se *barras*. O desenvolvimento das cristas é controlado pela acumulação frontal de sedimentos em direção à terra, à medida que a crista migra, e pelo acréscimo vertical de leitos horizontais, especialmente do lado do mar. A *canaleta* é a depressão situada no flanco das cristas e voltada para o continente, por onde as águas são obrigadas a correr, paralelamente à costa durante a maré vazante. O mesmo tipo de depressões ocorre junto das barras, também do lado do continente, mas por estar submersa, não funciona como canaletas. A canaleta que corre paralela à praia, às vezes ao longo de dezenas de metros, controla o desenvolvimento de várias estruturas de corrente. Durante a maré vazante, o retorno das águas é bloqueado pelas cristas da praia e o fluxo corre ao longo da canaleta, dando origem a marcas e megamarcas onduladas, orientadas em direção à terra, geradas por ação das ondas durante a preamar.

As *marcas de espraiamento* de ondas são feições comuns nas praias, podendo ser consideradas como cristas em miniaturas, deixadas pelas ondas durante o refluxo. Observações cuidadosas sobre a formação dessas marcas, mostram que os grãos de areia são apanhados e levados a flutuar, na superfície das águas, perto da margem da praia, depositando-se em linhas ao longo dela. As marcas de espraiamento desenvolvem-se com os mais diferentes aspectos, que recebem denominações distintas em função da sua forma, como: Marcas Onduladas Simétricas, Marcas Onduladas Linguóides, Marcas Onduladas Rombóides e Marcas Onduladas de Oscilação.

A *marca de fluxo* constitui outra feição descrita em praias recentes, representando cordões anastomosados formados pelo acúmulo de materiais leves, tais como fragmentos de conchas, madeiras, algas, minerais micáceos, etc., que acompanham a linha de praia, pois são depositados pelo fluxo das ondas durante a preamar.

Buracos de areia ou domos de areia cavernosa, são comumente descritos em praias constituídas de sedimentos finos, formados pelo escape de ar aprisionado entre a água intersticial e as águas superficiais.

MORFOMETRIA PLANIMÉTRICA DE PRAIAS

A morfometria planimétrica relaciona-se com as variáveis que descrevem a geometria do formato da praia, considerando sua representação espacial plana. As principais variáveis são:

Geomorfologia litorânea

a) *comprimento da corda da praia*: é a linha reta que conecta os pontos extremos da praia;

b) *raio de curvatura*: sua definição baseia-se no princípio de que a curvatura da linha de praia equivale a um arco de circunferência. Desta maneira, procura-se ajustar um raio que mais se adapte ao referido arco. A medida desse raio corresponde ao valor do raio da curvatura;

c) *ângulo subentendido*: corresponde ao ângulo ocupado pelo arco da curvatura da praia, e delimitado pelos raios que passam pelas extremidades da praia. A fim de não cometer erros de apreciação ou erros individuais, deve-se ratificar a curvatura da praia com compasso;

d) *índice de curvatura*: é a relação entre o ângulo subentendido e o valor de um radiano. Na obtenção do índice de curvatura aplica-se a seguinte relação:

$$C = \frac{\alpha}{Rd}$$

onde C = índice de curvatura;
α = ângulo subentendido;
Rd = valor em graus de um radiano.

A relação utilizada para a obtenção do índice de curvatura foi proposta por Araya (1967), considerando que do ponto de vista teórico uma praia não deve subentender um arco de mais de 180 graus. Nessa perspectiva, foi possível ao referido autor fixar limites para que o índice de curvatura se tornasse compreensível. Para essa finalidade utilizou a concepção de que quando uma praia subentende um arco da mesma extensão que o seu raio, ela deve ter índice igual a 1 (um). Desse modo, chegou-se à relação acima mencionada tomando como dados o ângulo subentendido e o valor de um radiano, em graus.

e) *ângulo de abertura*: representa o ângulo formado o ponto mais interior da praia, considerado como vértice, e as duas extremidades da mesma. O seu valor corresponde ao ângulo estabelecido pelos dois raios que partem do ponto mais interior e passam pelas duas extremidades da praia.

Esta medida foi proposta por Christofoletti e Pires Neto (1976), levando em consideração os seguintes princípios:

-- devido à ação morfogenética, todo o litoral tende a apresentar retilinidade entre suas formas. Essa tendência é explicada pela atuação da refração das ondas, que exerce maior ação abrasiva e erosiva nas saliências litorâneas e promove, por causa das correntes de deriva, deposição nas enseadas adjacentes. Sob as mesmas condições morfoclimáticas, o equilíbrio das praias estabelecer-se-ia numa linha próxima da retilinidade entre seus dois pontos extremos;

— nessa perspectiva, consideraram que, no máximo, as praias deveriam apresentar um ângulo de abertura de 180°, quando surgiriam como perfeitamente retilíneas. Essa disposição foi considerada como padrão ideal, em função do qual foram medidos os desvios. Essa pressuposição é inicial, pois não há nenhum estudo que procure relacionar o grau de retilinidade e o comprimento das praias. Torna-se óbvio, também, que o raio de curvatura é o parâmetro que mais intimamente se relaciona com o ângulo de abertura das praias.

A Tab. 5.1 reúne os valores dessas variáveis, coletados nas praias do litoral paulista, entre Santos e São Sebastião.

RECIFES

Importância muito grande na morfologia litorânea também advém da presença de recifes, tanto os de corais como os de arenito. Em princípio, o termo "recife" foi

138
Geomorfologia

Tabela 5.1 Relação das praias estudadas no litoral paulista, entre Santos e São Sebastião, e dos valores medidos para as diversas variáveis da morfometria planimétrica (conforme Christofoletti e Pires Neto, 1976)

Nome da praia	Raio de curvatura (m)	Ângulo subentendido	Índice de curvatura	Ângulo de abertura	Comprimento da corda de praia (m)
Enseada	13 750	32	0,56	137	8 000
São Lourenço	5 000	48	0,84	145	3 730
Guaratuba-Boracéia	30 000	33	0,57	156	16 140
Juréia	3 700	15	0,26	175	980
Una	1 870	46	0,80	124	1 350
Juqueí	6 070	28	0,49	165	2 950
Saí	700	65	1,14	142	750
Baleia	1 900	60	1,05	150	1 930
Camburi-Piau	3 140	26	0,45	166	1 430
Boiçucanga	1 850	49	0,85	140	1 420
Brava	1 160	25	0,43	163	490
Maresias	5 900	28	0,49	162	2 820
Paúba	670	44	0,77	157	450
Samiagem-Toque-Toque Pequeno	1 470	70	1,22	145	1 680
Toque-Toque	470	65	1,14	150	500

empregado para designar qualquer proeminência rochosa localizada perto da superfície do oceano, interceptando as ondas e constituindo obstáculos perigosos para a navegação. Na atualidade, a definição é mais precisa e considera-se como recife um complexo organogênico de carbonato de cálcio (primariamente de corais) que forma uma saliência rochosa no soalho marinho e que geralmente cresce até o limite das marés. Como eles oferecem resistência às ondas, os seus espaços internos são preenchidos e compostos por fragmentos de material do recife, de algas coralígenas e de fragmentos orgânicos.

A literatura sobre os recifes é muito ampla, e a contribuição de Charles Darwin, publicado em 1842, tornou-se um trabalho clássico. Nessa obra, o autor fala de recifes de coral (*coral reefs*), como se as edificações fossem constituídas apenas por corais. Com base em tal afirmação, generalizou-se a designação para todos os tipos de edifícios encontrados como obstáculos para a navegação nos mares tropicais.

Os recifes de corais desenvolvem-se em mares onde a temperatura nunca é inferior a 18 °C, e que em média se mantém a alguns graus acima daquela cifra. A temperatura mais favorável situa-se entre 25 °C e 30 °C. Uma boa iluminação das águas torna-se necessária, porque a luz forte é básica para as funções dos organismos. Por essa razão, o desenvolvimento maior dos recifes faz-se entre o nível das marés baixas e o de 25 m de profundidade. Se a profundidade aumenta, a luz diminui e os corais construtores se rarefazem, cedendo lugar a outras espécies que vivem de modo diferente e quase nada constroem. O coral também não pode viver acima das marés baixas, porque não suporta emersões prolongadas e as temperaturas superiores a 36 °C lhe são fatais. Por outro lado, as águas devem ser agitadas e constantemente renovadas, a fim de que sejam as mais oxigenadas e as mais ricas em matérias nutritivas. Todavia, a intensidade de quebramento das ondas não deve ser muito forte, porque senão acaba destruindo os corais. A salinidade das águas deve estar compreendida entre 27 e 40‰, sendo o ótimo entre 33 e 37. Enfim, a turvabilidade da água deve ser considerada como elemento negativo.

Geomorfologia litorânea

A rocha de um recife de coral é material muito poroso, com grande variedade de componentes clásticos, principalmente organogênicos, com materiais de cimentação inorgânicos. Tanto a periferia exterior do recife como a lagoa interna apresentam detritos clásticos em quantidade, por causa da fragmentação provocada pelas ondas. Os detritos são conhecidos como *areias bioclásticas ou de coral*, quando não consolidados, ou como *calcarenito*, quando cimentados. Um tipo especial de recife é formado sobre as praias. Sob as condições ensolaradas do clima tropical, há concentrações repetidas de água marinha nos interstícios do sedimento, quando dos períodos de baixa mar, favorecendo a cimentação. O endurecimento leva à formação do *arenito de praia* (*beach sandstone*) ou *beachrock*. Ao longo do litoral brasileiro, são comuns os recifes de arenito, principalmente na costa nordestina; eles estendem-se entre as latitudes de 4°43' e 16°30'S. Tais arenitos aparecem formando longas faixas paralelas à costa, ou como pequenas ilhas isoladas, ou ainda sob formações distanciadas da costa. Nessa última categoria, o recife anular das Rocas e os Abrolhos servem de exemplos. Embora tenha sido verificada a existência de corais nos recifes brasileiros, ainda não foi provada a existência de recifes coralígenos nas águas brasileiras (Mabesoone, 1966). No caso das Rocas e dos Abrolhos, as edificações recifais são formadas por construções orgânicas, compostas por algas e outros organismos.

Várias são as formas apresentadas pelos recifes de corais. As mais importantes são os atóis, os recifes em barreiras e os em franjas.

a) Os *atóis* são anéis de corais, recortados por passagens, cercando uma lagoa cuja profundidade geralmente ultrapassa 30 m, mas que só em casos excepcionais atinge a 100 m. O diâmetro é muito variável, podendo até ultrapassar 60 km. A parte do atol que emerge é pouco elevada e a declividade interior mergulha suavemente em direção à laguna. Em direção ao mar circundante, ao contrário, a declividade submerge muito bruscamente para as profundidades oceânicas, atingindo e em geral ultrapassando 45° por várias centenas de metros (Fig. 5.7). Os atóis mais típicos e mais estudados localizam-se nos oceanos Índico e Pacífico e nos mares da Indonésia.

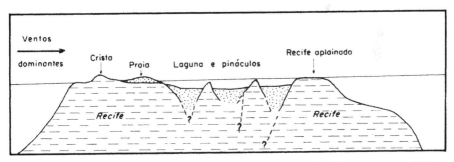

Figura 5.7 Perfil esquemático através de um atol, assinalando os principais aspectos morfológicos

A explicação fornecida por Darwin para a origem do atol pode ser aplicada a muitos casos. De acordo com esse autor, os atóis se desenvolveriam sobre ilhas vulcânicas em via de submersão. Os corais formariam em princípio um recife de franja, em seguida um recife de barreira e, finalmente, um atol quando a ilha vulcânica submergisse totalmente (Fig. 5.8). A síntese elaborada por Davis, em 1928, após a sua longa viagem pelo Pacífico, postula em favor da subsidência. Uma teoria mais recente, inicialmente proposta por Daly, explica que a maior parte das características dos recifes é ocasionada pelas oscilações glacio-eustáticas quaternárias. Ela se apóia sobre a profundidade relativamente uniforme (cerca de 60 m) de grande número dos fundos de lagoas, considerando-os como plataformas não coralinas, recobertas por delgada camada de detritos e de algas calcárias.

Tais plataformas teriam sido aplainadas durante uma glaciação, com abaixamento do nível do mar, pelo menos nas regiões onde a diminuição da temperatura impedia o crescimento dos corais. Depois, com o aquecimento pós-glaciário, houve condições para a construção do edifício coralino que crescia acompanhando a elevação do nível do mar. Os corais colonizaram as regiões marginais a partir dos mares mais quentes, onde nunca deixaram de existir. Daly lembra, como fato comprovante, que a largura dos atóis e dos recifes barreiras é maior nas regiões centrais que nas marginais, sendo que nessas últimas os recifes seriam mais recentes.

As oscilações eustáticas, entretanto, não conseguem abranger todos os problemas levantados pelos recifes, principalmente quando as perfurações denunciaram espessuras muito grandes de formações coralinas submersas, que em casos excepcionais atingiram o embasamento rochoso a 1 401 m e a 1 267 m, no atol de Eniwetok, nas Ilhas Marshall (Guilcher, 1954). Os movimentos subsidentes também devem ser considerados. Por essa razão, as explicações procuram abranger tanto a subsidência como o eustatismo, como na teoria proposta por Kuenen e Stearns.

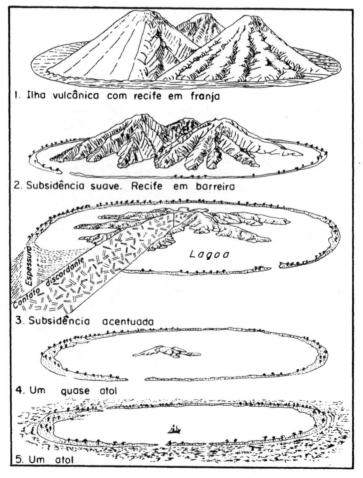

Figura 5.8 O esquema mostra as várias etapas ocorridas na submersão de uma ilha vulcânica a fim de formar um recife em franja e, eventualmente, um atol, conforme a concepção proposta por Darwin (segundo Lobeck, 1939, com adaptações)

Geomorfologia litorânea

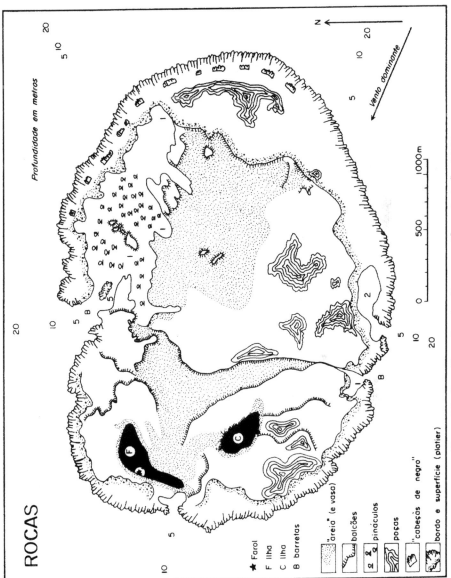

Figura 5.9 O recife anelar das Rocas, conforme Andrade (1959)

142   Geomorfologia

b) Os *recifes em franja* representam a forma básica do recife de coral, desenvolvendo-se pelo crescimento das colônias de corais ao longo das bordas de uma terra emersa não coralina. O recife em franja pode atingir extensões muito amplas, sendo atravessado por alguns canais, podendo assumir a forma retilínea ou a curva. Duas variedades podem ser discernidas:

— os recifes não protegidos por barreiras oferecem uma zonação análoga às barreiras e atóis, porque também ficam diretamente expostas às ondas do mar aberto;

— os recifes protegidos por barreiras são casos muito comuns. Protegidos e abrigados contra as ondas muito fortes, não apresentam a crista acentuada, embora o bordo externo seja muito abrupto. Em geral, o aspecto assemelha-se aos bancos de atol, irregulares e formando lagoas internas nas depressões quando das marés baixas.

c) Os *recifes em barreiras* podem apresentar em seu interior uma ou mais ilhas não coralígenas. A sua morfologia de detalhe e a sua zonação são semelhantes às dos atóis. O seu perfil é dessimétrico, sendo que no lado oceânico as declividades são íngremes e atingem rapidamente 1 000-5 000 m de profundidade. Para o interior, a inclinação é suave e as profundidades das lagunas orçam por 80-100 m.

A mais célebre barreira do mundo é a de Queensland, que possui cerca de 2 000 km desde o Golfo de Papua até o Trópico de Capricórnio. Na parte oriental da Nova Guiné há outro belo complexo de recifes em barreiras, em volta das ilhas do grupo Louisiade. Exemplos também são observados nas ilhas da Nova Caledônia, Fiji, Borneo e em outras do Pacífico.

EUSTASIA

A eustasia compreende as oscilações que afetaram o volume de água e o tamanho da bacia oceânica. Tais movimentos do nível do mar são designados de eustáticos, podendo ser positivos ou negativos.

As variações do nível do mar podem ser de curta duração, como as sazonais, ou de longa duração. Nesse caso, implicam em conseqüências na escala geológica. Quanto às variações sazonais, J. G. Patullo (1963) fez o mapeamento para os meses de março, setembro, junho e dezembro. Em março, o nível do mar é inferior ao médio no hemisfério Norte e mais elevado no hemisfério Sul. No hemisfério Norte, as exceções são fornecidas pelo Mar Arábico, Golfo de Sião e pela faixa entre 40° e 60° N. No hemisfério Sul, os únicos valores negativos ocorrem nas costas meridionais da Austrália. Os desvios mais acentuados em relação ao nível médio foram registrados na Baía de Bengala, com cifras de −40 cm. Os valores de −19 cm foram observados no México, América Central e nordeste da Sibéria. Um valor positivo de 16 cm ocorre no nordeste da Austrália. O Oceano Ártico apresenta valores negativos em março e positivos durante setembro. Em setembro, os valores são semelhantes aos verificados em março, mas em sentido contrário. A Baía de Bengala apresenta valor positivo de 54 cm, enquanto as cifras positivas de 13 e 27 cm são observadas no México e no nordeste da Sibéria. O sudeste dos Estados Unidos e a Islândia oferecem valores positivos, enquanto o sul da Austrália possui desvios negativos em ambas as estações. O referido autor não distinguiu padrões regulares para os meses de junho e dezembro. Em junho, as partes centrais dos oceanos tendem a apresentar desvios negativos, enquanto cifras positivas ocorrem no Oceano Índico setentrional, na porção ocidental do Pacífico. Os maiores desvios assinalados em junho são −18 cm no Golfo de Sião, −13 cm da Noruega, e valores positivos de 30 cm na Baía de Bengala e de 14 cm no sul da Austrália. O Oceano Ártico, em dezembro, com exceção da costa norte do Alasca e nordeste da Sibéria, apresenta valores positivos, enquanto em junho os valores negativos são observados ao longo da costa setentrional da Groenlândia, Europa e Ásia.

Geomorfologia litorânea

As variações sazonais são explicadas pelas influências exercidas por quatro fatores principais: a) diminuição da pressão atmosférica local; b) aumento da quantidade de calor contida nos oceanos; c) diminuição da salinidade, e d) aumento na componente dos ventos dirigidos para as terras e na das correntes litorâneas.

As variações do nível marinho que se processam em escala temporal de duração maior constituem objeto de ampla bibliografia, podendo ser ocasionadas pelos movimentos eustáticos e pelos movimentos isostáticos. Nesse último caso, elas são dependentes dos movimentos ocorridos nas terras emersas em função de um nível oceânico estático. Em geral, as variações do nível do mar resultam da atuação combinada de ambos os processos.

Várias foram as explicações aventadas para os movimentos eustáticos. Fairbridge (1961) resumiu com propriedade os tipos possíveis de oscilações eustáticas. Em princípio, no século XIX, a teoria eustática foi proposta para explicar as transgressões e as regressões marinhas no decorrer da história geológica. A primeira proposição mostrava que o nível do mar variava em função dos movimentos tectônicos (*eustasia tectônica*), pois quando ocorria um dobramento importante, resultando na formação de cadeias montanhosas ou guirlandas insulares, restringia-se o espaço ocupado pelos mares; ao contrário, quando havia afundamentos, o referido espaço aumentava. Os processos tectônicos podem ser de escala local, regional ou de extensão geral dos oceanos, mas sempre alteram a capacidade das bacias oceânicas. Os movimentos verificados no findar do Terciário parecem ter provocado o rebaixamento de parcelas do soalho submarino, ocasionando diminuição do nível marinho durante esse período. Outra linha explicativa assinala que o nível do mar podia flutuar em função da gradual transferência dos detritos continentais para os oceanos, provocando grande ciclo de sedimentação que influiria no espaço ocupado pelas águas marinhas (*eustasia sedimentar*). Esta diminuição da capacidade das bacias pode ser a responsável pelas transgressões lentas e generalizadas que caracterizam determinadas épocas geológicas. Na atualidade, sua importância é praticamente nula. Essas idéias, que estavam na origem da teoria eustática, são de repercussões a longo prazo e foram consideradas como improváveis para alterar de modo significante o nível marinho. Por outro lado, essas modificações ligadas ao Sial pertencem ao âmbito da isostasia e, se nada mais houvesse, a teoria eustásica teria desaparecido.

O reconhecimento de fases glaciárias no Quaternário deu origem à teoria *glacio--eustática*. Maclaren, em 1842, introduziu a teoria do controle glacial e foi o primeiro a reconhecer um nível marinho flutuante no decorrer do Pleistoceno. Essa concepção, desenvolvida em maior intensidade no século XX, após a difusão promovida por Henri Baulig (1935), significa que as oscilações do nível marinho são devidas às modificações climáticas. Aceita-se o fato de que mudanças na temperatura alteram o estado de equilíbrio entre a água contida nas bacias oceânicas, a da umidade atmosférica e a água que é precipitada sobre as terras e acaba voltando aos oceanos através do escoamento fluvial. Então, se um clima interglacial quente é substituído por um clima glacial frio, em grandes áreas a precipitação altera-se da chuva para a neve. Caindo em forma sólida, e assim permanecendo, ela não volta aos oceanos mas integra-se na formação das massas de gelo. Esse mecanismo, que pode ser chamado de controle glacial, resulta no acúmulo de água nos continentes e abaixamento do nível marinho, e sua atuação foi muito importante durante o Pleistoceno.

Durante algumas dezenas de milênios houve estocagem das águas oceânicas nos continentes, formando *inlandsis* de 2 000 a 3 000 m de espessura, em média. Dessa maneira, cada fase de glaciação desencadeou uma regressão marinha e cada fase de fusão glaciária (interglacial) provocou uma transgressão. Sendo dada a mobilidade da água, os fenômenos são simultâneos em todas as bacias marinhas.

Durante o Quaternário foram discernidas quatro principais fases glaciárias, separadas por fases interglaciais. Fairbridge (1961) fornece dados sobre as oscilações do nível

Tabela 5.2 Oscilações marinhas no Quaternário (conforme dados de Fairbridge, 1961)

Glaciação	Interglacial	Nível do mar
Günz (Nebraska)		−10
	Siciliano (Aftoniano)	100
Mindel (Kansas)		−40
	Tirreniano (Yarmouth)	50
Riss (Illinois)		−70
	Normandiano (Sangamoniano)	20 a 3
Würm (Wisconsin)		−100
	Atual	0

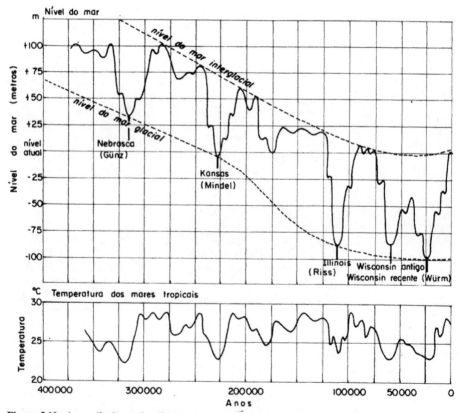

Figura 5.10 As oscilações paleoclimáticas causaram mudanças no nível dos mares. Com as glaciações houve abaixamento do nível marinho, enquanto as fases interglaciárias favoreceram a ascenção. O gráfico inferior assinala as temperaturas das águas do mar, nas épocas concomitantes (conforme Fairbridge, 1961)

Geomorfologia litorânea

marinho, e por eles pode-se verificar que os valores negativos aumentam das glaciações antigas para as mais recentes, e que os valores relacionados com as transgressões interglaciais diminuem na mesma direção (Tab. 5.2; Fig. 5.10).

A glaciação Würm ou Wisconsin começou há cerca de 74 000 anos e apresentou sua maior expansão por volta de 20 000 anos. Os acontecimentos verificados após a glaciação são muito importantes para explicar o modelado litorâneo, pois a totalidade das costas e praias foi ou está sendo esculpida em função dos níveis marinhos do Quaternário recente. Os autores tem verificado um grande número de pequenas oscilações durante o período pós-glacial, a partir de 13 000 até o presente (Fig. 5.11). Essas flutuações superimpõem-se à tendência geral para a elevação do nível do mar, que atingiu o máximo há cerca de 6 000, com a denominada transgressão Flandriana. A partir de então, o mar tem oscilado em torno da cifra de 3 a 4 m para mais ou para menos, em relação ao nível atual.

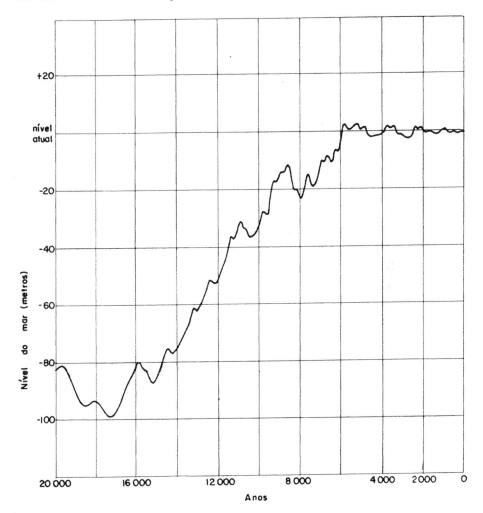

Figura 5.11 O esquema mostra as oscilações do nível marinho no decorrer dos últimos 20 000 anos. A ascenção verificada entre 17 000 e 6 000 anos é a mais rápida dentre as identificadas pelas pesquisas. No decorrer dos últimos 6 000 anos, as oscilações são pequenas em torno do nível marinho atual. (Conforme Fairbridge, 1961)

146   Geomorfologia

A fusão observada nos glaciares causa tendência para o levantamento do nível do mar na velocidade média de 1,2 mm por ano, que é taxa elevada embora muito inferior às velocidades máximas da transgressão Flandriana (5 a 6 mm/ano). Localmente, as influências complexas oriundas dos movimentos das terras e dos mares fornecem variações nos dados registrados. Em Formosa, a velocidade é de 2,2 mm/ano, e no Japão a cifra é de 1,0 mm/ano. Para o período de 1940-66, a maior cifra registrada foi de 9,15 mm/ano, em Eugene, na Louisiana (EUA); por seu turno, Juneau, no Alasca, apresentou tendência negativa mais acentuada: −13,7 mm/ano.

CLASSIFICAÇÃO DAS PAISAGENS LITORÂNEAS

Várias tentativas foram realizadas a fim de classificar os tipos de costas, mas nenhuma obteve pleno sucesso, tanto as apoiadas em critérios genéticos como as em critérios puramente descritivos, baseados nas formas de relevo observadas.

Uma das primeiras tentativas de classificação foi realizada por Eduardo Suess, em 1906, que distinguiu as costas do Atlântico e as do Pacífico. As primeiras possuem estruturas de dobramentos ou falhamentos que são transversais à linha de costa, apresentando um litoral rico em saliências e reentrâncias. As segundas possuem estruturas que são paralelas à linha de costa, tais como os Andes, as Rochosas e a Dalmácia. Essa classificação assinala que a costa do tipo atlântico é discordante, enquanto a do tipo pacífico é concordante.

Outra classificação, baseada no critério genético, foi desenvolvida por Douglas Johnson, em 1919. Esse autor distinguiu quatro categorias: a) costas de submersão, como as de rias e de fjordes; b) costas de emersão; c) costas neutras, cujas formas não são devidas à submersão nem à emersão, mas à deposição ou aos movimentos tectônicos, como os casos das costas deltaicas, de planícies aluviais, costas vulcânicas e falhadas; e d) costas complexas ou mistas, em cuja origem há uma combinação de duas ou mais das categorias precedentes.

Em 1952, H. Valentin apresentou uma classificação dos tipos de costas baseando-se na distinção fundamental entre o avanço e o recuo do litoral, observando que o avanço pode resultar da emersão ou da deposição, enquanto o recuo pode ser devido à submersão ou ao ataque da erosão. Sua classificação estabelece os tipos:

a. *Costas que estão avançando*

   i — devido à emersão:
     costas com soalho marinho emerso;
   ii — devido à deposição orgânica:
     fitogênica (formada pela vegetação), como os manguezais;
     zoogênicas (formada pela fauna), como as costas com corais;
   iii — devido à deposição inorgânica:
     deposição marinha onde as marés são fracas;
     deposição marinha onde as marés são fortes;
     deposição fluvial, como as costas deltaicas.

b. *Costas que estão recuando*

   i — devido à submersão de paisagens glaciárias:
     confinadas à erosão glacial;
     não confinadas à erosão glacial;
     deposição glaciária;

ii – devido à submersão de paisagens de esculturação fluvial:
   sobre jovens estruturas dobradas;
   sobre velhas estruturas dobradas;
   sobre estruturas horizontais;
iii – devido à erosão marinha:
   costas escarpadas.

Essa classificação tem a vantagem de levar em consideração os níveis relativos da terra e do mar, estando baseada nas evidências de ganho ou perda de terra. Ela também considera as evidências das alterações que estão se realizando, expressas através da interação dos movimentos verticais (emersão ou submersão) e horizontais (erosão e deposição), mostradas de modo diagramático pela Fig. 5.12. Nesse diagrama, a linha ZOZ' indica a posição zero, isto é, as costas que não estão avançando nem recuando, quer seja porque a emersão é cancelada pela erosão (ZO), ou porque a submersão é cancelada pela deposição (OZ'). O ponto O representa uma costa absolutamente estática, na qual não está se processando alteração de espécie alguma. As modificações são mais acentuadas em direção de A, onde a emersão, juntamente com a deposição, promove rápido avançar da costa, e em direção de R, onde a erosão, acompanhada pela submersão, resulta em rápido recuo. A erosão rápida pode provocar a regressão de uma costa em

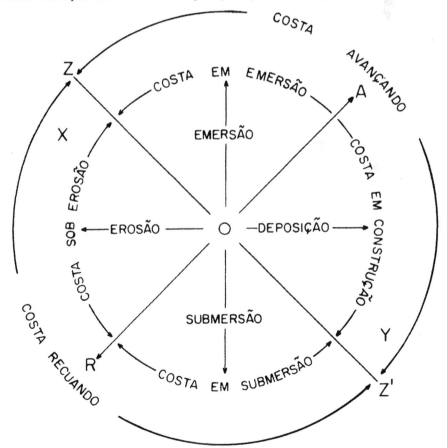

Figura 5.12 Esquema para a descrição explanatória das costas, conforme proposição de H. Valentin (1952)

emersão (X), enquanto a rápida deposição pode promover o avanço de uma costa que está em processo de submersão (Y).

Arthur Bloom (1965) sugeriu uma complementação do esquema de Valentin, acrescentando um eixo relacionado com o tempo que passa através de O. Dessa maneira, teria-se um diagrama tridimensional, no qual é possível locar o curso evolutivo de qualquer costa particular, na qual as relações entre emersão e submersão, entre erosão e deposição, sofreram variações com o transcorrer do tempo. O ponto de origem do diagrama pode ser qualquer momento, tomado arbitrariamente. Os eixos podem referir-se a quaisquer escalas lineares ou temporais, relativas ou absolutas. O gráfico assim composto permite uma descrição explanatória completa de qualquer tipo de costa. Um exemplo é fornecido pela evolução costeira de Connecticut, durante os últimos 7 000 anos, onde foi possível decifrar a evolução em virtude das datações pelo carbono radioativo das amostras de turfa então coletadas.

A Fig. 5.13 mostra que, no intervalo entre 7 000 e 3 000 anos atrás (segmento O-A do diagrama), a submersão foi tão rápida que a costa de Connecticut sofreu modestas influências da erosão e deposição. A elevação do nível da água, em relação ao da terra, foi de 18 cm por século. Há cerca de 3 000 anos houve abrupta redução na intensidade de submersão, que caiu para cerca de 9 cm por século. A deposição de lama em lagunas e estuários ultrapassou essa taxa mais lenta de submersão, e a maioria de antigas lagunas e estuários preencheram-se de sedimentos até o nível médio das marés, em intervalo de tempo estimado em 1 000 anos. Durante esse breve intervalo (segmento A-B da Fig. 5.13), a deposição em ambiente de pântano salgado adicionou cerca de 110 km² de terra, ao longo de uma costa com 152 km de comprimento. Subseqüentemente, submersão

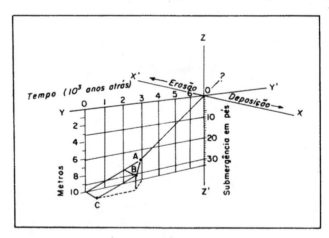

Figura 5.13 A evolução costeira em Connecticut, no decorrer dos últimos 7 000 anos, conforme Arthur Bloom (1965). Os detalhes explicativos estão inseridos no texto

e erosão (segmento B-C) imprimiram à linha de costa tendência para ligeiro recuo, mas novos crescimentos de pântanos salgados e deposição na linha litorânea tem quase que compensado essa tendência.

O esquema proposto por Valentin representou extraordinário progresso em relação às classificações precedentes, elaboradas em função de concepções teóricas do ciclo de erosão. A grande vantagem de classificações "não-cíclicas", como as de Valentin e Bloom, é que elas permitem a colocação de problemas, estimulam a pesquisa e favorecem a classificação das costas em função dos aspectos observados e não em relação a seqüências evolutivas previamente esquematizadas.

BIBLIOGRAFIA

Ab'Saber, Aziz N., "Contribuição à geomorfologia do litoral paulista", *Revista Brasileira de Geografia* (1955), 17(1), pp. 3-48.

Ab'Saber, Aziz N., "A evolução geomorfológica da região de Santos", em *A Baixada Santista: aspectos geográficos* (1965), sob a coordenação de Aroldo de Azevedo, vol. I, pp. 49-66. Editora da Universidade de São Paulo.

Almeida, Fernando F. M. de, *Geologia e petrologia do arquipélago de Fernando de Noronha* (1958), Monografia XII da Divisão de Geologia e Mineralogia do D.N.P.M., Rio de Janeiro.

Andrade, Gilberto O. de, "Os mais recentes níveis glacio-eustáticos na costa pernambucana", *Anais da Assoc. dos Geógrafos Brasileiros* (1957), vol. 9, tomo 1, pp. 41 a 55.

Andrade, Gilberto O. de, "O recife anular das Rocas", *Anais da Assoc. dos Geógrafos Brasileiros* (1959), vol. XI, tomo 1, pp. 29 a 61.

Bascom, Willard, "Ocean Waves", *Scientific American* (1959), 201 (2), pp. 74-84.

Bascom, Willard, "Beaches", *Scientific American* (1960), 203 (2), pp. 80-94.

Baulig, Henri, *The changing sea level* (1935). Inst. of British Geographers, Londres, Inglaterra.

Bigarella, João J., "Subsídios para o estudo das variações de nível oceânico no Quaternário brasileiro", *Anais da Academia Brasileira de Ciências* (1965), vol. 37, Suplemento, pp. 263 a 278.

Bird, E. C. F., *Coasts* (1968). Australian National University Press, Canberra, Austrália.

Bloom, Arthur L., "The explanatory description of coasts", *Zeitschrift für Geomorphologie* (1965), 9, pp. 422-436.

Bloom, Arthur L., *Superfície da Terra* (1970). Ed. Edgard Blücher Ltda., São Paulo.

Bloom, Arthur L., "Pleistocene shorelines: a new test of isostasy", *Geol. Soc. America Bulletin* (1967), 78, pp. 1 477-1 494.

Bradley, W., "Submarine abrasion and wave-cut platforms", *Geol. Soc. America Bulletin* (1958), 69, pp. 967-974.

Branner, John C., "The stone reefs of Brazil, their geological and geographical relations with a chapter on the coral reefs" (1904), *Mus. Comp. Zool. Bulletin*, Harvard College, Cambridge, EUA, vol. 44.

Christofoletti, A. e Pires Neto, A. G. "Morfometria planimétrica das praias entre Santos e São Sebastião (SP)", *Revista Brasileira de Geografia* (1975), 37 (4), pp. 110-123.

Christofoletti, A. e Pires Neto, A. G., "Estudo comparativo entre variáveis da morfometria planimétrica de praias do litoral paulista", *Boletim Geográfico* (1976), 34 (251): 90-101.

Coastal Engineering Research Center, *Shore protection, planning and design* (1966). C. E. R. C., Technical Rep., n.º 4, 3.ª edição.

Colemam, J. M., e Smith, W. G., "Late recent rise of sea level", *Geol. Soc. America Bulletin* (1964), 75, pp. 833-840.

Cotton, C. A., "Criteria for the classification of coasts", *17 th Int. Geog. Congress, Abst. of Papers* (1952), p. 15.

Cotton, C. A., "Deductive morphology and the genetic classification of coasts", *Science Monthly* (1954a), 78 (3), pp. 163-181.

Cotton, C. A., "Tests of a german non-cyclic theory and classification of coasts", *Geographical Journal* (1954b), 120 (3), pp. 353-361.

Cruz, Olga, "*A Serra do Mar e o litoral na área de Caraguatatuba* (1974). Instituto de Geografia da Univ. de São Paulo, São Paulo.

Daly, R. A., "Pleistocene glaciation and the coral reef problem", *Amer. Journal of Science* (1910), 30, pp. 297-308.

150 Geomorfologia

Darwin, Charles, *The structure and distribution of coral reefs* (1842). Londres, Inglaterra.

Davies, J. L., "A morphogenetic approach to world shoreline", *Zeitschrift für Geomorphologie* (1964), 8 (n.º especial a Mortensen), pp. 127-142.

Davies, J. L. *Geographical variation in coastal development* (1972). Oliver & Boyd, Edinburgh.

Davis, William M., "The coral reef problem", *Amer. Geog. Society* (1928), Publ. Especial n.º 9.

Delaney, Patrick J. V., "A planície costeira e o sistema lagunar do Rio Grande do Sul", *Notícia Geomorfológica* (1960), 3 (6), pp. 5-12.

Delaney, Patrick J. V., "Fisiografia e Geologia de superfície da planície costeira do Rio Grande do Sul", *Publicação Especial* (1965a), 6.

Delaney, Patrick J. V., "Reef rock on the coastal platform of Southern Brazil and Uruguay", *Anais da Academia Brasileira de Ciências* (1965b), vol. 37, Suplemento, pp. 306-310.

Doornkamp, J. C., e King, C. A. M., *Numerical analysis in Geomorphology* (1971). Edward Arnold, Londres, Inglaterra.

Fairbridge, Rhodes, W., "Recent and Pleistocene coral reefs of Australia", *Journal of Geology* (1950), 58, pp. 330-401.

Fairbridge, Rhodes W., "Eustatic changes in sea level", in *"Physics and Chemistry of the Earth* (1961), vol. 4, pp. 99-185. Pergamon Press, Londres, Inglaterra.

Fairbridge, Rhodes W., (organizador), *Encyclopedia of Geomorphology* (1968). Reinhold Book Corporation, New York, EUA.

Fulfaro, V. J., Suguio, K. e Ponçano, W. L., "A gênese das planícies costeiras paulistas", *Anais do XXVIII Congresso Brasileiro de Geologia* (1974), vol. 3, pp. 37-42.

Guerra, Antonio T., "Contribuição ao estudo da Geomorfologia e do Quaternário do litoral de Laguna (Santa Catarina)", *Revista Brasileira de Geografia* (1950), 12 (4), pp. 535-564.

Guilcher, André, *Morphologie littorale et sous marine* (1954). Presses Universitaires de France, Paris, França.

Guilcher, André, "Le 'beachrock' ou grés de plage", *Annales de Géographie* (1961), 70 (378), pp. 113-125.

Guilcher, André, "Quelques caractères des récifs-barrières et de leurs lagons", *Bull. Assoc. Géog. Français* (1963), (314/315), pp. 2-15.

Hill, M. N. (organizador), *The Sea* (1963). John Wiley & Sons, New York, EUA, 3 volumes.

Jelgersma, S., "Sea level changes during the last 10 000 years", *Proc. Intern. Symposium on World Climates from 8 000 B. C. to 0 B. C.* (1966).

Jolliffe, Ivan P., "Littoral and offshore sediment transport", *Progress in Physical Geography* (1978), 2 (1): 264-308.

Johnson, Douglas, W., *Shore process and shoreline development* (1919). John Wiley & Sons, New York, EUA.

King, Cuchlaine A. M., *Beaches and Coasts* (1972). Edward Arnold, Londres, Inglaterra, (2.ª edição).

King, C. A. M. e McCullach, M. J., "A simulation model of a complex recurved spit", *Journal of Geology* (1971), 79 (1), pp. 22-36.

Komar, P. D., *Beach processes and sedimentation.* (1976). Prentice Hall, Englewood Cliffs, New Jersey.

Kowsmann, R. O. e Costa, M. A., "Paleolinhas de costa na plataforma continental das regiões Sul e Norte brasileiras". *Revista Brasileira de Geociências* (1974), 4 (4): 215-222.

Lamego, Alberto R., "Restingas na costa do Brasil", *Bol. da Divisão de Geol. e Mineralogia do D. N. P. M.* (1940), (96).

Geomorfologia litorânea

Lamego, Alberto R., "Ciclo evolutivo das lagunas fluminenses", *Bol. da Divisão de Geol. e Mineralogia do D. N. P. M.* (1945), (118).

Lamego, Alberto R., Geologia das quadrículas de Campos, São Tomé, Lagoa Feia e Xexé. *Bol. da Divisão de Geol. e Mineralogia do D. N. P. M.* (1955), (154).

Mabesoone, J. M., "Origin and age of the sandstone reefs of Pernambuco", *Journal of Sedimentary Petrology* (1964), 34 (4), pp. 715-726.

Mabesoone, J. M., "Os recifes do Brasil", *Bol. da Soc. Bras. de Geologia* (1966), 15 (3), pp. 45-49.

Martins, Luiz Roberto, "Variedades praiais de marcas de ondulação", *Notas e Estudos* (1966), 1 (2), pp. 63-78.

Martins, L. R., Urien, C. M., e Eichler, B. B., "Distribuição dos sedimentos modernos da plataforma continental sul-brasileira e uruguaia", *Anais do XXI Cong. Bras. Geologia* (1967), pp. 29-43.

Ottmann, F., "Une hypothèse sur l'origine des "arrecifes" du Nordeste brèsilien". *C. R. Somm. Soc. Géol. de France* (1960), pp. 175-176.

Ottmann, F.,L'Atol das Rocas dans l'Atlantique sud tropical. *Rev. Geog. Phys. et de Géol. Dynamique* (1963), 5 (2), pp. 101-106.

Patullo, J. G., "Seasonal changes in sea level", In *"The Sea* (1963). (Hill, M. N., editor), vol. II, pp. 485-496. John Wiley & Sons, New York, EUA.

Pimienta, Jean,"A faixa costeira meridional de Santa Catarina", *Bol. Div. Geol. e Mineralogia do D. N. P. M.*, (1958) n.° 176.

Pires Neto, Antonio G., "Terminologia aplicada aos processos e à morfologia litorânea", *Notícia Geomorfológica*, (1978), 18 (35), pp. 45 a 69.

Ruellan, Francis, "A evolução geomorfológica da Baía de Guanabara e das regiões vizinhas", *Revista Brasileira de Geografia* (1944), 6 (4), pp. 455-508.

Ruellan, Francis, *"Premier rapport de la Commission pour l'étude et la correlation des niveaux d'érosion et des surfaces d'aplanissement autour de l'Atlantique* (1956). União Geográfica Internacional, 5 volumes, XVIII Cong. Int. de Geografia do Rio de Janeiro.

Russell, R. J.,"Origin of beach rock", *Zeitschrift für Geomorphologie* (1962), 6 (1), pp. 1-16.

Russell, R. J., *River plains and sea coasts* (1967). University of California Press.

Russell, R. J., e McIntire, W. G., "Southern Hemisphere beach rock", *Geographical Review* (1965a), 55 (1), pp. 17-45.

Russell, R. J., e McIntire, W. G., "Beach Cusps", *Geol. Soc. America Bulletin* (1965b), 76 (2), pp. 307-320.

Santos, Maria E. C. M., "Paleogeografia do Quaternário superior na plataforma continental norte brasileira", *Anais do XXVI Congresso Brasileiro de Geologia*, vol. 2, pp. 267-288.

Schwartz, M. L.,"The Bruun theory of sea level rise as a cause of shore erosion", *Journal of Geology* (1967), 75 (1), pp. 76-92.

Silveira, João Dias da, *Baixadas litorâneas quentes e úmidas* (1952). Boletim da F. F. C. L. da U. S. P., Geografia n.° 8.

Silveira, João Dias da, "Morfologia do Litoral", em *"Brasil: a terra e o homem* (1964), (Azevedo, A., coordenador). Cia. Editora Nacional, São Paulo, vol. I, pp. 253-305.

Shepard, F. P., *Submarine Geology* (1963). Harper & How, New York, EUA, (2.ª edição).

Steers, J. A. (organizador), *Introduction to coastline development* (1971a), MacMillan & Co., Londres, Inglaterra.

Steers, J. A. (organizador), *Applied coastal geomorphology* (1971b), MacMillan, & Co., Londres, Inglaterra.

Stoddart, D. R., "Ecology and morphology of recent coral reefs", *Biol. Review* (1969), 44, pp. 433-498.

Strahler, A. N., "Tidal cycle of changes on an equilibrium beach", *Journal of Geology* (1966), 74 (2), pp. 247-268.

152

Tricart, Jean, "Notas sobre as variações quaternárias do nível marinho", *Boletim Paulista de Geografia* (1958), (28), pp. 3-13.

Tricart, Jean, "Problemas geomorfológicos do litoral oriental do Brasil, *Boletim Baiano de Geografia* (1960), 1 (1), pp. 5-39.

Tricart, J. e Cailleux, A., *Le modelé des régions chaudes* (1965). S. E. D. E. S., Paris, França.

Valentin, H., "Die Kusten der Erde", *Pettermanns Geog. Mittelung* (1952), 246.

Valentin, H., "Eine Klassifikation der Kustenklassifikation", *Gottinger Geographische Abhandlungen* (1972), (60), pp. 355-374.

Yasso, W. E., "Plan geometry of headland-bay beaches", *Journal of Geology* (1965), 73 (5), pp. 702-714.

Wright, L. D. e Thom, B. G., "Coastal depositional landforms: a morphodynamic approach", *Progress in Physical Geography* (1977), 1 (3), pp. 412-459.

Zembruscki, S., Barreto, H. T., Palma, J. C. e Miliman, J., "Estudo preliminar das províncias geomorfológicas da margem continental brasileira", *Anais do XXVI Congresso Brasileiro de Geologia*, vol. 2, pp. 187-209.

Zenkovich, V. P., *Processes of coastal development* (1967). Interscience — John Wiley & Sons, New York, EUA.

6

A MORFOLOGIA CÁRSICA

A palavra *karst* foi inicialmente empregada para designar a morfologia regional da área de calcários maciços situada nas proximidades de Rjeka (Iugoslávia). Atualmente, é um termo de sentido amplo empregado para designar as áreas calcárias ou dolomíticas que possuem uma topografia característica, oriunda da dissolução de tais rochas. O principal aspecto de uma área cársica é a presença da drenagem de sentido predominantemente vertical e subterrâneo, resultando na completa ausência de cursos de água superficiais. Embora o termo *karst* provenha da Iugoslávia, nem todos os termos aplicáveis aos detalhes da morfologia cársica são provenientes da referida região. Vários vocábulos de outras áreas foram incluídos e aceitos. Em conjunto, deve-se lembrar que nenhuma das áreas por si apresenta todos os aspectos individuais do relevo cársico, mas todas elas possuem as características necessárias.

Além da área costeira adriática da Iugoslávia, que foi a primeira a ser metodicamente descrita, existem outras importantes áreas de morfologia cársica. Tais são os Causses, no sul da França, a de Kwangsi, no sul da China, a de Porto Rico, a de Cuba, a de Yucatan, no México, a de Jamaica, e muitas outras de menor expressão. No Brasil há várias ocorrências cársicas, como no vale do Ribeira, na área de Bom Jesus da Lapa (Bahia), mas a que se encontra melhor desenvolvida está localizada ao norte de Belo Horizonte, nas vizinhanças de Sete Lagoas e Cordisburgo.

Para que haja o pleno desenvolvimento do modelado cársico, é necessário a existência de algumas condições básicas, cujas principais são:

i – a existência, na superfície ou próxima dela, de considerável espessura de rochas solúveis. A rocha deve ser acamada em bancos delgados, fissurada e fraturada para permitir a passagem fácil da água através dela; também deve ser maciça e resistente. Qualquer tipo de estrutura geológica, desde as horizontais até às dobradas e falhadas, pode ser envolvida.

O tipo de rocha mais comum que preenche as especificações acima é o calcário, que é acamado, maciço, puro, duro, consolidado e cristalino. A dolomita pode apresentar características suficientes, mas não é tão facilmente dissolvida como o calcário. Outras rochas solúveis, como a gipsa e o sal gema, podem também apresentar aspectos cársicos, mas essas rochas não são muito difundidas na superfície terrestre.

ii – a região deve receber quantidade moderada de precipitação, pois a dissolução da rocha só pode se efetuar se houver água em quantidade suficiente. Nas áreas úmidas, a presença de vegetação densa auxilia a dissolução pela água pluvial, pois a quantidade de CO_2 existente no solo pode chegar a ser de quinze vezes a da existente na atmosfera. Nas áreas áridas e semiáridas, que apresentam terrenos calcários, a morfologia cársica é pobremente desenvolvida, embora mostrando alguns aspectos, e por vezes pode estar totalmente ausente.

154 Geomorfologia

iii − a amplitude topográfica, ou a altura da área acima do nível do mar, deve ser elevada para permitir a livre circulação das águas subterrâneas e o pleno desenvolvimento das formas cársicas. É essencial que a água subterrânea possa se escoar através do calcário, efetuar o seu trabalho de dissolução e emergir nos rios superficiais.

AS FORMAS CARACTERÍSTICAS DO MODELADO CÁRSICO

A família de formas cársicas é muito variada, e as mais importantes e comuns são:

a) *lapies* (ou *lapiaz*) − correspondem às caneluras ou sulcos superficiais nas rochas calcárias. Elas podem estar recobertas por uma camada de solo (a *"terra rossa"*) ou aflorarem a céu aberto. No primeiro caso, supõe-se que o ataque se efetue através da ação dos ácidos húmicos, ao longo do ligeiro escoamento sobre as rochas; são formas potenciais e surgem como verdadeiro lapies após a derruição do manto de recobrimento. Quando surgem a céu aberto, o fator responsável é o escoamento das águas pluviais. O tamanho e a direção das canaletas são variáveis, e a superfície apresenta muitos fragmentos rochosos. As cristas entre elas são muito agudas devido ao recortamento de suas paredes laterais. As dimensões das depressões e das cristas nos lapies variam de alguns milímetros a mais de 10 metros, e as formas mais comuns são as da ordem do decímetro e do metro. As diferenças de forma e de dimensão são explicáveis pela estrutura da rocha e pelas variações do mecanismo de dissolução.

b) *dolinas* − são depressões de forma oval, com contornos sinuosos mas não angulosos. O bordo da dolina geralmente apresenta declividades acentuadas e a rocha aflora. O fundo das mesmas pode estar recoberto por uma camada argilosa de descalcificação, de cor avermelhada, que recebe o nome de *terra rossa*. As dolinas podem ser consideradas como a forma fundamental do relevo cársico, e são de tamanho e morfologia variável. Quanto ao tamanho, variam de um a mais de 1 000 metros de largura, e de poucos centímetros a mais de 300 metros de profundidade. Nos climas temperados, as vertentes das dolinas normalmente atingem declividades da ordem de 20° ou 30°, e a relação entre a profundidade e a largura pode ser considerada na proporção de 1:3.

O desenvolvimento das dolinas pode levar ao estreitamento das divisas entre elas e promover a coalescência de várias delas. Originam, dessa maneira, uma depressão com contornos sinuosos, de maior amplitude, denominada de *uvala*.

c) *Poljé* − nos idiomas eslavos esse vocábulo refere-se aos campos, mas no vocabulário científico é utilizado para designar uma planície cársica. A contínua dissolução dos calcários pelas águas pode originar uma plataforma através do processo abrasivo de dissolução, em função dos níveis de base locais. Os fundos dos poljés dão origem a bacias niveladas, virtualmente cobertas por aluviões. Quanto ao tamanho, chegam a atingir larguras de algumas centenas de metros a alguns quilômetros, e comprimentos de alguns quilômetros a dezenas. São muito bem desenvolvidos nas áreas cársicas da Iugoslávia, e não devem ser considerados como sinais de determinado estágio no desenvolvimento do ciclo cársico.

Devido à presença das aluviões, os poljés são lugares preferidos para as culturas e localização dos núcleos urbanos. Normalmente o poljé é atravessado por um curso de água; entretanto, esse rio não desemboca em uma garganta subaérea, mas em uma caverna (denominada *ponor* na Iugoslávia). Quando o lençol freático se encontra a grandes profundidades, o rio pode desaparecer antes de atingir o *ponor*, mormente na estação seca; ao contrário, se o lençol freático atinge a superfície, o *ponor* pode inclusive funcionar inversamente, como uma fonte, e o poljé apresenta partes inundadas. Muitos dos lagos observados nessas amplas planícies cársicas possuem essa origem.

d) *cones cársicos* – correspondem às protuberâncias cônicas ou aos pontões que caracterizam o modelado cársico nos trópicos úmidos, pontilhando as planícies que se desenvolvem por causa da acumulação de detritos. A altitude desses pináculos pode variar de alguns metros a centenas e o volume dos mesmos oscila entre limites muito amplos. São também denominados de *kegel karst* ou *karst à pitons*, e os exemplos mais característicos são encontrados no sul da China e no Vietname. Ao norte de Belo Horizonte as saliências cársicas assumem a forma de colinas, enquanto em Bom Jesus da Lapa (Ba) ocorrem pináculos.

e) *cavernas* – constitui um traço comum em todas as áreas cársicas. A água penetra no calcário através das fraturas e depressões e, se ainda contém dióxido de carbono em quantidades suficiente, vai dissolvendo a rocha em sua percolação. O movimento da água nos calcários é controlado pelas variações litológicas e pelas linhas de falha e de fratura. No que tange à circulação da água subterrânea, podemos distinguir duas zonas: na zona superior, ou zona *vadosa*, a água circula livremente e de modo relativamente rápido, e na inferior, ou zona *freática*, a água circula sob pressão hidrostática e todas as fissuras e juntas estão preenchidas. Em ambas as zonas a água tende a coletar-se em canais bem definidos e a movimentar como um sistema subterrâneo. A solução e a abrasão são os processos básicos na formação de cavernas.

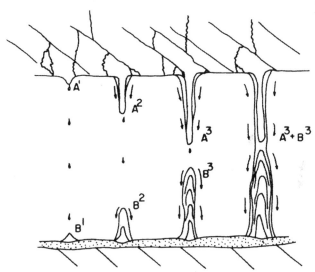

Figura 6.1 A formação e crescimento das estalactites (A^1, A^2 e A^3) e estalagmites (B^1, B^2 e B^3). A água que goteja do teto precipita o carbonato de cálcio devido à libertação do gás carbônico. A junção entre uma estalagmite e uma estalactite forma uma coluna (cf. J. C. Mendes, 1968)

Uma caverna pode ser definida como um leito natural subterrâneo e vazio, podendo estender-se vertical e horizontalmente e apresentar um ou mais níveis. Na atualidade, podem estar ou não ocupadas por rios. As cavernas menores geralmente demonstram com maior clareza que o seu desenvolvimento ocorreu ao longo de linhas de maior fraqueza, e as diáclases e planos de estratificação freqüentemente controlam o desenho ou lineamento apresentado por essas formas cársicas.

O interesse maior pelo estudo das cavernas é devido à variedade de aspectos de que são possuidoras. As formas de acumulação mais comuns são representadas pelos depósitos químicos denominados de *estalactites* (pendentes no teto) e *estalagmites* (assentadas no soalho). Desenvolvem-se por causa do gotejar contínuo da água do teto interior da caverna, resultando na precipitação do carbonato de cálcio quando se desprende o gás carbônico. Quando as duas formas precedentes se unem, há a formação das *colunas ou pilares*. Em alguns casos, a união de várias colunas pode originar uma parede. Em geral, a cor desses depósitos é próxima do branco, mas em determinados exemplos (caso da Gruta Maquiné) mostram cores amareladas ou castanha.

As *cortinas* surgem como outro tipo curioso de deposição, correspondendo a chapas translúcidas de calcita que se desenvolvem a partir do teto, revestindo a parede. Observa-se exemplo na Gruta do Monjolinho, no município de Iporanga (SP).

Todas essas formas de deposição ou acumulação encontradas nas cavernas recebem o nome genérico de *travertino*. Fizeram-se várias tentativas para calcular a velocidade de formação dos travertinos, mas são tantas as variáveis que afetam o grau de acumulação, que as datações obtidas não oferecem muita segurança.

Penetrando-se pelas cavernas nota-se que elas apresentam entremeado de câmaras e passagens estreitas. Entre as maiores câmaras podemos citar a da Caverna de Carlsbad, no New Mexico, que possui 1 milha de circunferência e 60 metros de altura, e a da Caverna de Postjona, no norte da Iugoslávia, com 46 metros de altura.

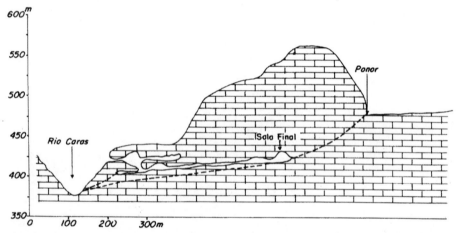

Figura 6.2 Perfil longitudinal da gruta de Popovat, localizada na principal área cársica da Romênia. A linha pontilhada marca o nível do lençol freático entre o ponor e o rio Caras

No território brasileiro encontramos inúmeras grutas calcárias, principalmente na bacia do rio das Velhas (Minas Gerais) e na do rio Ribeira (São Paulo). Estamos ainda muito longe de possuir um levantamento completo das grutas descobertas, nem sequer sabemos quantas cavernas possuem as várias áreas calcárias. Na primeira existem quase duas centenas, sendo que a mais conhecida pela beleza é a de Maquiné, localizada no município de Cordisburgo, e mede 440 metros em linha reta. Famosa também é a de Lagoa Santa, que mede 550 metros de comprimento. Na bacia do Ribeira, na região de Iporanga, já foram descobertas 87 cavernas, dentre as quais se destacam a Gruta de Santana, com 7 500 metros, a das Areias (5 600 metros) e a Caverna do Diabo, em Eldorado Paulista, com 4 500 metros. Essa última é mais famosa da região, sendo intensamente explorada pelas atividades turísticas. Mas a de Santana a supera em beleza pela variedade de formações de estalactites e estalagmites. Entretanto, a maior caverna brasileira é a de Brejões, na Bahia, com 7 750 metros. Essa extensão é modesta se a compararmos com a Holloch (Suíça), a maior do mundo, com 74 km, ou a de Carlsbad (Estados Unidos), que apresenta 53 km. A mais profunda é a Gouffre Grotte Berger, próxima de Grenoble (França), com mais de 1 000 metros de profundidade.

A morfologia cársica   **157**

O problema da origem das cavernas ainda é uma questão controvertida. É provável que numerosas cavernas tenham sido originadas pela dissolução e abrasão causadas pelos movimentos das águas subterrâneas, enquanto outras surgiram por causa dos desmoronamentos de partes do teto ou pelo abatimento de assoalhos que recobriram galerias inferiores. Outro ponto discutível é se o seu surgimento ocorre ao nível do lençol freático ou abaixo dele. Há opiniões divergentes, sustentadas por pesquisadores competentes, e exemplos para alicerçar cada uma das interpretações.

A HIDROLOGIA CÁRSICA

A hidrologia cársica caracteriza-se pela ausência de cursos superficiais. Entretanto, em muitas áreas são nítidos os traços deixados por antigos rios que desapareceram. Alguns cursos fluviais alógenos, como o Tarn no sul da França, atravessam áreas cársicas esculpindo típicos canhões.

A circulação interior das águas em uma região cársica faz-se entre os *pontos de absorção* (fissuras, colinas, ponor, etc), onde desaparecem as águas subaéreas, e as *ressurgências*. Alguns traçados subterrâneos puderam ser provados por meio de experiências de coloração das águas, mas outros desaparecem sem que se possa evidenciar o caminhamento e os pontos de ressurgência das águas. Entre o ponto de absorção e a ressurgência, o traçado subterrâneo é totalmente independente do dos antigos rios superficiais, e nenhuma relação pode ser estabelecida entre as duas categorias de redes de drenagem. O trajeto interior das águas efetua-se por meio de poços e galerias, e os condutos subterrâneos sempre seguem os pontos de fraqueza da massa rochosa, e tendem a se integrar em alguns canais bem desenvolvidos. Como o retorno das águas para a superfície é um fenômeno comum nas áreas cársicas, tal fato explica a existência de mananciais de tamanhos e volumes diferentes. Essas fontes podem fluir de modo lento e constante em áreas relativamente planas, ou jorrar de canais profundos, como a Fonte de Vaucluse, na França, donde a designação de *fontes vauclusianas* a esse tipo.

A circulação das águas cársicas tende a se aprofundar; nesse aprofundamento, as galerias superiores encontram-se ameaçadas pelas inferiores. Se uma fissura vertical, ou próxima dela, interliga dois níveis de galeria, a água pode abandonar o nível superior. Isto acontece quando a capacidade do débito da ressurgência ultrapassa a totalidade dos débitos infiltrados. Em caso contrário, a circulação subterrânea tende a invadir as zonas cada vez mais altas situadas a montante, e um *ponor* pode transformar-se em ressurgência. Dessa maneira, o relacionamento entre a quantidade de água infiltrada e os débitos das ressurgências regula o nível interno da água.

INTENSIDADE DA EROSÃO EM CALCÁRIOS

Vários cálculos têm sido feito para mostrar a velocidade de dissolução dos calcários sob diferentes climas. Observa-se que a água fria dissolve mais gás carbônico que a água quente, e sob a pressão de uma atmosfera, um litro de água pode absorver 2,15 l a 0°C; 1,01 a 15°C e 0,81 a 25°C. Todavia, a água tépida dissolve com maior rapidez o cálcio que a água fria; a existência de um solo ácido, rico em humus ou em sílica, acentua a acidez da água e, conseqüentemente, seu poder de dissolução. O resultado dessas considerações é que a carsificação é mais rápida nas regiões úmidas que nas regiões secas, desde que os demais fatores sejam iguais, mas não se está perfeitamente certo de que ela é mais rápida nas regiões tropicais que nas regiões frias. Corbel (1959) demonstrou que a dissolução é mais intensa nas regiões frias, e considera que o modelado cársico em tais climas evolui de maneira muito mais rápida que nas zonas sob climas quentes e úmidos.

BIBLIOGRAFIA

Birot, Pierre, "Problêmes de morphologie karstique", *Annales de Géographie* (1954), 53, pp. 161-192.

Corbel, Jean, "Erosion em terrain calcaire", *Annales de Géographie* (1959), 58, pp. 97-120.

Curl, R. L., "Caves as a measure of karst", *Journal of Geology* (1966), 74, pp. 798-830.

Davis, William M., "Origin of limestone caverns", *Geol. Soc. America Bulletin*, (1930), 41, pp. 475-628.

Douglas, Ian, Some hydrologic factors in the denudation of limestone terrains. *Zeitschrift für Geomorphologie* (1968), 12, pp. 241-255.

Drew, D. P. e Smith, D. I., *Techniques for the tracing of subterranean drainage* (1969). Boletim 2 do British Geomorph. Res. Group.

Fénelon, Paul, Le relief karstique. *Norois* (1954), (1), pp. 51-77.

Fénelon, Paul, *Vocabulaire français des phénomènes karstiques.* (1968). Mémoires et Documents do C. N. R. S., Paris, França, n.° 4, pp. 193-282.

Guimarães, J. E. P., *Grutas Calcárias* (1966). Boletim 47 do Inst. Geog. Geol., S. Paulo, pp. 9-58.

Herak, M. e Springfield, V. T. (editores), *Karst: important karst regions of the northern hemisphere* (1972) Elsevier Publishing Co., Netherlands.

Jennings, J. N., *Karst* (1971). Australian National University Press, Canberra, Austrália.

Lehmann, H., "Der Tropische Kegelkarst in Westindien", *Verh. dt. Geogr. Tags.* (1953), 29, pp. 126-131.

Lehmann, H., "La terminologie classique du Karst sous L'aspect critique de la morphologie climatique moderne", *Revue de Géographie de Lyon* (1960), 35, pp. 1-6.

Mendes, Josué Camargo, *Conheça o solo brasileiro* (1968). Editora Polígono, São Paulo.

Monroe, W. H., *A glossary of karst terminology* (1970). U. S. Geol. Survey Water Supply n.° 1 899-K.

Nicod, Jean, *Pays et paysages du calcaire* (1972). Presses Universitaires de France, Paris, França.

Panos, V. e Stelcl, O., Physiographic and geologic control in development of Cuban mogotes. *Zeitschrift für Geomorphologie* (1968), 12, pp. 117-165.

Roglic, J., Karst valleys in the Dinaric Karst. *Erdkunde* (1964a), 8, pp. 113-116.

Roglic, J., Les poljés du karst dinarique et les modifications climatiques du Quaternaire. *Revue Belge de Géographie* (1964b), 88, pp. 105-125.

Stelcl, O. (editor), *Problems of the Karst Denudation* (1969). Brno, Tchecoslováquia.

Thornbury, W. D., *Principles of Geomorphology* (1969). (2.ª edição). John Wiley & Sons, New York, EUA.

Tricart, Jean, "O karst das vizinhanças setentrionais de Belo Horizonte". *Revista Brasileira de Geografia* (1956), 18 (4), pp. 451-470.

Tricart, J. e Silva, T. C. da, "Um exemplo de evolução kárstica em meio tropical seco: o morro de Bom Jesus da Lapa (Bahia)", *Boletim Baiano de Geografia* (1961), 2 (5/6), pp. 3-19.

União Geográfica Internacional "International Beitrage zur Karstmorphologie", *Zeitschrift für Geomorphologie* (1960), Suppl. n.° 2, Berlim, Alemanha Oriental.

7

AS TEORIAS GEOMORFOLÓGICAS

No conhecimento geomorfológico encontra-se implícita a idéia de que o modelado terrestre evolui, como resultado da influência exercida pelos processos morfogenéticos. Nessa perspectiva, a paisagem morfológica que percebemos e analisamos é apenas uma etapa inserida em longa seqüência de fases, passadas e futuras. As experiências em modelos reduzidos, a observação da ação marinha sobre as praias, a da ação pluvial sobre as vertentes, a do material carregado pelos rios são alguns dos pontos que assinalam a ativa esculturação das formas de relevo.

Se há acordo em considerar que o modelado terrestre evolui, problemas surgem quando se propõem as questões: de que maneira se processa o desenvolvimento das formas de relevo? Quais as condições iniciais e até que fase se processa a evolução? As respostas fornecidas a essa problemática repousam no campo das teorias geomorfológicas, que procuram orientar a observação e a explicação. Cada teoria proposta tenta elucidar os fatos e, com tal finalidade, emprega uma linguagem composta de vocabulário específico. Muitas vezes o mesmo termo, em função de teorias variadas, expressa noções diferentes; o termo *equilíbrio* constitui um bom exemplo. Curioso é observar que os geomorfólogos pouco se preocuparam em discutir as concepções teóricas, embora tais concepções transpareçam norteando as pesquisas e a escolha das técnicas empregadas. Não é raro encontrar trabalhos nos quais se verificam paradoxos entre as proposições teóricas e as técnicas empregadas, ou entre as primeiras e a interpretação realizada sobre os dados (ou fatos) coletados.

Várias tentativas foram realizadas a fim de estabelecer as seqüências evolutivas em Geomorfologia, expressando determinadas perspectivas analíticas. De modo geral verifica-se que há relacionamento muito acentuado entre as concepções evolutivas e o conhecimento filosófico imperante na época, que fornecia as bases teóricas para a elaboração dos modelos seqüenciais. Uma mesma teoria pode possibilitar a construção de vários modelos, que possuem uma função lógica dentro delas, porque são elaborados dedutivamente e permitem que as mesmas sejam testadas. Quando não há a preocupação com os fundamentos teóricos, ou que os modelos não sejam construídos através da dedução, ocorre a possibilidade de existirem deficiências na estruturação lógica de modelos representativos. Isso significa que embora as teorias possam ser formuladas levando em conta as observações empíricas, pois tencionam explicar os eventos do mundo real, os modelos devem ser elaborados em função das premissas estabelecidas pela referida teoria.

Em sua formulação, qualquer teoria se utiliza de uma simbologia abstrata. O maior ou menor sucesso da teoria está na facilidade em se relacionar a simbologia abstrata aos aventos do mundo real. Considerando que os fundamentos de determinada teoria são diferentes dos de outra, o que repercute na feitura dos modelos, surge a razão básica para que as pesquisas geomorfológicas não possam ser consideradas como de desenvolvimento linear. Não há acumulação gradativa e contínua dos conhecimentos, dos pri-

160

Geomorfologia

mórdios até o presente. Partindo de teorias diversas, os problemas e as preocupações geomorfológicas são distintas, e os *mesmos fatos* surgem com estruturação e significação diferentes. Reconhece-se que os fatos não possuem uma significação por si mesmos, eles não tem existência própria; é o pesquisador que, de acordo com sua concepção, os estrutura e lhes dá conexão. Verifica-se que quando há novas teorias, ocorre uma substituição e não uma soma nos conhecimentos. Somente existe uma melhoria gradativa nas proposições iniciais quando se consideram as pesquisas realizadas no âmbito da mesma perspectiva teórica e filosófica.

Entendemos por teoria o conjunto de conceitos e regras que condicionam todo trabalho científico. Na literatura geomorfológica, considerando as concepções teóricas que nortearam as pesquisas, quatro surgem como as principais: a teoria do ciclo geográfico, a da pedimentação, a do equilíbrio dinâmico e a teoria probabilística. O nosso objetivo é apresentar as suas principais características.

A TEORIA DO CICLO GEOGRÁFICO

O ciclo geográfico, proposto por William Morris Davis (1899), representa a primeira concepção desenvolvida de modo mais completo. Na obra de seus antecessores e contemporâneos as formas de relevo eram explicadas pelos processos, mas nunca foram colocadas em séries evolutivas coerentes, e a contribuição maior do referido geólogo americano foi "sistematizar a sucessão das formas em um ciclo ideal e procurar uma terminologia" (Baulig, 1950). A teoria do ciclo geográfico obteve sucesso porque havia facilidade em se adaptar os seus esquemas às observações panorâmicas da paisagem morfológica, e as designações de *ciclo de erosão* ou *ciclo geomórfico* são usualmente empregadas como sinônimos. Inclusive essas duas últimas suplantaram a primeira na literatura geomorfológica. A teoria davisiana e o primeiro modelo evolutivo foram desenvolvidos com base nas áreas temperadas úmidas e, considerando que na vida dos seres organizados há funções e aspectos que se sucedem invariavelmente, do nascimento até a morte, a seqüência das fases sucessivas pelas quais passa o modelado recebeu as designações antropomórficas de juventude, maturidade e senilidade.

A fase de *juventude* tem início quando uma região aplainada, devido a um movimento rápido, tectônico ou eustático, é uniformemente soerguida em relação ao nível de base, que é o nível do oceano no qual desembocam os cursos fluviais. Como a declividade foi subitamente aumentada, porque ampliou a diferença altimétrica, os rios encaixam-se e, a partir da embocadura, a vaga erosiva remontante se espalha pelo curso principal e seus afluentes. O leito fluvial torna-se a sede de intensa erosão e os rios procuram estabelecer os perfis de equilíbrio; as bacias fluviais alargam-se, a luta pela drenagem é violenta e por toda parte verificam-se ocorrências de capturas. Ocasionadas pelo entalhamento, as vertentes possuem declives acentuados e em suas superfícies produzem-se desmoronamentos e ravinamentos. Os detritos arrancados das vertentes são em quantidade muito grande para serem regularmente evacuados e acumulam-se nos sopés das vertentes, formando taludes de escombros, ou se acumulam nos trechos onde há diminuição do declive do talvegue, originando pequenas planícies. Inúmeras rupturas de declive dão origem a cascatas e rápidos, cujo recuo forma gargantas estreitas.

A grandeza das formas depende da amplitude entre o nível de base e as partes mais altas da superfície primitiva. Se o desnível é grande, surgirão aspectos de morfologia montanhosa; os vales, muito profundos, terão uma secção transversal em V agudo; os afluentes, como não podem acompanhar no mesmo ritmo o aprofundamento do vale principal, desembocarão através de gargantas e rápidos, ou até mesmo por cascatas; a esculturação das vertentes se fará principalmente por desmoronamentos, e por toda parte se formarão cones de dejeção e pequenas planícies recortadas em terraços. Se o desnível é fraco, os vales são, naturalmente, menos profundos, mas de início são estreitos

As teorias geomorfológicas

como os antecedentes; as irregularidades dos declives e das ligações entre os talvegues são menos sensíveis e desaparecem muito depressa; aos desmoronamentos nas vertentes sucedem o ravinamento e o deslizamento dos detritos. Então, surgem topografias de colinas.

A *fase de maturidade* designa um estágio onde os progressos da erosão estão suficientemente desenvolvidos para que a drenagem esteja perfeitamente organizada e o trabalho das forças harmoniosamente combinado. O perfil longitudinal dos rios, pouco a pouco, regulariza-se e as rupturas de declive desaparecem dos cursos de água principais e das confluências dos rios secundários; o entalhamento se faz de maneira lenta. Como diminui o ritmo de erosão linear, as vertentes alargam-se e as declividades diminuem e a sua esculturação faz-se principalmente pelo deslizamento moroso dos detritos. Os regolitos espessam-se e quase não há mais afloramento de rochas nuas, e as aluviões são carregadas até as planícies de sopé ou até as de nível de base. Entretanto, o relevo continua acidentado, mormente nas áreas onde o desnível inicial era muito elevado, e os interflúvios são compostos por cristas e morros em diversos níveis altimétricos. Os vales principais, alargados e de perfil suavizado, apresentam uma cobertura quase contínua de aluviões. As capturas fluviais ainda podem acontecer em algumas áreas da bacia de drenagem.

O último estágio, a fase de *senilidade*, é caracterizado por um rebaixamento lento dos declives, principalmente nas vertentes onde o ritmo evolutivo é mais intenso que nos perfis longitudinais. Qualquer que tenha sido o desnível entre a superfície primitiva e o nível de base, aquela superfície está destinada a desaparecer no fim do ciclo de erosão, devido à intersecção das vertentes ao longo dos interflúvios. A área torna-se uma sucessão de colinas rebaixadas, cobertas por um manto contínuo de detritos intemperizados e separadas por vale com fundo aluvial de largura considerável. Estamos diante da *peneplanície*, quando a planície de nível de base estende-se desmesuradamente e invade os vales principais, alcançando pontos muito distantes da embocadura. (Fig. 7.1).

Ao longo dos interflúvios podem restar relevos isolados, resultantes da presença de rochas muito duras ou da própria posição na junção interfluvial, que possibilitou escapar da vaga erosiva. Tais relevos residuais são designados de *monadnocks*, para os quais Davis tomou como protótipo o monte Monadnock, localizado na New England (EUA).

O ciclo de erosão davisiano compreende, portanto, um rápido soerguimento da área por uma ação tectônica e um longo período de atividade erosiva (Fig. 7.2). Chegando ao fim, à peneplanície, um novo soerguimento originará a instalação e a evolução de outro ciclo. Através desse mecanismo, uma região poderá ser afetada por vários ciclos erosivos, cujos vestígios podem ser encontrados nas rupturas de declive dos cursos de água e no estabelecimento das superfícies aplainadas. Essas, como formas residuais de antigos ciclos, assinalam as várias gerações cíclicas que afetaram a área. Todo e qualquer ciclo de erosão inicia-se a partir do nível de base e gradativamente se propaga pelo interior das massas continentais.

O ciclo geomórfico davisiano sofreu algumas alterações no início do século XX, mas sem colocar em foco a sua problemática fundamental, que é a seqüência de fases até o aplainamento generalizado. Henri Baulig (1928), estudando o Maciço Central Francês, acrescenta um novo fator de rejuvenescimento ao lado os movimentos tectônicos, os únicos que eram admitidos por Davis, representado pelas variações do nível marinho em decorrência das glaciações ocorridas no Quaternário. Tais movimentos foram designados de *eustáticos*, e cada diminuição do nível do mar, ampliando a diferença altimétrica e aumentando a declividade, provoca o surgimento de vaga remontante de erosão. Ao contrário, a elevação do nível marinho, fazendo recuar o nível de base, funciona como causa de amplo entulhamento. Entretanto, como a escala temporal das oscilações eustáticas é pequena e não favorece o estabelecimento de um ciclo de longa duração, os

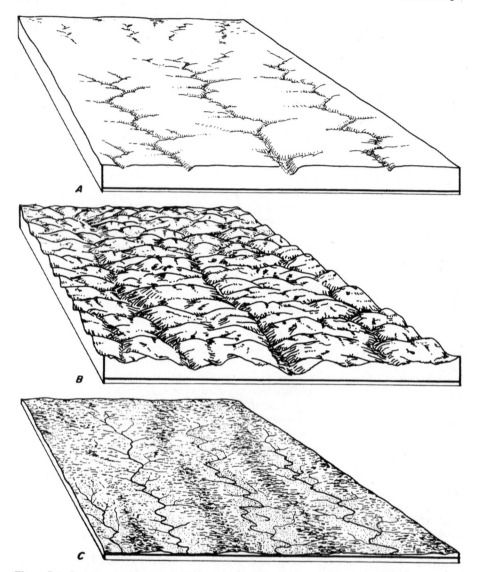

Figura 7.1 Os três principais estágios do ciclo de erosão. Na juventude, há poucos tributários e amplos interflúvios; na maturidade, desenvolvimento completo das redes de drenagem; na senilidade, interflúvios extensivamente rebaixados e vales muito largos (adaptado de Trewartha, Robinson e Hammond)

seus efeitos são mais acentuados nos cursos de água próximos do litoral. As conseqüências morfológicas, de entalhamento e entulhamento, redundam em *epiciclos* erosivos.

Walter Penck (1924), ao contrário do levantamento rápido das áreas, acreditava que o caso mais comum era a lenta ascenção de uma massa terrestre, tão lentamente que quando relacionada à intensidade de denudação não produziria nenhuma elevação real da superfície, nem aumento do relevo. Tais condições favoreceriam o estabelecimento de uma planura baixa, à qual denominou de *Primärrumpf*, ou superfície primária. Parecia-lhe que com a lenta ascenção inicial, sem levar em conta a estrutura geológica, a de-

As teorias geomorfológicas

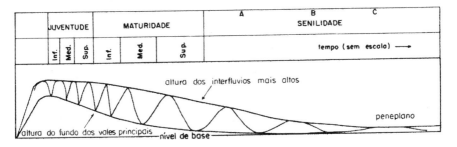

Juventude	Inferior	Eliminação dos lagos
	Média	Eliminação das cachoeiras e rápidos
	Superior	Os cursos fluviais estão próximos do equilíbrio
		O relevo alcança o máximo no começo da maturidade
Maturidade	Inferior	As drenagens encontram-se integradas pelas capturas
	Média	Os fundos dos vales apresentam campos meândricos; há máxima rugosidade na topografia
	Superior	Os interflúvios paulatinamente tornam-se arredondados; progressivamente a drenagem se torna ajustada às estruturas; as declividades dos cursos tributários tornam-se equilibradas
Senilidade		A – Os fundos dos vales continuam a se alargar B – O controle estrutural sobre as drenagens tende a relaxar C – Espessamento do manto de intemperismo

Figura 7.2 Representação gráfica do ciclo davisiano, conforme a adaptação realizada por G. H. Dury

gradação se efetuaria de modo paralelo ao soerguimento, resultando na formação de uma superfície primária, que seria a unidade geomórfica geral para todas as seqüências topográficas que deviam seguir essa superfície.

Estudando o maciço da Floresta Negra (Alemanha), Penck reconheceu a existência de vários níveis topográficos ao redor do maciço. Para explicar a sucessão de tais patamares nivelados, o autor apresentou uma idéia que recebeu pequena aceitação. De acordo com a concepção davisiana, tais patamares ou níveis seriam descritos como superfícies de erosão representativas de uma série de ciclos parciais, interrompidos por soerguimentos intermitentes. Penck, por seu turno, aventou a existência de um domo em contínua expansão, onde a área cimeira seria os restos da superfície primária (*Primärrumpf*), e a sucessão dos planos erosivos em direção às bordas, como se fosse uma escadaria geomorfológica, representaria ciclos de erosão cada vez mais recentes e originados pelo movimento ascensional rápido que afetava a região. Não havia condições de estabilidade para o desenvolvimento completo do ciclo, mas um iniciar de ciclos constantemente abortados.

A teoria davisiana foi alvo de numerosas críticas e objeções. Um ponto comum entre elas é que a teoria davisiana repousa sobre o postulado de longos períodos de estabilidade tectônica e eustática, separados por movimentos ascensionais tão curtos que podem ser considerados como instantâneos em relação aos de estabilidade. Há, pois, algo de catastrófico que do exterior vem interferir no desenvolvimento do ciclo de erosão.

O caráter teórico do modelo davisiano é outra observação constantemente lembrada. O próprio Davis reconhecia e defendia a sua natureza teórica, afirmando que "o esquema do ciclo não desejava representar nenhum exemplo atual, porque o esquema era inten-

164 Geomorfologia

cionalmente o resultado da imaginação e não da observação" (Davis, 1909). O autor também considerava que, supondo as relações entre as estruturas, os processos e os estágios, estava apto a imaginar paisagens muito mais numerosas que os exemplos encontrados na natureza. O modelo do ciclo de erosão não referia-se a nenhuma paisagem em particular, mas ao conjunto de todas elas.

Muito debatido foi o fato de Davis considerar o escoamento das águas correntes como o "processo de erosão normal", estabelecendo um julgamento de valor, em função do qual as influências do gelo e as do vento são consideradas como processos especiais, em plano secundário ao da "erosão normal". Atualmente conceitua-se que qualquer tipo de morfogênese é perfeitamente normal, e nenhum deles surge como acidental ou anormal. Em contribuição recente, Tricart (1971) observa que "Davis havia construído sua doutrina em torno da noção do "ciclo de erosão" e da "erosão normal" que agiriam da mesma maneira em todas as regiões do Globo. Davis jamais deu a menor atenção à cobertura vegetal. Para ele, o relevo modelava-se da mesma maneira nos desertos do Arizona e nas florestas do Maine. Nenhum de seus esquemas — e eles são numerosos e bem desenhados — mostra a menor moita, o menor tufo de ervas. Para todas as áreas, o agente responsável era o escoamento". Essas críticas, que parecem denunciar uma das maiores deficiências do modelo davisiano, não têm razão de ser. Na escala temporal em que o ciclo é colocado, da ordem de 20 a 200 milhões de anos, qual seria o processo de maior permanência ou ação? De maneira intermitente ou perene, o escoamento é o único que acaba por ter a existência mais longa e ativa. Na mesma escala temporal, por que lembrar os processos e a cobertura vegetal se as suas nuanças e influências acabam por serem diluídas na evolução do ciclo? A omissão dos processos e da cobertura vegetal representa comportamento lógico na estruturação do modelo. O que não parece muito sustentável é a formulação de modelos evolutivos cíclicos para "fenômenos acidentais", de pequena duração na escala geológica, como o ciclo de erosão glaciário.

Por outro lado, o modelo é seletivo e leva em conta algumas das informações consideradas importantes. No modelo davisiano, o tema central repousa nas alterações que se processam na geometria das formas de relevo com o transcorrer do tempo. Essas modificações são progressivas, seqüenciais e irreversíveis, e elas deixavam marcas na paisagem. Dentro dessa perspectiva, o comportamento do pesquisador consistia "em observar as formas, qualificá-las com relação à sua posição no esquema evolutivo de referência, numa série monocíclica ou policíclica, e procurar sedimentos ou depósitos de cobertura capazes de permitir a datação de um dos elementos do esquema, com relação ao qual as formas se ordenassem em formas anteriores e em formas posteriores... A busca de cortes naturais ou artificiais, tais como flancos de gargantas, pedreiras, barrancos de ferrovias ou de estradas, faz parte, por conseguinte, do comportamento tradicional dos geomorfólogos, há vários decênios" (George, 1972). Outra idéia básica é que a quantidade de energia disponível para a transformação das paisagens é uma função direta e simples do relevo ou ângulo de declividade. Disso resultou inferências de que a evolução é mais rápida nas áreas montanhosas que nas colinosas, mais intensa nas vertentes íngremes que nas suaves. Relacionada com essas diferenças altimétricas, concluiu-se que a granulometria dos sedimentos está em relação direta com a declividade da topografia. Essa idéia constituiu-se em critério interpretativo para inúmeras reconstituições paleogeográficas.

Em 1955, Leighly mostrou que a idéia da evolução orgânica foi uma das principais diretrizes para a teoria do ciclo de erosão. Em suas primeiras formulações da noção de ciclo, Davis (1884) designava-o como *ciclo da vida* no qual, como posteriormente escreveu, as formas de relevo, tal como as formas orgânicas, seriam estudadas em vista de sua evolução (Davis, 1909). Mais tarde, em 1922, acrescentava que o conceito cíclico tinha a "capacidade de se apresentar como o mais razoável para as formas de relevo e substituir os métodos de descrição arbitrários, empíricos, que antigamente eram de uso universal,

As teorias geomorfológicas

165

por um método racional, explicativo, de acordo com a filosofia evolutiva da era moderna". Todavia, no decorrer do século XIX, o termo "evolução" foi tornando-se sinônimo de qualquer "mudança" e, como conseqüência, da "história" em geral. Esta identificação, como mostrou Chorley (1965), repercutiu na Geomorfologia, pois o conceito de ciclo foi identificado com todos os tipos de alterações nas formas de relevo e com a sua história, em geral. A noção de "tempo" passou a ser entendida não como uma "escala dentro da qual os eventos ocorriam, mas como o próprio processo de desenvolvimento. Esse foi o sentido em que Davis empregou o conceito de evolução como base para o ciclo de erosão" (Chorley, 1965). Com fundamento nessas considerações, desenvolveu-se a atitude ideográfica, considerando as áreas como únicas, e o papel do geomorfólogo era o de discernir a história geomorfológica das regiões.

Uma das mais recentes objeções de caráter geral foi levantada por Richard Chorley (1962), considerando o ciclo de erosão davisiano como um sistema isolado, incapaz de atingir o equilíbrio dinâmico, pois o seu equilíbrio é atingido só no final do ciclo, e composto unicamente em perspectiva de um tratamento histórico e finalista do modelado terrestre. Essa crítica é levantada em função de teoria com bases inteiramente distintas, e não é justo que se assinalem deficiências quando os critérios de julgamento são diferentes dos utilizados na elaboração da teoria davisiana.

A teoria do ciclo de erosão, apesar das inúmeras objeções que lhe foram levantadas, conheceu ampla difusão até a Segunda Guerra Mundial; ainda na atualidade as suas implicações norteiam grande parte das pesquisas geomorfológicas. Tomando como base as concepções teóricas inicialmente propostas para as regiões temperadas úmidas, estabeleceram-se modelos evolutivos para o ciclo árido (Davis, 1905; 1909), para o ciclo glacial das terras elevadas (Davis, 1900, 1906), para a morfologia litorânea (Johnson, 1919) e para vários aspectos do modelado continental, como o desenvolvimento do modelado cársico (Cvijic, 1918), das regiões com estruturas concordantes, das regiões com estruturas dobradas e outras. Com o desenvolvimento da geomorfologia climática, houve a tentativa de se aplicar a noção aos modelados esculpidos sob os diferentes climas (Birot, 1960).

O MODELO DA PEDIMENTAÇÃO E PEDIPLANAÇÃO

O modelo evolutivo relacionado com a pedimentação e pediplanação apresenta os mesmos princípios teóricos que os modelos cíclicos davisianos. As distinções maiores entre ambos residem na maneira pela qual as vertentes evoluem e nas pressuposições relacionadas com o nível de base.

Quanto ao nível de base, esse modelo pressupõe a permanência e a generalização dos mesmos. Qualquer ponto de um rio é considerado como nível de base para todos os demais pontos a montante, assim como cada ponto de uma vertente representa um nível de base para a parcela da vertente situada a montante. Para o desenvolvimento desse modelo cíclico não é mais necessário a utilização do nível de base geral, e o ciclo erosivo pode se desenvolver em qualquer setor das massas continentais. Essa concepção já se encontrava implícita em vários modelos davisianos, como nos do ciclo árido e glaciário. A diferença com o ciclo davisiano reside no modo de regressão das vertentes. Em vez de ocorrer um rebaixamento contínuo e generalizado das vertentes, aliada à gradativa diminuição das declividades, verifica-se uma evolução e regressão das vertentes paralelamente a si mesmas (Fig. 7.3). Com o decorrer do tempo, devido ao desgaste das vertentes que regridem conservando as declividades, haverá a formação de *pedimentos* entre o sopé da vertente e o leito fluvial. O modelo evolutivo envolvendo a regressão das vertentes paralelamente a si mesmas foi aplicada às regiões úmidas por Walter Penck (Fig. 7.4), e Lester C. King considerou-o como típico do desenvolvimento do modelado terrestre

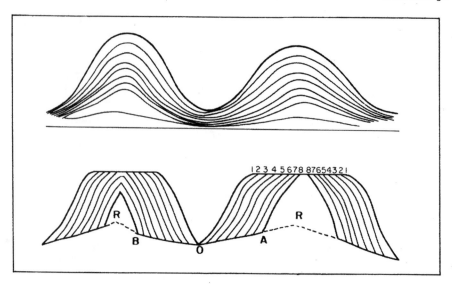

Figura 7.3 O desenvolvimento das vertentes levando à peneplanização e à pediplanação. Na parte superior, as vertentes diminuem gradativamente em seu conjunto; na parte inferior, há regressão paralela das mesmas e alargamento contínuo dos pedimentos

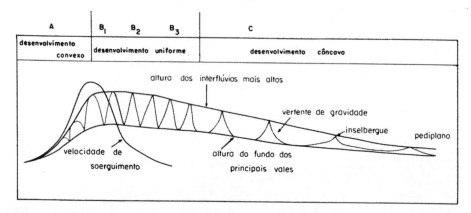

Desenvolvimento convexo	A	Aumento gradativo da altitude dos topos, da altura do fundo dos vales e da amplitude do relevo; os perfis laterais dos vales são convexos
Desenvolvimento uniforme	B_1	máxima altitude dos interflúvios; a intensidade do entalhamento dos vales e a do rebaixamento dos interflúvios equivalem à intensidade do soerguimento
	B_2	a intensidade do soerguimento declina para zero, mas o relevo mantém-se constante através da regressão paralela das vertentes
	B_3	perfis das vertentes completamente retilíneos
Desenvolvimento côncavo	C	a regressão paralela continua e há rebaixamento dos topos interfluviais; as vertentes côncavas aumentam de modo notável

Figura 7.4 Elaboração do ciclo de acordo com Penck (adaptado por Dury a partir das obras de von Engeln e de Wooldridge e Morgan)

As teorias geomorfológicas

na escala continental. O ciclo evolutivo proposto por Lester King (1953; 1962) pode ser sumariado da seguinte forma.

Quando há o soerguimento de uma parcela territorial, em escala subcontinental, estabelecendo novos níveis de base em função dos quais a erosão pode trabalhar, inicia-se um novo ciclo de erosão que começa o trabalho de denudação, caminhando das áreas litorâneas para o interior. A maneira pela qual a erosão efetua o seu trabalho depende de uma série de fatores, tais como o tamanho e espaçamento dos elementos componentes da drenagem, da natureza do soerguimento e, em menor dependência, dos tipos de rochas locais e das atividades físicas. Os processos, em virtude dos quais o ciclo se desenvolve, são: a) incisão fluvial; b) regressão das escarpas e pedimentação; c) rastejamento (*creep*) do regolito nos relevos rebaixados. A dominância de tais processos no modelado, na seqüência sucessiva da ordem acima, pode ser considerada como definidora dos estágios metafóricos de juventude, maturidade e senilidade. Os processos globais de evolução conforme o ciclo, estágio após estágio, são progressivamente estendidos para o interior dos continentes.

No estágio de *juventude*, os rios entalham profundas ravinas e gargantas devido ao rejuvenescimento provocado pela elevação altimétrica da região. Em princípio, as vertentes fluviais são íngremes, alcançando seus valores máximos quando os rios atingem a profundidade máxima de entalhamento. A partir de então, o escoamento pluvial e o intemperismo reduzem o ângulo de declividade das vertentes até que atinjam a inclinação que demonstre estar equilibrada pela natureza do embasamento rochoso e pelos processos físicos atuantes sobre ele. Nesse momento, produz-se a forma de vertente apropriada às condições locais do embasamento. O estágio de juventude encontra-se plenamente desenvolvido quando os rios atingiram o equilíbrio e quando há o desenvolvimento de gradientes estáveis ao longo das vertentes.

O estágio de *maturidade* é dominado pela atividade sobre as vertentes. Os rios cessaram de entalhar seus leitos, a não ser em casos excepcionais, constituindo elementos estabilizadores da paisagem, e os canais fluviais evoluem através da corrasão lateral atingindo somente parcela insignificante da área total ocupada pelo modelado. O papel principal na evolução das paisagens é assumida pelas vertentes, que regridem conservando declividades virtualmente constantes enquanto os vales se alargam. Cada escarpa dos vales torna-se uma vertente em regressão, e sob áreas com fina textura de dissecção os interflúvios são rapidamente destruídos; ao contrário, interflúvios remanescentes da superfície inicial podem permanecer por longo tempo quando a textura de dissecção for grosseira. Se o relevo for baixo, isto é, com pequena amplitude altimétrica, a curva natural dos pedimentos pode encontrar e atingir o topo convexo das vertentes e o desenvolvimento regressivo reduz-se a nada. Por outro lado, se a amplitude altimétrica for muito elevada, capturas fluviais ocorrem até que os pedimentos das vertentes opostas se encontrem, formando uma secção transversal bicôncava ao longo dos interflúvios. Entre a vertente íngreme em regressão e os amplos pedimentos (superfícies aplainadas suavemente inclinadas em direção às baixadas) das paisagens maturas, existe sempre uma visível ruptura de declive marcando o contacto entre ambos, geralmente denominado de *knick*.

Nos estágios finais do ciclo de erosão, quando as colinas são reduzidas a pequenas saliências rochosas e os pedimentos se estendem por amplas áreas, torna-se característica a paisagem multicôncava, porque as suaves concavidades dos pedimentos provenientes de várias direções acabam por se unir. A soma e a coalescência dos pedimentos, juntamente com as amplas planícies de inundação dos rios, constituem as *pediplanícies*, isto é, as superfícies aplainadas por pedimentação. As pediplanícies são coalhadas esparsamente por relevos residuais, resultante de rochas mais resistentes ou por saliências que permaneceram menos atacadas pela erosão em virtude de sua posição nas áreas interfluviais. Tais saliências, geralmente de forma dômica, são designadas de *inselbergues*;

168 Geomorfologia

quando tais saliências apresentam volumes de grande porte, de aspecto montanhoso, são denominados de *inselgebirgues*.

Os estudos pioneiros concernentes à regressão paralela das vertentes foram realizadas nas regiões semiáridas, tais como os de W. J. McGee (1897), de S. Paige (1912) e Kirk Bryan (1935). Lester King utilizou desse modelo para explicar o modelado da África do Sul, e posteriormente aplicou-o ao Brasil (King, 1956) e em todos os demais continentes (King, 1962).

Os modelos davisianos e o modelo da pedimentação pertencem à mesma concepção teórica, seqüência de fases evolutivas e irreversíveis levando ao aplainamento geral, e as críticas e objeções levantadas ao modelo proposto por William M. Davis também são aplicáveis ao de Lester King. Por causa das implicações climáticas, amplos debates estabeleceram-se em torno das superfícies aplainadas, sendo que os dois termos finais passaram a ter sentido genético. O *peneplano* representa a superfície aplainada sob condições de clima úmido, através da suavização geral das vertentes, enquanto o *pediplano* surge como a superfície aplainada sob condições de clima seco, através da regressão paralela das vertentes.

A TEORIA DO EQUILÍBRIO DINÂMICO

A teoria do equilíbrio dinâmico considera o modelado terrestre como um sistema aberto, isto é, um sistema que mantém constante permuta de matéria e energia com os demais sistemas componentes de seu universo. A fim de que possam permanecer em funcionamento, necessitam de ininterrupta suplementação de energia e matéria, assim como funcionam através de constante remoção de tais fornecimentos. Grove Karl Gilbert (1880) foi o primeiro a expor uma concepção teórica do desenvolvimento do modelado em termos de equilíbrio dinâmico e na última década, em série de contribuições admiráveis, John T. Hack (1957, 1960, 1965) utilizou-a a fim de interpretar a topografia do vale do Shenandoah, na região apalacheana, levando em consideração as características das redes de drenagem e das vertentes. Em 1965, Howard delineou de maneira precisa as implicações desta teoria para os estudos geomorfológicos.

Aplicando a concepção do equilíbrio dinâmico às relações espaciais nos sistemas de drenagem, Hack ampliou consideravelmente as idéias propostas por Gilbert e ofereceu nova abordagem à interpretação da paisagem. Essa teoria supõe que em um sistema erosivo todos os elementos da topografia estão mutuamente ajustados de modo que eles se modificam na mesma proporção. As formas e os processos encontram-se em estado de estabilidade e podem ser considerados como independentes do tempo. Ela requer um comportamento balanceado entre forças opostas, de maneira que as influências sejam proporcionalmente iguais e que os efeitos contrários se cancelem a fim de produzir o estado de estabilidade, no qual a energia está continuamente entrando e saindo do sistema. O estado de estabilidade representa o funcionamento do sistema no momento em que todas as variáveis estão ajustadas em função da quantidade e variabilidade intrínseca da energia que lhe é fornecida. Assim, se houver alteração no fornecimento de energia (por exemplo, oscilação climática), o sistema reagirá a tais modificações e se desenvolverá até alcançar nova estruturação, no estado de estabilidade.

A argumentação de Hack baseia-se no fato de que as formas de relevo e os depósitos superficiais têm uma complexa, mas íntima, relação com a estrutura geológica. O autor verificou que a declividade dos canais fluviais diminui com o comprimento do rio, isto é, com a distância a partir das divisas da bacia, de maneira específica conforme o tipo de rocha. Todavia, o valor da declividade do canal em determinada distância a partir da divisa é muito diferente para variadas espécies de materiais; por exemplo, na bacia do Shenandoah, na distância de uma milha (1,6 km), Hack observou que os canais nos arenitos endurecidos possuem um gradiente de aproximadamente dez vezes o dos canais

As teorias geomorfológicas

169

esculpidos nos folhelhos. A amplitude topográfica, a distância vertical entre o topo da vertente e fundo do vale de um rio adjacente, é aproximadamente igual dentro de determinado tipo de rocha, mas difere muito de uma litologia para outra. Do mesmo modo, os perfis das vertentes variam conforme o tipo litológico. Dessas verificações, nota-se que as diferenças topográficas entre afloramentos rochosos diferentes são "conseqüências das diferenças entre as formas dos perfis fluviais de tais áreas e entre as formas dos interflúvios" (Hack, 1965).

A palavra *equilíbrio* possui significados diversos. A noção de equilíbrio foi usada pela teoria davisiana, na suposição de que ele se estendia paulatinamente do nível de base em direção de montante, conforme o decorrer do ciclo. Essa idéia implicava que enquanto algumas partes da bacia hidrográfica já haviam atingido o equilíbrio, outras ainda não o haviam conseguido. A teoria do equilíbrio dinâmico considera o equilíbrio de uma paisagem como resultante do comportamento balanceado entre os processos morfogenéticos e a resistência das rochas, e também leva em consideração as influências diastróficas atuantes na região. O ajustamento entre tais forças é simultânea entre as várias partes da mesma bacia de drenagem. Onde as rochas forem mais resistentes (quartzitos, por exemplo), as declividades das vertentes serão relativamente mais acentuadas que as verificadas em rochas de menor resistência (folhelhos e xistos, por exemplo). Qualquer que sejam as condições de energia, a composição litológica influencia como agente diferenciador na topografia. O equilíbrio é alcançado quando as várias partes de uma paisagem, pertencentes ao mesmo sistema, apresentarem a mesma intensidade média de erosão, tanto nas rochas resistentes quanto nas frágeis. Quando as formas se encontrarem perfeitamente ajustadas no estado de estabilidade, haverá variação topográfica em virtude do entrosamento entre os fatores atuantes. Como as formas estabilizadas se mantêm, independentemente do tempo, o mesmo acontecerá com a variabilidade morfológica. Nessa perspectiva, a paisagem não evolui necessariamente para o aplainamento geral, pois o equilíbrio pode ocorrer sob os mais variados "panoramas topográficos". A explicação fornecida por Hack para os Apalaches é distinta das anteriormente aventadas por vários autores, baseadas no reconhecimento de superfícies aplainadas.

A teoria do equilíbrio dinâmico está relacionado ao tratamento do modelado terrestre dentro da perspectiva analítica dos sistemas abertos. A exposição das várias propriedades inerentes ao sistemas abertos auxilia a melhor compreensão do equilíbrio dinâmico. Richard J. Chorley (1962) lembra-nos as propriedades que aqui seguem:

— O sistema aberto pode atingir o equilíbrio dinâmico, no qual a importação e e a exportação de energia e matéria são equacionadas por meio de um ajustamento das formas, ou geometria, do próprio sistema. Assim, o gradiente dos canais fluviais é ajustado à quantidade de água e carga e à resistência do leito, de tal modo que o trabalho seja igual em todas as partes do curso. Esse ajustamento é conseguido devido à capacidade de auto-regulação, e como há interdependência entre os elementos de todo o sistema, qualquer alteração que se processa em um segmento fluvial será paulatinamente comunicada a todos os demais elementos fluviais. E como um membro do sistema pode influir em todos os outros, cada um dos membros pode ser influenciado por qualquer outro. Alguns autores consideram que o equilíbrio não é alcançado de modo global em um sistema que está sofrendo contínuas alterações, como é o caso da degradação das paisagens. A designação de *quase-equilíbrio* foi proposta para expressar essa situação (Langbein e Leopold, 1964). Por outro lado, Abrahams (1968) distingue entre equilíbrio dinâmico e estado de estabilidade, observando que esse último corresponde a um subconjunto do primeiro (Fig. 7.5).

— O equilíbrio dinâmico demonstra que os aspectos das formas não são estáticos e imutáveis, mas que são mantidos pelo fluxo de matéria e de energia que atravessam o sistema. Com o passar do tempo, a massa da paisagem estará sendo removida e implicando em alterações progressivas em algumas propriedades geométricas, como no de-

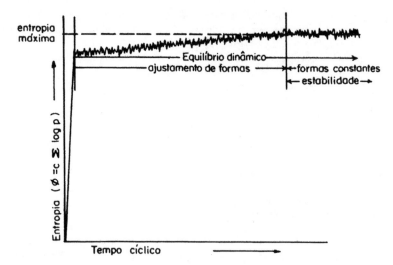

Figura 7.5 Distinção entre as noções de equilíbrio dinâmico e estado de estabilidade. O equilíbrio dinâmico representa o ajustamento contínuo das formas, enquanto o estado de estabilidade corresponde ao ajustamento das formas quando a entropia é máxima

créscimo do relevo médio, desde que não haja nenhuma compensação tectônica. Todavia, é errôneo acreditar que todas as demais propriedades necessitam responder de maneira simples a esta alteração progressiva, seqüencial. A existência do princípio do tamanho ótimo e a da lei do crescimento alométrico para os componentes individuais, ou subsistemas, implicam que se a energia disponível dentro do sistema for suficiente para impor o tamanho ótimo naquele sistema, esse tamanho será mantido através de longo período de tempo e não estará sempre susceptível às mudanças sucessivas e seqüenciais. Geralmente verifica-se que a alteração em uma das variáveis externas (os fatores que controlam o fluxo de massa e energia para o sistema) causa maior ou menor reajustamento de todos os componentes do sistema. Entretanto, pode ocorrer que modificações sensíveis nos fatores controlantes sejam absorvidas pela própria estruturação do sistema, desde que essas oscilações não ultrapassem os *limites* que interfiram no equilíbrio interno do sistema. A densidade hidrográfica e a estruturação das redes de drenagem podem permanecer as mesmas através de oscilações paleoclimáticas, como na sucessão de fases secas e úmidas das áreas intertropicais.

— Quando o sistema atinge o equilíbrio dinâmico, desaparece a influência das condições iniciais e muitos traços das paisagens anteriores foram destruídos. Quando se analisam fenômenos com acentuada tendência para o equilíbrio dinâmico, o tratamento histórico torna-se hipotético e inútil. Por exemplo, o soerguimento pode continuar indefinidamente e se o entalhamento e a denudação acompanharem o mesmo ritmo, a paisagem não sofrerá modificações. Essa perspectiva é independente da escala temporal, e as formas relíquias, formadas sob condições passadas diferentes, são preservadas somente se o equilíbrio dinâmico ainda não foi atingido. Essa consideração não significa que as formas relíquias sejam raras na superfície terrestre, mas o critério de análise incide sobre a harmonia e o equilíbrio entre os processos atuais e as formações rochosas. Também se deve considerar que nem todos os elementos componentes dos sistemas geomorfológicos reagem com a mesma rapidez e intensidade às modificações realizadas nas variáveis externas. A geometria hidráulica dos canais fluviais responde prontamente às mudanças das precipitações, mas a rede de drenagem e as formas topográficas tem inércia muito maior.

As teorias geomorfológicas   171

– A última característica assinala que os sistemas abertos são capazes de atingir a *eqüifinalização*, isto é, condições iniciais diferentes podem conduzir a resultados finais semelhantes. Esse conceito acentua a natureza multivariada da maioria dos processos morfogenéticos e é contrário ao tratamento unidirecional da abordagem evolutiva cíclica.

A teoria do equilíbrio dinâmico possibilita revisão global da ciência geomorfológica, a começar pela definição e delimitação do objeto de estudo. Essa perspectiva também clarifica algumas das preocupações que devem envolver os pesquisadores engajados com a aplicação de técnicas quantificativas, sendo que uma das mais importantes é testar se as intensidades de degradação são iguais entre as diversas partes dentro das paisagens equilibradas.

A TEORIA PROBABILÍSTICA DA EVOLUÇÃO DO MODELADO

Quando se procura investigar a evolução do modelado terrestre em amplas áreas, torna-se impossível seguir em detalhe o desenvolvimento de cada constituinte (rios, vertentes, etc.) do sistema em consideração. Por outro lado, a escala dos fenômenos atuantes é tão variada, assim como é complexa e complicada a inter-relação entre eles, que o conhecimento só pode prosseguir através de considerações sobre as suas propriedades médias, utilizando-se de conceitos probabilísticos. Luna B. Leopold e W. B. Langbein, em 1962, foram os primeiros a utilizar essa concepção na abordagem evolutiva das paisagens como um todo, empregando analogias simples com a termodinâmica. A concepção básica dessa teoria assenta sobre a existência de inumeráveis fatores atuantes na evolução do modelado.

As paisagens constituem respostas a um complexo de processos, cada um exigindo apropriadas escalas espacial e temporal para serem estudados. Na esculturação das formas de relevo essa complexidade é descrita pelas inúmeras variáveis envolvidas, havendo entre elas interação, interdependência e mecanismos de retroalimentação. O mecanismo de cada processo, assim como as de suas conseqüências, pode ser perfeitamente conhecido de maneira determinística. Ou até, em muitos casos, as relações existentes entre pares de variáveis. Mas as interações e os mecanismos de reatroalimentação, autoregulando a ajustagem das respostas, fazem com que as combinações entre tais conjuntos de processos ocorram de maneira aleatória. A ajustagem no sistema pode levar ao aparecimento de respostas alternativas, todas elas possíveis, embora se possa pensar que as respostas mais comuns se organizem em torno do valor modal. Os exemplos de formas de relevo, oriundos da atuação de determinado sistema morfogenético, representam uma população estatística, compatível com a distribuição normal. A tendência central dessa distribuição pode ser descrita ou prevista, mas em nenhum momento do tempo é possível especificar as condições exatas para descrever um exemplo individualizado. De maneira semelhante, quando se realiza o estudo de um grupo de exemplos encontrar-se-á variabilidade inerente entre os casos, e as características individuais compõem uma distribuição mais ou menos aleatória.

Torna-se necessário precisar melhor a diferença entre o tratamento determinístico e o aleatório. No procedimento determinístico, os resultados oriundos dos eventos individuais são predizíveis com certeza completa sob certas circunstâncias, se são conhecidas as condições iniciais atuantes. Há conhecimento das causas, de suas intensidades e inter-relações, e chega-se a obter um resultado que irá diferir da realidade por determinado erro. É, por exemplo, o caso das experiências sobre precipitação de partículas em um líquido, conforme a lei de Stokes. No procedimento aleatório, ao contrário, parte-se de variáveis causais independentes e, introduzindo dependências e restrições, chega-se a obter resultados variados. A repetição não leva aos mesmos resultados; o evento individual é impredizível. Todavia, tais eventos apresentam certa regularidade estatística,

172   Geomorfologia

e eles podem ser previstos como um grupo, composto por grande número de observações. Na natureza, cada caso é resultado único que é interpretado como a realização histórica de um processo, que facilmente poderia ter produzido outros resultados, a partir das mesmas contingências, conforme as probabilidades que lhe são relacionadas.

A análise da variância permite, portanto, introduzir o *conceito de incerteza* nas pesquisas geomorfológicas. Leopold e Langbein (1963) aplicam o conceito de incerteza "às situações nas quais as leis físicas aplicáveis podem ser satisfeitas por um grande número de combinações de valores das variáveis interdependentes. Como resultado, numerosos casos individuais apresentarão diferenças entre si, embora sua média seja reproduzível em exemplos diferentes. Qualquer caso individual, então, não pode ser previsto ou especificado, excepto em sentido estatístico. O resultado de um caso individual é indeterminado". Em sentido geomorfológico mais direto, pode-se dizer que as formas de relevo resultantes da atuação de determinado sistema morfogenético, tais como as vertentes, canais, rede de drenagem e outras, são numerosas. Os valores individuais mensuráveis em cada uma dessas formas são informações que diferem entre si, mas o conjunto dessas informações assinala um comportamento homogêneo, um certo "ar de família", em virtude das reações e reajustamentos ocasionados pela atuação dos mecanismos de interação e de reatroalimentação. Tanto na escala temporal como na espacial, não se pode prever os resultados que uma determinada forma de relevo irá apresentar, em certo lugar e em certa época, a não ser em termos de probabilidade. Considerando, pois, que o comportamento da esculturação das formas de relevo tende ao estado mais provável e o conceito de incerteza, a maneira mais correta e viável para a análise geomorfológica é a formulação probabilística de tais combinações, abordagem esta que nos leva a resultados inesperados pela enorme gama de paisagens possíveis.

Para explicar a variabilidade entre os exemplos, a literatura gemorfológica considera a interferência de diversos fatores, cujas categorias mais comumente citadas são: a) as variações locais na estrutura geológica, na litologia, na vegetação ou em outros fatores; e b) os erros na mensuração das formas. A essas duas categorias, Leopold e Langbein (1963) acrescentam a categoria da *incerteza* causada pelo ajustamento dos processos, em vista da interação entre as variáveis e dos mecanismos de retroalimentação.

A utilização da abordagem probabilística no estudo dos canais fluviais repousa no principio da distribuição de energia. Para Leopold e Langbein (1962) essa distribuição, nos sistemas fluviais, tende "para o estado mais provável, governando o curso seguido pelos movimentos nos processos fluviais e as relações espaciais entre as diferentes partes do sistema, em qualquer tempo ou estágio". Tais autores consideram que o desenvolvimento da paisagem envolve não somente a energia total disponível mas a sua própria distribuição. Em analogia com as leis termodinâmicas, essa distribuição pode ser descrita como *entropia*. Adaptando êste conceito, Leopold e Langbein consideram que "a entropia de um sistema é função da distribuição da energia disponível dentro do sistema, e não uma função da energia total dentro do sistema. Desta maneira, a entropia relaciona-se com a ordem ou desordem; o grau de ordem ou desordem pode ser descrito em termos de probabilidade ou improbabilidade do estado observado". Sob certa perspectiva, a entropia pode ser considerada como medida da energia disponível, em um sistema, para realizar o trabalho. Quanto maior a entropia, menor a quantidade de energia disponível para o trabalho mecânico.

A distribuição da energia pode ser estudada como a probabilidade de ocorrer determinada distribuição em relação ao conjunto das possíveis distribuições alternativas. Nos sistemas geomorfológicos, essa concepção estatística da entropia aplica-se no sentido de exprimir a posição altimétrica relativa das partículas de água e de sedimentos que, no processo de evolução da paisagem, serão gradualmente carregadas em direção ao nível de base. O nível de base define o limite inferior, no qual a movimentação molecular torna-se zero; essa função é análoga à da temperatura absoluta nos sistemas ter-

As teorias geomorfológicas

modinâmicos. Por exemplo, nos cursos fluviais cada ponto ou trecho mostra uma determinada quantidade de energia, em virtude da altimetria e da distância das cabeceiras, e essa energia vai diminuindo à medida que se aproxima do nível de base.

Vários estados alternativos podem ser alcançados no desenvolvimento de uma paisagem — estados 1, 2, 3, ..., n — e cada estado apresenta determinada probabilidade de ocorrência — p_1, p_2, p_3, ..., p_n. Os vários estados alternativos compõem um sistema, e a entropia do sistema é definida como a soma dos logaritmos das probabilidades atribuídas a cada estado alternativo, expresso como

$$\phi = c \, \Sigma \log p$$

na qual ϕ é a entropia e c uma constante. Essa expressão indica que a probabilidade de determinado estado (determinado arranjo espacial da paisagem) representa a chance fracionária quando comparada com a unidade, sendo a probabilidade de uma paisagem entre n outras possíveis.

A entropia máxima ocorre quando as probabilidades dos estados individuais são iguais, isto é, $p_1 = p_2 = p_3 = \cdots = p_n$, e representa o estado mais provável de distribuição da energia. No curso fluvial, por exemplo, ela aconteceria quando a taxa de crescimento da entropia fosse constante para todos os trechos ao longo do perfil longitudinal.

A teoria probabilística apresenta perspectivas muito amplas e, inclusive, engloba o estudo histórico dos processos e das paisagens. Quando se pode especificar as probabilidades relacionadas com os vários estados alternativos de determinado sistema, estamos elaborando um processo estocástico no qual a história real descrita em determinada ocorrência (um estado alternativo) é apenas um exemplo entre as possíveis. Daí a razão de não haver paisagens idênticas; as contingências relativas à energia e à matéria e as inter-relações espaciais e temporais entre os elementos são muito variadas e levam a resultados que possivelmente são semelhantes, mas não são idênticos. A ocorrência de identidade, entretanto, é hipótese que não está excluída. Nessa perspectiva, todas as paisagens terrestres fazem parte de um mesmo processo estocástico, sendo que as diferenças na intensidade da energia (variações na temperatura e na precipitação) e na distribuição da matéria (litologia e disposição das camadas rochosas) são as responsáveis pelas diversidades individuais. Mas todas elas correspondem a exemplos de um mesmo conjunto; são estados alternativos.

Os modelos elaborados em função da teoria probabilística são cada vez mais numerosos. Em 1964, Scheidegger demonstrou as implicações da mecânica estatística para a Geomorfologia e posteriormente assinalou a analogia da termodinâmica tanto para o estudo dos meandros como para a evolução das paisagens. Os modelos apresentados para os estudos relativos às redes de drenagem, no tocante às estruturas topológicas, aos tipos de grafos e à evolução da rede representam aplicações inerentes a essa teoria. As contribuições são variadas e os refinamentos conceituais tornam-se de aplicabilidade imediata. Scheidegger e Langbein, em 1966, expuseram várias aplicações do conceito de probabilidade nos estudos geomorfológicos, e Langbein e Leopold, em 1966, utilizaram-se do conceito da variância mínima no estudo sobre os meandros fluviais. A teoria probabilística abriu possibilidades amplas para a utilização das técnicas de simulação, empregadas na análise de problemas relacionados com as redes de drenagem e vertentes. A contribuição de Culling (1963; 1965) sobre o movimento das partículas no processo de reptação constitui modelo estocástico altamente sofisticado, e esse modelo foi construído levando em conta as condições úmidas, a rocha permeável e vertentes relativamente suaves, de modo que a eficiência da reptação no transporte do material fosse o fator limitante na denudação.

A aplicabilidade do critério de verificar a distribuição da energia pode ser exemplificada pelo caso do perfil longitudinal dos cursos de água. Das cabeceiras até a desembocadura, todo e qualquer canal fluvial representa um sistema no qual a energia po-

174

Geomorfologia

tencial, fornecida pela quantidade de água em determinada altitude, é convertida em energia cinética da água fluindo e dissipada na fricção criada nas paredes delimitantes do canal. O fluxo da água, de montante para jusante, representa gasto de energia; à medida que se aproxima da fóz, a transformação da energia processa-se simultaneamente com o aumento da entropia.

Considerando o canal fluvial como sistema aberto, passível de atingir o estado constante ou estacionário, Leopold e Langbein (1962) expuseram duas generalizações sobre a distribuição mais provável da energia, levando em conta duas tendências opostas. À medida que uma se torna melhor realizada, a outra se encontra prejudicada. A condição mais provável, como pressuposto, surge da ajustagem entre essas duas tendências opostas (Langbein e Leopold, 1964), que são as seguintes:

a) no sistema fluvial, ao longo do canal, o potencial de energia gasto por unidade de área do leito permanece constante. Há distribuição uniforme no desgaste de energia, que é igual em todas as posições do perfil longitudinal;

b) o potencial de energia gasto por unidade de comprimento do canal tende a ser igual em toda a extensão do curso de água.

No artigo de 1964, Langbein e Leopold expuseram claramente o funcionamento dessas duas tendências. Considerando que a declividade do canal (s) representa a distância vertical de queda da água em determinada unidade de distância no comprimento do curso fluvial, a taxa que descreve essa diminuição é representada pelo produto da velocidade (v) multiplicada pela declividade (s). O peso da água por unidade de comprimento é γwD (γ = peso específico da água; w = largura e D = profundidade média). Portanto, a taxa de realizar trabalho por unidade de comprimento é $\gamma wDvs$ ou γQs, que é igual à potência de energia por unidade de comprimento do canal. A potência de energia por unidade de largura torna-se, pois, igual a $\gamma Qs/w$. O primeiro postulado, o de que haja distribuição uniforme do gasto de energia em cada unidade de área do leito do canal requer que Q_s seja constante ao longo do rio.

A taxa de trabalho realizado em uma unidade de comprimento é igual a γQs. Se levarmos em conta o comprimento do rio (dx), então a taxa total de trabalho realizado no comprimento global, desde as cabeceiras até a distância final, é fornecida pela integração

$$\int_0^1 \gamma Qsdx$$

Se para cada trecho do rio o valor de Qs permanecer constante, a adição desses valores dará um valor mínimo na somatória, e Leopold, Wolman e Miller (1964, p. 270) assinalam que "o gasto uniforme do potencial de energia por unidade de comprimento do rio pode ser considerado como sendo equivalente à taxa mínima de trabalho no sistema fluvial". Dessa maneira, o valor mínimo da somatória é indicativo do trabalho total mínimo no canal fluvial. Este estado é atingido quando se satisfazem as condições de probabilidade máxima, e a distribuição da energia tende para a mais provável. No canal fluvial esta distribuição ocorre quando a taxa de aumento da entropia, em cada unidade de comprimento do rio, permanecer constante.

Langbein e Leopold (1964, p. 785-786) observam que a taxa total de trabalho realizado por um rio, com determinado débito e determinada amplitude topográfica máxima, diminui à medida que aumenta a concavidade do perfil. A concavidade máxima sobre o conjunto do perfil é verificada quando houver a taxa mínima de trabalho total, estado que é atingido quando o valor do expoente z se aproxima de $-1,0$ na expressão $s = Q^z$.

Por outro lado, quando acontecer a distribuição mais uniforme da taxa de trabalho por unidade de área, isto é, quando os valores Qs/w forem constantes ao longo do leito do canal, a forma do perfil será suavemente côncavo. Para exemplificar essa alternativa, explicitam o caso em que a largura do rio aumenta proporcionalmente conforme a raiz quadrada do débito ($w = Q^{0.5}$). Deste modo, a expressão Qs/w pode ser reescrita como $Qs/Q^{0.5}$, então derivando que $s = Q^{0.5}$.

A Fig. 7.6 mostra os perfis em que os valores do expoente z são $-0,50$ e $-1,0$. Tais perfis denunciam a predominância de uma ou de outra das tendências opostas. Todavia, nos rios a concavidade dos perfis é resposta a uma ajustagem que se localiza entre esses valores extremos, porque os processos de interação entre as variáveis encaminham os resultados para os valores mais prováveis, sendo expressos pelo valor modal ou tendência central. Nesta perspectiva, nos rios a relação entre a declividade e o débito se localiza na faixa intermediária entre os valores limites do expoente z, e a média talvez se aproxime da expressão $s = Q^{0.75}$.

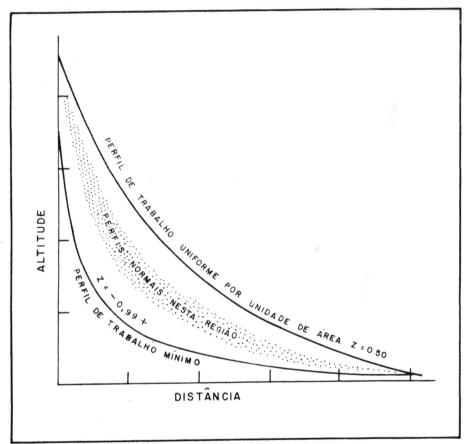

Figura 7.6 Perfis fluviais esquemáticos, para determinada amplitude altimétrica, considerando as tendências do desgaste uniforme de energia e do trabalho total mínimo (segundo Langbein e Leopold, 1964)

CONSIDERAÇÕES FINAIS

Algumas considerações devem ser aventadas no final desta contribuição, a fim de melhor esclarecer a problemática geral do tratamento teórico.

Em primeiro lugar, convém assinalar a questão do conhecimento fatual. O conhecimento fatual refere-se ao estudo das características e mecanismos dos processos e das

176 Geomorfologia

formas, fornecendo elementos que permitem reconhecer o seu funcionamento em todas as etapas. Ele tem a função de descrever os mecanismos e as formas, e por si mesmo ele é neutro, sem significação. A significância e a posição que assumem no contexto global são atribuídas pela concepção teórica. Sob determinada perspectiva teórica, o pesquisador salienta determinados atributos dos *fatos*, estruturando-os de maneira lógica e dando-lhes uma significação. Essa é a razão básica pela qual os mesmos fatos, muitas vezes os mesmos atributos, são levados em consideração por teorias diferentes e assumem significado distinto no contexto global. O perfil longitudinal dos cursos de água é exemplo elucidativo, quando se compara a significação assumida pelo mesmo na teoria davisiana e na teoria probabilística.

Outro fator importante é que, de modo consciente ou inconsciente, cada teoria sofre as influências das correntes filosóficas de sua época. A concepção davisiana está relacionada com a filosofia bergsoniana, enquanto a do equilíbrio dinâmico sofreu as influências da teoria dos sistemas e do estruturalismo. Quando as diferenças filosóficas implícitas não são distintas, as teorias geomorfológicas apresentam semelhanças e surgem como aperfeiçoamentos. É o que ocorre com o ciclo geográfico e o modelo da pedimentação e pediplanação, ou entre a teoria do equilíbrio dinâmico e a teoria probabilística. Mas quando as diferenças filosóficas são fundamentais, observa-se que não há encadeamento entre elas, mas verdadeiras rupturas epistemológicas. É o que sucede, por exemplo, entre as teorias cíclicas e as do equilíbrio dinâmico e probabilística. Houve uma substituição total na perspectiva analítica. Dessa maneira, a quem considerar o modelado sob a perspectiva em sistemas abertos ou como estados alternativos, toda a bibliografia interpretativa elaborada sob o ponto de vista cíclico deixa de ter significância. A recíproca é verdadeira para quem aplica a teoria cíclica.

O conhecimento dos eventos naturais sempre é imperfeito porque se expressa através dos recursos de determinada linguagem. Cada linguagem apresenta possibilidades diferentes para a descrição e explicação dos fenômenos observados. A teoria davisiana utilizou da linguagem verbal; a teoria probabilística utiliza da linguagem matemática. Por essa razão, o pesquisador também deve se preocupar com os problemas relacionados com os tipos de linguagem, com suas vantagens e desvantagens.

Wayne Davies, em 1972, lembra que os avanços científicos mais importantes não estão relacionados com o conhecimento fatual, mas com as novas maneiras de análise. Dentro de cada perspectiva analítica, o refinamento técnico constitui meios de aprimoramento. As novas proposições teóricas, abrindo outras perspectivas, permitem rearranjos dos fatos conhecidos e estruturações inéditas; elas fazem com que muitos elementos antes ignorados passem a ser levados em consideração, possibilitando outra percepção espacial e novo comportamento. O desenvolvimento teórico recente de Geomorfologia, oferecendo perspectivas distintas para a análise, está implicando em nova percepção espacial e novo comportamento do homem perante a natureza. A finalidade teórica da Geomorfologia é encontrar uma explicação, uma significação, para as paisagens; significado esse que pode ser mutante conforme as épocas. Essa meta constitui eterno desafio, pois demonstra a maneira pela qual o homem pode se relacionar com a natureza; sua importância advém de ser formada por conceitos operatórios que levam o homem a agir. A Geomorfologia é uma ciência plena de aplicações, que visa a tornar as paisagens mais benéficas para a humanidade; a fim de cumprir essa missão, há que se desenvolver cada vez mais o conhecimento teórico.

BIBLIOGRAFIA

Abrahams, Athol D., "Distinguishing between the concepts of steady state and dynamic equilibrium in Geomorphology", *Earth Science Journal* (1968), 2 (2), pp. 160-166.

Abrahams, Athol D., "Environmental constraints on the substitution of space for time in the study of natural channel networks". *Geol. Soc. America Bulletin* (1972), 83 (5), pp. 1 523-1 530.

Baulig, Henri, *Le Plateau Central de la France et sa bordure mediterranéenne* (1928). Lib. Armand Colin, Paris, França.

Birot, Pierre, *Les méthodes de la morphologie* (1955). Presses Universitaires de France, Paris, França.

Birot, Pierre, *Le cycle d'érosion sous les differents climats* (1960). Faculdade de Filosofia da Universidade do Brasil, Rio de Janeiro.

Bryan, Kirk, "The formation of pediments", *Report XVI Int. Geog. Congress* (1935).

Chorley, Richard J., "Geomorphology and general systems theory", *U. S. Geol. Sur. Professional Paper* (1962), (500-B) (transcrito em *Notícia Geomorfológica*, 11 (21), pp. 3-22, 1971).

Chorley, Richard J., "A re-evaluation of the Geomorphic system of W. M. Davis", in *Frontiers in Geographical Teaching* (1965) (Chorley, R. J. e Haggett, P., organizadores). Methuen & Co., Londres, Inglaterra, pp. 21-38.

Chorley, R. J. e Kennedy, Barbara A., *Physical Geography: a systems approach* (1971). Prentice Hall, Londres, Inglaterra.

Culling, W. E. H.,"Soil creep and the development of hillside slopes", *Journal of Geology* (1963), 71 (2), pp. 127-161.

Culling, W. E. H., "Theory of erosion on soil-covered slopes", *Journal of Geology* (1965), 73 (2), pp. 230-254.

Curry, Leslie, "Chance and landscape", *Northern Geographical Essays in Honour of G. Daysh* (1967). Department of Geography, University of Newcastle Upon Tyne.

Cvijic, J., "Hydrographie souterraine et évolution morphologique du Karst", *Travaux Inst. de Géographie Alpine* (1918), 6 (4).

Davies, Wayne K. D. (organizador), *The conceptual revolution in Geography* (1972). University of London Press, Londres, Inglaterra.

Davis, William, M., "Geographic classification illustred by a study of plains, plateaus and their derivatives", *Proc. Amer. Assoc. Adv. of Science* (1884), 33, pp. 428-432.

Davis, William M., "The rivers and valleys of Pennsylvania", *Nat. Geog. Magazine* (1889), 1, pp. 183-253.

Davis, William M., "The geographical cycle", *Geographical Journal* (1899), 14, pp. 481-504.

Davis, William M., "Glacial erosion in France, Switzerland and Norway". *Proc. Boston Soc. Nat. History* (1900), 29, pp. 273-322.

Davis, William M., "Complications of the Geographical cycle", *Proc. VIII Int. Geog. Congress* (1904), Washington, EUA pp. 150-163.

Davis, William M., "The geographical cycle in an arid climate", *Journal of Geology* (1905), 13, pp. 381-407.

Davis, William M., *Geographical Essays* (1909). Dover Publications, Inc., (reimpresso em 1954).

Davis, William M., "Peneplains and the geographical cycle", *Geol. Soc. America Bulletin* (1922), 33, pp. 587-598.

Dury, G. H., "The concept of grade", in *"Essays in Geomorphology* (1966) (Dury, G. H., organizador). Heinemann Educational Books, Londres, Inglaterra, pp. 211-233.

Dury, G. H., (organizador), *Rivers and river terraces* (1970). MacMillan and Co., Londres, Inglaterra.

178   Geomorfologia

George, Pierre, *Os métodos da Geografia* (1972). Difusão Européia do Livro, São Paulo.

Gilbert, Grove Karl, *The geology of the Henry Mountains* (1880). U. S. Department of the Interior, Washington, EUA.

Hack, John T., "Studies of longitudinal stream profiles in Virginia and Maryland". *U. S. Geol. Surv. Prof. Paper* (1957), (294-B).

Hack, John T., "Interpretation of erosional topography in humid temperate regions", *Amer. Journal of Science* (1960), Bradley Volume, 258-A, pp. 80-97 (transcrito em *Notícia Geomorfológica*, 12 (24), pp. 3-37).

Hack, John T., "Geomorphology of the Shenandoah Valley, Virginia and West Virginia, and origin of the residual ore deposits", *U. S. Geol. Surv. Prof. Paper* (1965), (484).

Hamelin, Louis E., "A Geomorfologia e suas relações com a geografia global e a geografia total", *Notícia Geomorfológica* (1967), 7 (13/14), pp. 3-22.

Harvey, David, *Explanation in Geography* (1969). Edward Arnold, Londres.

Howard, Alan D., "Geomorphological systems − equilibrium and dynamics". *Amer. Journal of Science* (1965), 263 (4), pp. 302-312.

Howard, Alan D., "Simulation of stream networks by headward growth and branching", *Geographical Analysis* (1971), 3 (1), pp. 29-50.

King, Lester C., "Canons of Landscape evolution", *Geol. Soc. America Bulletin* (1953), 64, pp. 721-732.

King, Lester C., "A geomorfologia do Brasil Oriental", *Revista Brasileira de Geografia* (1956), 18 (2), pp. 147-265.

King, Lester C., *Morphology of the Earth* (1962). Oliver & Boyd, Edinburgh, UK.

Kirkby, M. J., "Hillslope process-response models based on the continuity equation", in *"Slopes": form and process* (1971). Institute of British Geographers, Special Publication, n.° 3, pp. 15-30.

Langbein, W. B. e Leopold, L. B., "Quasi-equilibrium states in channel morphology", *Amer. Jour. Science* (1964), 262, pp. 782-794.

Langbein, W. B. e Leopold, L. B., "River meanders − theory of minimum variance", *U. S. Geol. Surv. Prof. Paper* (1966), (422-H).

Langbein, W. B. e Leopold, L. B., "River channel bars and dunes − theory of kinematic waves", *U. S. Geol. Survey Prof. Paper* (1968), (422-L).

Leighly, J., "What has happened to Physical Geography?" *Ann. Assoc. Amer. Geographers* (1955), 45, pp. 309-318.

Leopold, L. B. e Langbein, W. B., "The concept of entropy in landscape evolution", *U. S. Geol. Surv. Prof. Papper* (1962), (500-A).

Leopold, L. B. e Langbein W. B., River Meanders. *Scientific American* (1966), 214 (6), pp. 60-70.

Leopold, L. B., Wolman, M. G. e Miller, J. P., *Fluvial processes in Geomorphology* (1964), W. H. Freeman and Co., San Francisco, EUA.

Mann, J. C., Randomness in nature. *Geol. Soc. America Bulletin* (1970), 81 (1), pp. 95-104.

Martonne, Emmanoel de, *Traité de Géographie Physique* (1909) (A edição de 1948 foi traduzida e publicada em *Panorama da Geografia*, vol. I. Editora Cosmos, Lisboa, Portugal, 1953).

Meynier, André, *Histoire de la pensée géographique en France* (1969). Presses Universitaires de France, Paris, França.

McGee, W. J., Sheetflood erosion. *Geol. Soc. America Bulletin* (1897), 8, pp. 87-112.

Paige, S., Rock-cut surfaces in the desert ranges. *Journal of Geology* (1912), 20, pp. 442-450.

Penck, Walter, *Morphological analysis of landforms* (1953). MacMillan and Co., Londres, Inglaterra (tradução da obra originalmente publicada em alemão, em 1924).

Reynaud, Alain, *Epistemologie de la Géomorphologie* (1971). Masson et Cie., Paris, França.

Scheidegger, Adrian E., "Some implications of statistical mechanics in Geomorphology", *Bull. Int. Assoc. Scientific Hydrology* (1964), 9, pp. 12-16.

Scheidegger, Adrian E., "A thermodynamic analogy for meander systems", *Water Resources Research* (1967a), 3 (4), pp. 1 041-1 046.

Scheidegger, Adrian E., "A complete thermodynamic analogy for landscape evolution", *Bull. Int. Scientific Hydrology* (1967b), 12 (4), pp. 57-62.

Scheidegger, Adrian E., "Random graph patterns of drainage basins", em *Hydrological Aspects of the utilization of Water* (1967c), Berna, Suíça, pp. 415-425.

Scheidegger, Adrian E., "On the theory of evolution of river nets", *Bull. Int. Scientific Hydrology* (1970a), 15 (1), pp. 109-114.

Scheidegger, Adrian E., *Theoretical Geomorphology* (1970c). Springer Verlag, Berlim, Alemanha Oriental, (2.ª edição).

Scheidegger, A. E. e Langbein, W. B., "Probability concepts in Geomorphology", *U. S. Geol. Surv. Prof. Paper*, (1966a) (500-C).

Scheidegger, A. E. e Langbein, W. B., "Steady state in the stochastic theory on longitudinal river profile development", *Bull. Int. Assoc. Scientific Hydrology* (1966b), 11 (3), pp. 43-49.

Schumm, S. A. e Lichty, R. W., "Time, space and causality in Geomorphology". *Amer. Jour. Science* (1965), 263, pp. 110-119.

Shreve, Ronald L., "Statistical Law of stream numbers". *Journal of Geology* (1966), 74 (1), pp. 17-37.

Smart, J. S., Topological properties of channel networks. *Geol. Soc. America Bulletin* (1969), 80 (9), pp. 1 757-1 774.

Smart, J. S. e Moruzzi, V. L., "Computer simulation of Clinch Mountain drainage networks", I. B. M. Research Center, *Technical Report n.º* 1 (1970).

Smart, J. S., e Moruzzi, V. L., "Random Walk model of stream network development", *Journal of Research and Development* (1971), 15 (3), pp. 197-203.

Strahler, Arthur N., "Dynamic basis of Geomorphology", *Geol. Soc. America Bulletin* (1952), 63, pp. 923-938.

Thornbury, William D., *Regional geomorphology of the United States* (1965). John Wiley & Sons, New York, EUA.

Tricart, Jean, "As descontinuidades nos fenômenos de erosão", *Notícia Geomorfológica* (1966), 6 (12), pp. 3-14.

Tricart, Jean, *Principes et méthodes de la Géomorphologie* (1965). Masson et Cie., Paris, França.

Tricart, Jean, "Les études géomorphologiques pour la conservation des terres et des eaux". *Options Méditerranéennes* (1971), (9), pp. 94-99.

Tricart, J. e Cailleux, A., *Introduction à la Géomorphologie Climatique* (1965). Société d'Editions d'Enseignement Superieur, Paris, França.

Tricart, J. e Cailleux, A., *Le modelé des régions séches* (1970). S. E. D. E. S., Paris, França.

Welch, D. M., "Substitution of space for time in a study of slope development", *Journal of Geology* (1970), 78, pp. 234-239.

Werner, Christian, "Two models for Horton's law of stream numbers", *Canadian Geographer* (1972), 16 (1), pp. 50-68.

Wolman, M. G. e Miller, J. P., "Magnitude and frequency of geomorphic processes", *Journal of Geology* (1960), 68 (1), pp. 54-74.

ÍNDICE DE AUTORES

Abrahams, A. D., 169, 177
Ab'Saber, A. N., 20, 21, 23, 149
Almeida, F. F. M., 22, 149
Amaral, I. do, 23
Andrade, G. O. de, 141, 149
Araya, J. F., 137
Archambault, M., 82, 99
Awad, H., 99

Bagnold, R. A., 99
Bascom, W., 149
Baulig, H., 17, 23, 62, 86, 143, 149, 158, 160, 177
Bigarella, J. J., 149
Bigarella, J. J. e Mousinho, M. R., 99
Bigarella, J. J., Mousinho, M. R. e Silva, J. X., 99
Bird, E. C. F., 149
Birot, P., 17, 18, 23, 62, 125, 158, 165, 177
Blong, R. J., 55, 62
Bloom, A. L., 23, 29, 62, 99
Bornhardt, W., 18
Bradley, W., 149
Branner, J. C., 149
Bryan, K., 168, 177
Büdel, J., 12, 19, 23, 32, 36, 62
Bull, W. B., 10, 23

Cailleux, A., 12, 22, 23
Caine, N., 38, 62
Cândido, A. J., 95, 99
Carlston, C. W., 72, 99
Carson, M. A., 99
Carson, M. A. e Kirkby, M. J., 62
Carter, C. S. e Chorley, R. J., 60, 62
Cholley, A., 18, 23
Chorley, R. J., 2, 10, 23, 99, 165, 169, 177
Chorley, R. J., Dunn, A. J. e Beckinsale, R. P., 23
Chorley, R. J., Haggett, P. e Stoddart, D. R., 12
Chorley, R. J. e Kennedy, B. A., 3, 24, 56, 177
Christofoletti, A., 23, 24, 62, 99, 119, 120, 122, 125
Christofoletti, A. e Pires Neto, A. G., 137, 138, 149
Christofoletti, A. e Tavares, A. C., 51, 54, 63
Clarke, J. I., 125
Coleman, J. M. e Smith, W. G., 149

Corbel, J., 157, 158
Cotton, C. A., 149
Cruz, O., 149
Culling, W. E. H., 100, 173, 177
Curl, R. L., 158
Curry, L., 177
Cvijic, J., 165, 177

Daly, R. A., 149
Dalrymple, J. B., Blomg, R. J. e Conacher, A. J., 41, 63
Darwin, C., 139, 150
Davies, J. L., 150
Davies, W. K. D., 176, 177
Davis, W. M., 17, 24, 86, 95, 100, 139, 150, 158, 160, 164, 165, 166, 177
Delaney, P. J. V., 150
Derby, O., 21
Derbyshire, E., 63
Derruau, M., 39, 63
Domingues, A. J. P., 63
Doornkamp, J. C. e King, C. A. M., 24, 125, 150
Douglas, I., 158
Dresch, J., 100
Drew, D. P. e Smith, D. I., 158
Dury, G. H., 24, 89, 93, 100, 177
Dylik, J., 26, 63

Ellison, W. D., 30, 63
Erhart, H., 61, 63

Fairbridge, R. W., 24, 100, 125, 143, 144, 145, 150
Fénelon, P., 158
Fournier, F., 19, 117, 125
Freise, F. W., 18
Freitas, R. O. de, 125
Fulfaro, V. J., Suguio, K. e Ponçano, W. L., 150

Gardiner, V., 125
Gardiner, V. e Park, C. C., 125
Garner, H. F., 24
George, P., 164, 178
Gibbs, R. J., 74, 100
Gilbert, G. K., 6, 15, 16, 18, 96, 168, 178

182

Geomorfologia

Gregory, K. J., 100, 125
Gregory, K. J. e Walling, D. E., 100, 125
Guerra, A. T., 150
Guilcher, A., 140, 150
Guimarães, J. E. P., 158

Haan, C. T. e Johnson, H. P., 118
Hack, J. T., 24, 86, 98, 100, 168, 169, 178
Haggett, P. e Chorley, R. J., 125
Haill, J. R., 63
Hamelin, L. E., 178
Hartt, C. F., 21
Harvey, D., 178
Herak, M. e Springfield, V. T., 158
Hill, M. N., 150
Holzner, L. e Weaver, G. D., 19, 24
Horton, R. E., 19, 24, 106, 107, 109, 110, 112, 125
Howard, A. D., 2, 24, 178
Hutton, J., 14

Jahn, A., 58, 63
James, P., 22
James, W. R. e Krumbein, W. C., 125
Jarvis, R. S., 125
Jelgersma, S., 150
Jennings, J. N., 158
Johnson, D. W., 146, 150
Jolliffe, P., 150

King, C. A. M., 150
King, C. A. M. e McCullagh, M. J., 150
King, L. C., 40, 165, 167, 168, 178
Kirby, M. J., 178
Komar, P. D., 150
Kowsmann, R. D. e Costa, M. A., 150
Krumbein, W. C. e Graybill, F. A., 24
Krumbein, W. C. e Shreve, R. L., 123

Lamego, A. R., 81, 100, 150
Langbein, W. B. e Leopold, L. B., 169, 174, 178
Lathrap, D. W., 93, 100
Lee, D. R. e Salle, G. T., 114, 125
Lehmann, H., 158
Lehmann, O., 46, 47, 48
Leighley, J. B., 67, 68, 100
Leighly, J., 178
Leliavsky, S., 100
Leopold, L. B., 73
Leopold, L. B. e Langbein, W. B., 109, 171, 172, 178
Leopold, L. B. e Maddock, T., 69, 71, 100
Leopold, L. B. e Miller, J. P., 125
Leopold, L. B. e Wolman, M. G., 92, 100
Leopold, L. B., Wolman, M. G. e Miller, J. P., 32, 63, 69, 71, 100, 125, 178
Lobeck, A. K., 105
Lyell, C., 14, 15, 61

Mabesoone, J. M., 139, 151
Macar, P., 63
Mackin, J. H., 100
Mann, J. C., 178
Martins, L. R., 151
Martonne, E. de, 17, 18, 21, 24, 178
Martvall, S. e Nilsson, G., 100
Maxwell, J. C., 121
McGee, W. J., 18, 168, 178
Medeiros, R. A., Schaller, H. e Friedman, G. M., 77
Meiss, M. R. M. e Silva, J. X., 63
Melton, M. A., 60, 63, 116, 121, 126
Mendes, J. C., 155, 158
Mescerjakov, I., 13, 24
Meynier, A., 178
Miller, V. C., 126
Monroe, W. H., 158
Morais Rego, L. F., 21
Morisawa, M. E., 99, 100, 126

Nicod, J. 158
Noe, G. de la e Margarie, E. de, 15

Oltman, R. E., 101
Ongley, E. D., 126
Ottmann, F., 151

Paige, S., 168, 178
Panos, V. e Stelcl, O., 158
Passarge, F., 18
Patullo, J. G., 142, 151
Peltier, L. C., 18, 24, 32, 33, 37, 63
Peña, F. G., 126
Penck, A., 15
Penck, W., 162, 178
Penteado, M. M., 23, 24, 101
Pimienta, J., 151
Pires Neto, A. G., 151
Playfair, J., 14
Powell, J. W., 15

Reynaud, A., 178
Richthoffen, F. von, 15
Roglic, J., 158
Ruellan, F., 151
Ruhe, R. V., 24
Russell, R. J., 151
Russell, R. J. e McIntire, W. G., 151

Santos, M. E. C. M., 151
Savigear, R. A. G., 39, 44, 63
Scheidegger, A. E., 20, 24, 47, 48, 63, 101, 108, 123, 126, 173, 178
Scheidegger, A. E. e Langbein, W. B., 173, 179
Schou, A., 19, 24
Schmudde, T. H., 93, 101
Schumm, S. A., 93, 101, 117, 119, 120, 126

Índice de autores

Schumm, S. A. e Lichty, R. W., 179
Schwartz, M. L., 151
Selby, M. J., 63
Shepard, F. P., 151
Shreve, R. L., 108, 111, 121, 122, 123, 126, 179
Silveira, J. D. da, 151
Slaymaker, H. O., 126
Smart, J. S., 126, 179
Smart, J. S. e Moruzzi, V. L., 179
Smart, J. S. e Werner, C., 126
Steers, J. A., 151
Stelcl, O., 158
Sternberg, H. O., 101
Stoddart, D. R., 19, 24, 151
Strahler, A. N., 1, 19, 24, 40, 63, 106, 118, 121, 127, 151, 179

Tanner, W. F., 9, 34, 63
Thakur, T. R. e Scheidegger, A. E., 101
Thorbecke, Fr., 18, 25
Thrnbury, W. D., 18, 25, 101, 158, 179
Tricart, J., 18, 24, 101, 152, 158, 164, 179
Tricart, J. e Cailleux, A., 12, 18, 25, 35, 63, 101, 158, 179

Tricart, J. e Silva, T. C. da, 158
Troeh, F. R., 40, 43, 63

Valentin, H., 146, 147, 152
Vogt, H., 101

Warner, R. F., 101
Welch, D. M., 179
Werner, C., 127, 179
Werner, C. e Smart, J. S., 123
Wilson, L., 34, 35, 64
Woldenberg, M. J., 9, 25, 127
Wolman, M. G., 69
Wolman, M. G. e Leopold, L. B., 101
Wolman, M. G. e Miller, J. P., 70, 179
Wright, L. D. e Thom, B. G., 152

Yasso, W. E., 152
Young, A., 39, 44, 49, 64

Zembruscki, S., Barretto, H. T. e Palma, J. C., 152
Zenkovich, V. P., 152
Zernits, F. R., 127

ÍNDICE

Ação Biológica, 31
Agradação, 26
Alometria, 9-10
  dinâmica, 10
  estática, 10
Altura média da bacia, 118
Amazonas, débito do, 66, 72
  carga sedimentar do, 74
Análise de bacias hidrográficas, 102-127
  linear, 109-113
  areal, 113-117
  hipsométrica, 117-121
  topológica, 121-124
Arenito de praia, 138
Atóis, 139-140
Avalancha, 29

Bacia de drenagem, 102-127
  arreicas, 102
  criptorreicas, 102
  endorreicas, 102
  exorreicas, 102
Bacia fluvial, 113-128
  área da, 113
  amplitude altimétrica máxima, 113
  comprimento, 113
Bacias de inundação, 78
Balanço morfogenético, 58
Biostasia, 61

Carga
  dissolvida, 73
    no rio Amazonas, 74
  do leito do rio, 73
  em suspensão, 73
    nos rios brasileiros, 74
    na bacia amazônica, 74
Canais fluviais, 87-95
  anastomosados, 87
  deltaicos, 88
  meândricos, 88
  ramificados, 88
  reticulados, 88
  retos, 88

Capacidade do rio, 73
Cavernas, 155-156
Cavitação, 75
Ciclo
  de erosão, 16, 160
  geográfico, 160-161, 163
Cisalhamento, 74
Classificação dos fatos geomorfológicos, 11-13
  dos sistemas, 3-7
Coeficiente
  de manutenção, 117
  de massividade, 119
  de variação, 45
  orográfico, 119
Competência do rio, 73
Concavidade, 39
Cones
  cársicos, 155
  de dejeção, 81-82
Conexões ou ligamentos, 109
Confluência, 109
Conseqüentes, rios, 102
Convexidade, 39
Corrasão, 74
Corrosão, 74
Correntes longitudinais, 132
Cortinas calcárias, 156
Costas
  classificação, 146
  definição, 128
  linha de, 128-129
Crescimento alométrico, 9
Crioclastia, 27
Curva hipsométrica, 117, 118

Débito margens plenas, 69
Deltas, 79-81
Delta do Paraíba, 81
Densidade
  da drenagem, 60, 115
  de rios, 115
  de segmentos, 116
Deposição fluvial, 75-83
Depósitos de recobrimento, 78

186

Geomorfologia

Deriva litorânea, 133
Deslizamentos, 29
Desmoronamentos, 29
Diques marginais, 76
Dolinas, 154

Elemento de vertente, 39
Energia
cinética, 2, 68
distribuição da, 172-174
potencial, 2, 68
total, 2, 68
Entropia, 172-174
Enxurradas, 30
Eqüifinalização, 171
Equilíbrio
dinâmica, teoria do, 168-171
fluvial, 98-99
em Geomorfologia, 7-10, 169
Erosão
em calcários, 157
fluvial, 74
Escoamento
fluvial, 65
pluvial, 30-31
concentrado, 30
difuso, 30
Esporões, 135
Estalactites, 155
Estalagmites, 155
Eustasia, 142-146
glácio-eustática, 143
sedimentar, 143
tectónica, 143
Evorsão, 75
Extensão do percurso superficial, 111

Falésia, 133
Fluxo
laminar, 66
turbulento, 66
Fluxos de lama, 29
Fontes vauclusianas, 157
Forma da bacia, 114-115
Formas topográficas do leito, 75
Fórmula de Chèzy, 68
Froude, número de, 66

Gelifluxão, 29
Geliturbação, 27
Geometria hidráulica, 69-72
Geometria hidráulica, 65, 69-72
elemento fluxo, 70
elemento sedimentar, 70
Geomorfologia
climática, 18-19
climato-genética, 19
definição, 1

divisão da, 11-13, 32-38
estrutural, 12, 16-20
fluvial, 65-101
história da, 14-23
litorânea, 128-152
no Brasil, 20-23
sistemas em, 1-13
Geossistema, 7
Gradação, 26
Gradiente dos canais, 112

Haloclastia, 27
Haloturbação, 28
Hidrologia cársica, 157
Hierarquia fluvial, 106-109

Inadaptação fluvial, 94-95
Índice
de circularidade, 114
de curvatura basal, 55
de curvatura da crista, 55
de denudação, 38
de forma, 115
de massa, 55
de retilinidade, 54
de ruptura, 53
de sinuosidade, 88
entre comprimento e área, 114
Inselbergue, 167
Inseqüentes, rios, 103
Integral hipsométrica, 56, 118
Intemperismo
físico, 27
químico, 27

Juventude, fase da, 160, 163, 167

Karst, 153-154

Lagoas litorâneas, 134
Lapiés, 154
Lei
da relação entre áreas, 117
do comprimento médio, 110
do gradiente dos canais, 112
do número de canais, 110
Leitos fluviais, 75, 83-84
Ligamentos, 100
exteriores, 100
interiores, 100
Limite de fluidez, 29
Linha do litoral, 128, 129

Magnitude
da bacia, 109
do ligamento, 109
Marés, 132
Maturidade, fase da, 161, 163, 167

Índice

Meandros, 88-95
 divagantes, 93
 encaixados, 93-94
 geometria dos, 90-92
 terminologia analítica, 90-91
 terminologia descritiva, 89-90
Meteorização, 27
Monadnock, 161
Morfogênese litorânea, 128-152
Morfologia cársica, 153-158

Obseqüentes, rios, 103
Ondas, 130-132
 linha de rebentação das, 131
 refração das, 131-132
Ordem dos canais, 106-107
Oscilações paleoclimáticas, 143-146

Padrões de drenagem, 102-106
 anelar, 105
 dendrítica, 103
 irregular, 106
 paralela, 105
 radial, 105
 retangular, 105
 treliça, 105
Pedimentação, 165,
Pedimentos, 82-83, 165
Pediplanação, 165
Pediplanícies, 167
Pediplano, 167
Peneplanície, 16, 161
Peneplano, 163, 166
Perfil
 de equilíbrio, 96
 litorâneo, 128-129
 longitudinal das vertentes, 44-46
 longitudinal fluvial, 96-99
Planície de inundação, 75-79
Poços de Caldas, 120
Poljé, 154
Ponor, 154
Pontos de absorção, 157
Praia, 133
Primärrumpf, 162
Princípio do atualismo, 16, 53
Processos morfogenéticos, 27-31

Quantificação em Geomorfologia, 19-20
Quase-equilíbrio, 169

Raio hidráulico, 70-71
Rastejamento, 28
Recifes, 137-142
 de arenito, 138
 de corais, 138
 em barreira, 139, 140
 em franja, 139, 140

das Rocas, 141
Rede de canais, 109, 121-124
 complexidade topológica, 122
 população topológica, 123
 topologicamente distintas, 122
 topologicamente idênticas, 122
Regime fluvial, 66
Regiões morfogenéticas, 32-38
 classificações indutivas, 32-34
 classificações objetivas, 37-38
 classificações sintéticas, 34-37
Regolito, movimentos do, 28-29
Relação
 de bifurcação, 109
 de relevo, 120
 do equivalente vectorial, 111
 entre áreas, 116
 entre o comprimento médio, 110
 entre o índice do comprimento médio
  e o de bifurcação, 110-111
Reseqüentes, rios, 103
Resistasia, 62
Ressurgência, 157
Restingas, 134
Retroalimentação, 5-8
Rio principal, 111
Rios, 65-101
 classificação dos, 65
 definição, 65
 inadaptados, 94
 perfil longitudinal, 96-98
 trabalho dos rios, 72-83

Saltitação, 30
Segmento
 de vertente, 39
 fluvial, 109
Senilidade, fase da, 161, 163, 167
Seqüência de vertente, 39
Sistema
 geomorfológico, 10-11
 morfogenético, 31-32
Sistemas, 1-7
 classificação dos, 3-7
 controlados, 6
 definição, 1
 de processos-respostas, 4
 em seqüência, 4
 estrutura dos, 2
 isolados, 3
 morfoclimáticos, 19
 morfológicos, 3
 não-isolados, 3, 59, 169-170
 tempo de readaptação, 8
 teoria dos, 1
 trajetória de readaptação, 8
Solifluxão, 29
Subseqüentes, rios, 102

188

Geomorfologia

Teoria
bio-resistásica, 61
probabilística de evolução do modelado, 171-175
Teorias geomorfológicas, 159-179
Termoclastia, 27
Terraços
aluviais, 84
embutidos, 84
encaixados, 84
fluviais, 84-87
marinhos, 133
parelhados, 84
Tombolo, 135
Transporte fluvial, 73-74
Travertino, 156

Unidade de vertente, 39
Uvala, 154

Velocidade
das águas fluviais, 67-68

terminal das gotas, 30
Vertente
normal ou regular, 39
de Richter, 39
Vertentes, 26-64
altura da, 51
análise das, 44-50
ângulo máximo, 53
ângulo médio, 52
comprimento da, 51
definição, 26
dinâmica das, 58-59
e a rede hidrográfica, 59-61
endogenéticas, 26
exogenéticas, 26
forma das, 39-44
importância geológica das, 61-62

Zona
intertidal, 128-129
sublitorânea, 128-129